KB234510

[개정판]

적정기술,
현대문명에
길을 묻다

[개정판]

적정기술,
현대문명에
길을 묻다

김찬중 지음

차례

바오밥나무 앞에 선 인류

마다가스카르의 바오밥나무

아프리카 동쪽에 위치한 큰 섬 마다가스카르의 들판에는 지구 어디서도 보기 힘든 나무들이 서 있다. 높이가 20m, 둘레가 10m인 바오밥(Baobab)나무. 4,000년을 산다. 지구 생태계가 만들어질 때 처음으로 땅에 모습을 드러낸 것은 바오밥나무였다. 그 나무 앞에 키가 작은 한 청년이 바오밥나무를 응시하며 생각에 잠겨있다. 어린 시절에 보았던 그 바오밥나무. 지금은 나이 들어 어른의 모습이 되었지만, 바오밥나무는 달라지지 않았다. 그때보다는 조금 작게 느껴지는 것 외에는. 인간이 자연에 비해 얼마나 작은 것인지, 그 경이로움의 끝은 알 수 있는 것인가라는 생각이 그를 사로잡았다. 그의 조상들은 바오밥나무를 대대로 신성하게 여겨왔다. 신성한 나무는 부족에게는 삶의 터전 같은 역할을 주었다. 쉴만한 그늘을 제공하고, 하루의 삶이 이 나무에서 시작되고 나무에서 마무리되었다. 커다란 나무에 구멍을 뚫고 사람이 살았고, 사람이 죽으면 나무 안에 시체를 매장했다.

오늘 청년은 평상시와는 다른 생각을 하며 나무를 바라보고 있다. 청년은 부족의 생계를 걱정하고 있다. 음식을 조리할 연료를 구하기 위해 아이들은 하루의 거의 대부분을 산과 들에서 보낸다. 나무뿌리를 자르거나 껍질을 벗기기도 한다. 바오밥나무만 자른다면 아이들은 고된 노동으로부터 해방될 것이다. 바오밥나무로 집을 짓고, 가구와 짐을 나르기 위한 수레를 만드는 데도 사용할 수 있다. 청년은 바오밥나무를 자르기로 결심했다. 마을로 돌아가서 친구들과 함께 연장을 들고 나무 앞에 다시 섰다. 그들은 톱과 도끼를 사용해서 나무를 잘랐다. 거대한 바오밥나무는 "쿵"하는 소리를 내고 넘어졌다. 그렇게 수 천 년 동안 마을을 지켜 주었던 바오밥나무가 하나씩, 둘씩 사라져 갔다.

시간이 흘렀다. 마을에는 이상한 일들이 나타났다. 우물의 물이 말라갔다. 마실 물을 구하기가 어려워졌다. 마을 사람들에게 휴식공간을 제공해 주었던 바오밥나무 그늘이 사라졌다. 비가 오지 않아 농사를 지을 수 없었다. 푸른 들판은 건조한 모래사막으로 변했다. 마을 사람들이 하나씩, 둘씩 마을을 떠나갔다. 남은 사람들은 마을 회관에 모여서 마을의 장래를 걱정했다.

마다가스카르의 자연파괴와 그로 인한 생태환경의 변화는 현재 지구가 직면한 위기 상황을 대변한다. 그동안 인간은 지구자원의 원천인 자연을 정복자처럼 마음대로 사용했다. 파괴된 자연이 스스로 회복할 시간을 주지 않고 계속해서 자연을 손상시켰다. 지구는 지독한 감기에 걸린 사람처럼 기침과 고열로 신음하고 있다. 지구온난화로 인한 고온 현상으로 곳곳의 푸른 초원이 사막이 되었고, 빙산과 빙하가 녹아서 해수면이 상승했다. 자동차와 석탄발전소가 만들어내는 미세먼지로 대기는 인간이 숨쉬기 어려울 정도로 오염되었다. 과도한 물고기의 남획으로 해양 생태계가 파괴되었다. 자연에 순응하지 않는 플라스틱의 사용으로 대양에는 거대한 플라스틱 섬이 만들어졌다. 인간의 편리함을 위해 사용되던 과학기술은 인류의 삶의 터전인 자연을 서서히 파괴해갔다. 컴퓨터의 발달이 너무 지나쳐서 이제는 인간의 지능을 능가하는 기계(인공지능)가 인간의 지적 활동을 대체하려 하고 있다. 인류는 과학기술로 편리성, 신속성과 효율성을 갖춘 거대 산업과 통합 경제를 발달시켰다. 하지만 과도한 기계문명의 출현은 인간 삶의 환경을 녹색의 정원에서 황색 모래사막과 회색빛 콘크리트 도시로 바꾸어 갔다.

오일 쇼크, 먹을 물의 부족, 확대되는 사막화와 이로 인한 환경난민, 체르노빌과 후쿠시마 원전 사고, 중국대륙과 한반도를 덮고 있는 거대한 미세먼지 구름, 미국과 유럽의 재정위기와 같은 일이 지구 공동체에 더 이상 어쩌다 생기는 일이 아니다. 자연과 자원, 사람에 대해 배려는 없고, 경제적인 풍요만을 누리면 된다는 인간의 이기적인 욕망 때문이다. 사람들은 지구환경을 회복시킬 대안으로 적정기술(Appropriate Technology)을 이야기한다. 1970년대 잠시 각광을 받았으나 여성적이고 이상적인 기술이라고 주류로부터 홀대 받은 적정기술이 손상된 지구환경을 회복시켜 줄 것으로 기대하고 있다. 적정기술은 과학기술의 오남용을 우려하며 흙 냄새가 나고, 자연과 환경을 배려하고, 인간의 체온이 느껴지는 36.5도의 과학기술을 지향한다.

과연 적정기술이 지구 공동체가 직면한 문제의 해결사가 될 수 있을까? 이 책은 과학기술이 발전하고 있는 현대문명의 문제점을 진단하고 적정기술로 만들어 가는 지속 가능한 인류의 미래를 조망한다. 적정기술은 인간에게 지구 환경이 더 이상 파괴되기 전에 바오밥나무 그늘 아래로 돌아가야 한다고 말한다. 그곳에서 바오밥나무가 주었던 혜택을 기억하며 자연과 함께 살아가는 법을 배워야 한다고. 바오밥나무 그늘에는 인간 중심의 사회, 기다림과 배려, 공유, 나눔을 담은 적정기술의 경제와 철학이 있다. 그것을 통해 손상된 지구환경을 회복하고 인류의 지속 가능한 삶(미래)을 만들어 가야 한다.

2013년 1월

36.5℃의 과학기술, 적정기술

2010년 동경 시바우라(芝浦) 공과대학에서 안식년 (교수나 연구원은 6년 동안 일을 하고 7년째에는 직장을 떠나 다른 곳에서 휴식하며 새로운 연구활동에 필요한 에너지를 얻는다)의 시간을 보내고 있었는데 (사)나눔과기술 활동을 함께 하는 정박사가 찾아왔다. 반갑게 인사를 나누던 중에 정 박사가 적정기술 도서 발간에 대한 이야기를 꺼냈다.

"김 박사님, 안녕하셨어요? 일본에 전시회가 있어서 출장을 왔습니다. 안식년 잘 보내고 계시죠? 저희 회원들이 김 박사님께 적정기술 도서 발간을 맡아 달라는 말을 전해 달라고 했습니다. 어떻게 생각하십니까?"

"적정기술 도서요? 글쎄요…… 한번 해 보지요."

적정기술이란 말이 필자에게도 생소했던 시절에 일 년 동안 일본에 머물며 《36.5도의 과학기술, 적정기술》(2011년 허원미디어)을 집필했다. 나눔과기술 소속 교수와 연구자 10여 명이 공동으로 집필한 도서다. 적정기술(Appropriate technology)이란 단어를 공부하고, 이해하며 따뜻한 세상을 만드는 과학기술에 대한 생각을 모아서 도서를 집필했다. 적정기술이 인간의 삶을 생각하는 인간 중심의 기술이기 때문에 적정기술 앞에 인간의 체온인 36.5도란 말을 붙였다. 집필이 완성되었지만 원고를 책으로 발간하는 일은 쉽지 않았다. 이곳저곳 출판사의 문을 두드렸지만 이런 생경한 제목의 도서를 발간해 주겠다는 곳은 없었다. 그러던 중에 한 지인이 도서출판 허원미디어를 소개해 주었다. 그렇게 해서 대한민국 첫 번째 적정기술 도서를 출간하게 되었다.

안식년 후에 필자가 귀국하고 나서 일 년이 지난 후에 두 번째 적정기술 도서를 발간했다. 두 번째 도서는 현대 첨단과학기술의 두 얼굴(빛과 그림자)을 기술한 도서이다. 첨단과학기술이 인류의 삶을 윤택하게 해 주고는 있지만 어느 때에는 과학의 발달이 지나쳐서 인간 삶의 본질을 왜곡시키고 있다는 생각이 들었다. 그래서 현대문명을 이끌고 가는 첨단과학기술에게 이렇게 묻고 싶었다. "첨단과학기술, 너는 정말 바른 길로 가고 있는 것이야? 인간은 지금과 같이 과학기술에 의존하는 모습으로 살아야 하는 거야? 우리는 아무런 생각 없이 따라가면 되는 거야?"라고 묻고 싶었다. 또 이렇게도 묻고 싶었다. "그러면 적정기술인 내가 현대문명 안에서 설 자리는 어디지? 인간에게 적정한 기술로 살아가면 지금처럼 환경파괴나 자원의 낭비가 심하지 않아. 왜 인간은 이렇게 정신없이 살아가야만 하지? 모두 욕심을 줄이고 서로 나누면서 살아가면 안 될까?" 이 질문은 현대문명을 이끌어 가는 과학기술 사회에서 살고 있는 우리 모두가 생각해 보아야 하는 질문이다. 그런 이유에서 도서의 제목인 《적정기술》 후미에 부제로 《현대문명에 길을 묻다》(2013년 허원미디어)를 붙였다.

두 도서의 초판을 집필할 당시에는 적정기술에 대한 정보가 부족하고 실제적인 활동이 적어서 도서에 많은 이야기를 담지 못했다. 책 발간 후 7-8년이 지난 지금은 적정기술에 대한 이해가 깊어졌고, 가난한 나라에서의 실제적인 적정기술 활동을 통해 얻은 경험도 생겼다. 출판사와 협의해서 두 도서의 합본으로 개정판을 쓰기로 했다. 필자는 이 도서에서 과학기술의 양면성, 인류의 지속 가능한 삶의 방식과 인간의 불편함을 해소하는 과학기술 가치에 대해 기술하였다. 더불어, 현대문명의 모습을 바꾸어 갈 인공지능에 대한 필자의 생각을 첨가했다. 갈무리하며, 본 도서가 숨 가쁜 과학기술문명을 살아가는 현대인에게 건강한 세상 만들기의 모퉁이 돌이 되기를 기대하며 적정기술 도서 합본을 제작하여 준 허원북스에 감사한 마음을 전한다.

2021년 8월

1부

기술이냐,
사람이냐

← 바오밥나무

편지 한 통의 비극

독일의 과학자 오토 한(Otto Hahn, 1879-1968, 독일의 핵화학자, 1944년 노벨 화학상 수상)은 그의 조수 슈트라스만(Fritz Strassmann, 1902-1980)과 함께 우라늄 원자에 중성자를 충돌시켜 나타나는 핵반응을 연구했다. 이 연구 결과는 나치(Nazis)를 피해서 코펜하겐에 있던 유대인 과학자 마이트너(Elise Lise Meitner, 1878-1968)에게 전달되었다. 마이트너는 1938년에 조카인 프리시(Otto Robert Frisch, 1904-1979)와 함께 우라늄(Uranium)의 핵분열을 이론적, 실험적으로 확인했다. 마이트너는 조카 프리시에게 이렇게 말했다.

"중성자가 우라늄의 핵을 때렸고 우라늄이 다른 물질로 변했어. 그리고 질량이 사라졌어. 그 질량이 에너지로 변한 것이야."

마이트너는 핵분열의 결과로 질량이 감소한 대신 약 2억 eV(전자볼트)의 새로운 에너지가 방출된다고 발표하였다. 이 결과는 당시 미국에 있던 보어(Niels Henrik David Bohr, 1885-1962, 덴마크의 물리학자)에게 보내져 미국물리학회에 보고되었고, 이후에 진행된 원자폭탄 제조 연구의 기초자료로 사용되었다.

우라늄은 지구상에 존재하는 물질 중에 가장 무거운 물질이다. 질량이 서로 다른 동위원소로 우라늄 238(U^{238})과 235(U^{235})가 있으며 자연 상태의 우라늄은 대부분 U^{238}이고 U^{235}는 극히 소량 존재한다. 오토 한이 성공한 우라늄 연쇄반응 실험에는 U^{235}가 사용되었다. 오토 한과 마이트너가 발견한 우라늄의 연쇄 핵분열은 우리가 잘 아는 세기적인 과학자 아인슈타인(Albert Einstein, 1879-1955, 독일 태생의 이론물리학자)이 발표한 에너지-질량 등가방정식인 $E = mc^2$(에너지는 질량과 빛의 속도의 제곱에 비례)과 관련이 있다. 이 방정식이 의미하는 바는 에너지는 질량으로 변할 수 있고, 질량이 있으면 에너지를 만들 수 있다는 것이다. 이 에너지는 물질을 태울 때 발생하는 열에너지와는 다른 차원의 거대한 에너지다. 우라늄의 핵분열에 성공함으로써 인류는 작은 질량(물질)으로 엄청나게 큰 에너지를 얻는 원리를 발견한 것이었다. 하지만 아인슈타인은 자신의 방정식을 이용해 큰 에너지를 얻을 수 있는 확률은 아주 낮다고 생각했다. 우라늄과 같은 무거운 물질의 불안정한 핵을 다른 입자로 두들겨야 하는데 그것이 쉽지 않기 때문이다.

아인슈타인이 상대성이론을 발표한 후 얼마 되지 않아 유럽에서 제2차 세계대전이 발발하였다. 나치의 유대인 탄압이 시작되자 아인슈타인은 미국으로 망명했다. 유럽의 다른 지역에 있던 많은 과학자들도 나치와 파시즘의 통치에 반발해서 미국으로 건너왔다. 미국에서 연구에 몰입하고 있는 아인슈타인에게 질라드(Szilard, Leo, 1898-1964)라는 젊은 과학자가 찾아왔다. 그는 아인슈타인에게 에너지-질량 등가방정식을 실현시킬 수 있는 방법을 찾았다고 말했다.

"선생님, 제가 선생님의 에너지-질량 등가 방정식을 실현시킬 방법을 알아냈습니다. 우라늄과 같이 질량이 큰 원자의 핵에 어떤 입자를 충돌 시켜 핵을 깰 수 있다면 에너지 방정식을 실현시킬 수 있습니다. 원리는 이렇습니다. 원자의 외곽에는 마이너스(-) 전하를 갖는 전자(Electron)가 있고, 핵에는 플러스(+) 전하를 갖는 양성자(Positron)가 있습니다. 이 입자들의 갖는 (+)나 (-) 전하 때문에 전하를 갖는 소립자들이 원자 깊숙이 접근하는 것은 불가능합니다. 하지만 가능한 입자가 있습니다. 그것은 전하가 없는 중성자(Neutron)입니다. 우라늄에 중성자를 빠른 속도로 접근시키면 원자핵이 붕괴되고, 그로 인해 큰 에너지를 얻을 수 있습니다."

아인슈타인은 질라드의 설명에 대해 이해했지만 그 원리를 이용해서 무기를 만들자는 그의 제안에는 동의하지 않았다.

"그것은 무기를 만들자는 말이 아닙니까? 과학자는 과학의 원리를 이해하는데 관심을 갖는 사람입니다. 과학은 원리를 이해하는 그 자체에 즐거움이 있습니다. 그 이상은 과학자의 영역이 아닙니다. 저는 과학의 원리를 전쟁에 사용하자는 의견에 반대합니다."

질라드는 계속 아인슈타인을 설득했다.

"선생님, 독일의 오토 한 박사가 우라늄의 핵분열에 성공했습니다. 만일 이 원리를 이용해서 독일이 파괴력이 엄청난 무기를 만든다면 미국은 전쟁에서 승리할 수 없습니다. 우리가 먼저 우라늄을 이용한 무기를 개발해야 합니다."

질라드에게 설득당한 아인슈타인은 2차 대전 발발 직후인 1939년 8월 2일에 미국 대통령인 플랭클린 루즈벨트(Franklin Delano Roosevelt, 1882-1945, 미국의 32대 대통령)에게 역사적인 편지 한 통을 썼다.

"나의 친구 페르미(Fermi, E.)와 질라드가 최근 연구한 바에 따르면, ……"으로 시작되는 편지에서 아인슈타인은 우라늄이 새로운 에너지원이 될 것이라고 했다. 우라늄으로 폭탄을 만들면 그 위력이 대단해서 폭탄 한 개로 항구와 그 주변 지역을 파괴할 수 있다고 편지에 적었다. 1940년에는 영국에서 우라늄 폭탄을 만들 수 있는 임계질량(우라늄이 연쇄 붕괴하여 폭발할 수 있는 질량)의 계산 결과(1-2파운드 정도의 우라늄)가 발표되었다. 하지만 미국의 루즈벨트 대통령은 과학자들의 말을 쉽게 받아들이지 않았다.

아인슈타인이 4통의 편지를 보낸 후에야 루즈벨트 대통령은 우라늄을 이용한 폭탄 제조 연구의 재정지원을 승인했다. 미국은 1942년 9월에 '원자폭탄의 아버지'라 불리게 되는 버클리 대학의 화학자 오펜하이머(John Robert Oppenheimer, 1904-1967, 미국의 이론물리학자)를 책임자로 임명하고 원자폭탄 개발계획(맨해튼 프로젝트, Manhattan Project)을 시작했다. 이 프로젝트에는 미국의 한 해 예산과 맞먹는 액수인 22억 달러

```
                                   Albert Einstein
                                   Old Grove Rd.
                                   Nassau Point
                                   Peconic, Long Island

                                   August 2nd, 1939

F.D. Roosevelt,
President of the United States,
White House
Washington, D.C.

Sir:

        Some recent work by E.Fermi and L. Szilard, which has been com-
municated to me in manuscript, leads me to expect that the element uran-
ium may be turned into a new and important source of energy in the im-
mediate future. Certain aspects of the situation which has arisen seem
to call for watchfulness and, if necessary, quick action on the part
of the Administration. I believe therefore that it is my duty to bring
to your attention the following facts and recommendations:

        In the course of the last four months it has been made probable -
through the work of Joliot in France as well as Fermi and Szilard in
America - that it may become possible to set up a nuclear chain reaction
in a large mass of uranium,by which vast amounts of power and large quant-
ities of new radium-like elements would be generated. Now it appears
almost certain that this could be achieved in the immediate future.

        This new phenomenon would also lead to the construction of bombs,
and it is conceivable - though much less certain - that extremely power-
ful bombs of a new type may thus be constructed. A single bomb of this
type, carried by boat and exploded in a port, might very well destroy
the whole port together with some of the surrounding territory. However,
such bombs might very well prove to be too heavy for transportation by
air.
```

아인슈타인이 루즈벨트
대통령에게 보낸 편지

와 13만 명의 연구인력(노벨상을 받은 과학자만 21명)이 투입되었다. 맨해튼 프로젝트의 실행을 통해 미국은 가장 먼저 원자폭탄의 개발에 성공하였다. 연구팀은 원자폭탄의 실전 투입 20여 일 전인 1945년 7월 16일 오전 5시 30분에 뉴멕시코 로스알라모스(New Mexico Los Alamos)에서 폭탄의 성능을 시험했다. 시험 결과, 연구진은 우라늄 핵이 분열할 때 상상할 수 없는 큰 에너지가 방출됨을 확인할 수 있었다.

유럽에서의 2차 대전은 1945년 5월 독일의 항복으로 끝이 났다. 전쟁의 종료로 미국은 독일에 대해 원자폭탄을 사용할 기회를 놓쳤다. 하지만 일본은 동남아시아 필리핀 등에서 여전히 미국에 맞서 싸움을 계속하고 있었다. 전쟁은 연합군 쪽으로 기울고 있었다. 일본 본토에 대한 지속적인 폭격에도 불구하고 일본은 항복을 거부했다. 미국의 투르먼(Harry S. Truman, 1884-1972, 미국의 33대 대통령) 대통령은 조기에 전쟁을 끝내기 위해 일본 본토에 원자폭탄의 투하를 결정했다. 강력한 파괴력을 지닌 폭탄을 민간인에게 사용하는 행위에 대한 윤리적 논쟁이 있었지만 미국은 일본과의 지리멸렬한 전쟁을 끝마치기 위해 부득이한 결정을 내렸다.

원자폭탄 투하의 상징물인 히로시마 돔

1945년 8월 6일에 일본 히로시마(Hiroshima)에 첫 번째로 원자폭탄(우라늄탄, 암호명 리틀보이(Little boy))이 투하되어 7만 명이 사망했다. 3일 후 나가사키(Nagasaki)에 두 번째 원자폭탄(플로토늄 탄, 암호명 팻맨(Fat man))이 투하되어 6만 명이 사망했다. 원래 두 번째 원폭투하의 대상지는 나가사키가 아니라 규슈 지방의 코쿠라(Kokura)였다. B-29 3대 편대가 코쿠라에 원자폭탄을 투하하기 위해 출격을 했으나 그중 한 대가 집합장소에 집결하는 데 실패해 비행기 두 대만으로 출격을 하게 되었다. 두 대의 B-29가 예정보다 30분 늦게 고쿠라 상공에 다다랐으나 날씨가 흐려 시계를 확보할 수 없게 되자 코쿠라 대신 제2 목표로 선정해 놓은 나가사키에 원자폭탄이 투하되었다.

원자폭탄이 투하된 지역에 아인슈타인의 에너지-질량 등가방정식이 만들어 낸 엄청난 에너지(열, 방사능, 폭풍, 섬광 등)가 쏟아졌고, 수많은 민간인들이 영문을 모른 채 죽어갔다. 이들은 회사에서 일을 하던 회사원, 학교에서 체육활동을 하던 학생들, 시장에서 장을 보던 사람과 같이 전쟁과는 직접적인 관계가 없는 사람들이었다.

아인슈타인이 미국 대통령에게 보낸 편지 한 장으로 인해 원자폭탄의 비극이 시작되었다. 원자폭탄 투하로 인하여 많은 사람이 죽자 아인슈타인은 대통령에게 편지를 쓴 자신의 행동에 대해 후회했다. 물론 아인슈타인이 편지를 보내지 않았어도 다른 누군가가 대통령에게 유사한 내용을 담은 편지를 보냈을 것이다. 그 당시 아인슈타인이 가장 영향력이 있는 과학자였기 때문에 그 역할을 담당했다고 볼 수도 있다. 하지만 군인이 아닌 많은 민간인이 아무 이유 없이 죽어가야만 했던 원자폭탄의 피해에 대해서는 그 누구도 책임에서 자유로울 수 없다.

원자폭탄의 개발은 이후에 원자폭탄보다 위력이 수 백배 큰 수소폭탄 개발로 이어졌다. 히로시마와 나가사키에 투하된 원자폭탄의 위력과 그로 인해 희생된 민간인들의 고통을 알게 된 많은 과학자들은 수소폭탄의 개발에 반대했다. 원자폭탄 개발을 주도한 오펜하이머는 자신으로 인해 수많은 민간인들이 죽어갔다는 사실에 죄책감을 느꼈다. 원자폭탄으로 희생된 수많은 영혼들이 꿈에 나타나서 그를 괴롭혔다. 그는 트루먼 대통령을 만난 자리에서 이렇게 말했다.

"각하 제 손에 피가 보입니다."

대통령은 오펜하이머의 말에 언짢은 반응을 보였다고 한다. 오펜하이머의 손에서 보였던 피는 아무런 이유 없이 죽어야 했던 수많은 민간인들의 피였다. 단테의 신곡(神曲, La Divina Commedi, 13세기 이탈리아의 단테가 쓴 서사시)에 예수를 십자가에 못 박은 본디오 빌라도(Pontius Pilatus, AD26-AD36, 로마시대 유대지방의 총독)가 지옥에서 피 묻은 손을 씻는 광경이 나온다. 그는 죄 없는 예수를 죽인 죄책감에 회개하며 반복해서 손을 씻었지만 그의 손에서는 계속 피가 묻어 나왔다. 그 피는 오펜하이머의 손에서 보였던 피와 동일한 것이다. 지금도 체제가 불안한 독재 정권들이 자신들을 지킬 수단으로 원자폭탄 개발을 추진하고 있는 것을 보면 편지 한 장으로 시작된 원자폭탄의 드라마는 아직 끝이 나지 않은 듯하다.

인터넷, 넓히는가, 가두는가

미국 중부에 대표적인 국립공원인 스모키 마운틴(Smoky mountain)이 있다. 이곳은 미국의 유명한 컨트리(Country) 가수 존 덴버(John Denver)의 "Take me home, country road(고향으로 보내 주오, 시골길)"라는 노래 가사에 나오는 아름다운 산악지역이다. 미국은 이민 초기에 동 중부의 산림을 없애고 그곳에 거대한 옥수수 밭을 조성했다. 계속되는 개간사업으로 모든 산악지역이 없어질 위기에 처하자 미국 정부는 우리나라의 경기도 땅만 한 크기의 중부 산악지역을 자연보호구역으로 지정했다. 그곳이 스모키 마운틴 국립공원이다. 원래 이 지역은 아메리카 인디언들이 거주하던 지역이었다. 아메리카 대륙을 지배했던 인디언 부족 중 가장 용맹했던 체로키(Cherokee) 인디언들은 풍요로운 땅인 테네시(Tennessee)의 산악지역을 빼앗기지 않기 위해 백인들과 치열한 전투를 벌였다. 안타깝게도 체로키 인디언들은 전투에서 패배했다. 전투에서 승리한 백인들은 인디언들을 고립된 지역으로 이주시켰다. 인디언들은 수

체로키 인디언(Cherokee Indian) 상

023

스모키 마운틴 국립공원

천 년간 지켜 온 고향을 떠나 낯선 땅으로 눈물의 여행(Tear of journey)을 떠났고, 여행 도중에 많은 수의 인디언들이 질병과 낙심으로 목숨을 잃었다. 숨진 체로키 인디언들의 영혼은 스모키 마운틴 골짜기에 잠들었다. 가을이 되면 스모키 마운틴 인근은 붉은색 단풍들로 장관을 이룬다. 이른 아침에 붉게 물든 산허리를 휘감으며 푸른색 운무가 펼쳐지는데, 사람들은 이 푸른 안개에서 이곳에서 숨져간 체로키 인디언들의 영혼을 만날 것 같은 섬뜩함을 느낀다고 한다.

침엽수가 우거진 스모키 마운틴 한쪽 구석에 인디언 보호구역(Indian reservation area)이 있다. 휴가철이 되면 많은 미국인들이 휴양지인 이곳을 찾는데, 일부는 배낭을 메고 스모키 마운틴 횡단에 나서기도 한다. 이곳의 산새는 너무 험해서 여행 중에 길을 잃어 조난을 당하는 사람들이 종종 발생해서 실종자 중 일부가 사망하기도 한다. 조난지역에서 외부로 연락할 수 있는 아무런 수단이 없었기 때문이다. 그러나 통신기기가 발달한 요즈음은 누구나 개인 전화인 휴대전화(Cellular phone)를 소지하고 있기 때문에 조난과 같은 긴급상황 시에 외부로 연락이 가능하다. 이처럼 사람들은 휴대전화와 같은 첨단 전자제품의 발전으로 전에는 생각하지 못한 혜택을 누리게 되었다.

컴퓨터와 인터넷의 출현으로 세상은 정말 놀라울 정도로 급속히 변했다. 인터넷은 세상 사람들을 하나로 묶었다. 인적 네트워크(Network)뿐만 아니라 문화, 역사, 지

인터넷 통신기기 스마트폰

식의 공유가 가능하다. 누구든 컴퓨터나 핸드폰만 있으면 지구 반대편에 있는 사람들과 수시로 자신의 정보를 주고받을 수 있다. 휴대전화는 사람과 사람을 연결하는 네트워크 역할을 한다. 휴대전화가 등장하기 십여 년 전에 어느 방송국의 오락 프로그램에서 횡단보도에서 사람이 걸으면서 전화기를 사용하는 모습을 찍어서 소개한 적이 있었다. '몰래 카메라(Hidden camera)'의 한 장면이었는데, 그 장면을 보고 사람들은 박장대소를 하고 웃었다. 그 당시의 통신기술로는 그런 일은 가능하지 않기 때문이다. 하지만 지금은 누구나 길거리를 활보하거나, 자동차 운전을 하거나, 업무를 보면서 휴대전화로 상대방과 대화를 나눈다. 폭우로 강이나 산에서 조난을 당한 사람들이 휴대전화의 도움으로 119의 구조를 받았다는 뉴스를 접하는 것은 이제 익숙한 일이 되었다.

어느 회사든 사무실 책상에는 업무용 컴퓨터가 한 대 놓여 있다. 사람들이 회사에 출근해서 가장 먼저 하는 일은 컴퓨터의 스위치(Switch)를 켜는 일이다. 전원을 넣고 컴퓨터를 부팅시킨 다음, 아이디와 패스워드를 쳐 넣고, 컴퓨터 프로그램이 작동하기를 기다리는 동안에 커피 자판기에서 커피를 뽑아 자신의 자리로 돌아와서 업무를 시작한다.

컴퓨터 결재

"컴퓨터 앞에서 맨 처음으로 하는 일은 무엇일까?"

첫 번째 업무는 이메일(E-mail) 확인이다. 자신의 상사를 직접 만나서 업무에 대한 지시를 받지 않아도, 거래처와 전화 상담을 하지 않아도 이메일을 통해 오늘 해야 할 일을 확인할 수 있다.

"매일같이 발송되는 이메일의 내용은 도대체 어떤 것들인가?"

우리가 하루의 받는 이메일의 95%는 이런 것들이다.

"이 상품의 구입을 추천합니다. 운영자님의 블로그(Blog, 웹(web)과 로그(log)의 줄임말. 자유롭게 칼럼, 일기, 기사 등을 올리는 웹 사이트)에 저희 광고를 올려 주십시오. 저희 업체에 관심을 가져 주셔서 감사합니다. 이곳에 오시면 좋은 볼거리가 많이 있습니다. 낮은 금리로 자금을 빌려드립니다."

이메일 박스에는 업무보다 홍보나 광고성 스팸(Spam) 메일이 가득하다. 이런 메일들은 내용을 자세히 확인하지 않고 휴지통에 넣어 삭제한다. 나머지 5% 이하만이

"어떤 업무를 이런 방식으로 언제까지 완결해 주십시오." "생일을 축하합니다." 또는 "친구와의 정겨운 대화"와 같은 자신에게 필요한 내용이나 좋은 소식들이다.

필자는 몇 년 전에 한 가지 결심을 했었다. 사무실에 출근해서 컴퓨터를 켜지 않고 업무를 보겠다는 것이었다. 컴퓨터의 사용 시간을 줄이는 것이 정신적으로 건강할 수 있다는 생각에서였다. 연구실에서 실험을 하고 반드시 컴퓨터로 해야 할 일이 있을 때만 컴퓨터를 켜기로 했다. 그런데 얼마 지나 이 결심을 포기해야 했다. 회사의 업무체계가 컴퓨터를 사용하지 않고는 일을 할 수 없는 정도로 컴퓨터의 의존도가 높아졌기 때문이었다. 메신저를 이용해서 직원과 교신하고, 문서는 컴퓨터로 작성해서 인터넷을 통해 결재를 받아야 했다. 이제는 직원들끼리 말 한마디 하지 않아도 업무를 할 수 있는 세상이 되었다.

문화인가, 편리함인가

우리나라의 인터넷 발달 속도는 너무 빠르다. 데이터 전송속도가 전 세계 최고다. 세상이 인터넷으로 연결되어 있다. 기차나 버스 안 길거리 어디에서나 인터넷을 연결할 수 있다. 인터넷을 통해 할 수 있는 일이 너무 많다. 스마트폰을 보면서 길을 걸어가는 사람들이 넘쳐난다. 왜 유독 우리나라만 인터넷 속도가 빠른 것인가? 참고 기다리지 못하는 '빨리빨리' 문화 때문일까? 인터넷은 무조건 좋은 것인가?

인터넷은 우리 생활에서 오랫동안 익숙했던 것들을 몰아내고 있다. 오래된 고전적인 문화를 중요하게 생각한다면 인터넷을 무조건적으로 받아들이는 것을 한 번쯤 생각해 보아야 한다. 스위스에는 마차와 자동차가 공존하고, 일본은 인터넷과 함께 신문 읽기가 보편적이다. 인터넷 뉴스는 대중에게 실시간으로 기사를 송부하지만 종이 신문은 아침이나 저녁에 한번 세상 소식을 전해준다. 많은 정보를 알고 있는 것은 좋지만 필요 없는 정보까지 반복적으로 접하게 되면 사람들의 머리는 쉴 시간이 없다. 고전적인 방식과 인터넷을 사용하는 방식에 대해 많은 고민과 협의를 거친 후에 새로운 방식을 채택하는 것이 좋다.

도장(Stamp)을 예를 들어 보자. 우리는 어떤 업무 서류에 확인 의미로 찍는 도장을 기억한다. 소나 말에도 도장을 찍는다. 목장에서는 주인의 이니셜(Initial)이 새겨진 직인을 가축의 엉덩이에 찍어 가축의 주인이 누구인지를 알게 한다. 전통방식에서는 도장을 만들 때 끌을 사용해서 일일이 글자를 팠지만 지금은 컴퓨터를 이용해 도장을 제작되고 있다. 도장의 글자체만 선정해 주면 컴퓨터가 알아서 도장을 판다. 컴

핸드메이드 도장

퓨터가 파는 도장은 그 모양이 획일적이다. 도장은 우리에게 어떤 의미를 주는가? 도장은 인식을 새기는 표식인 동시에 예술작품이기도 하다. 사람의 손으로 제작된 도장은 세상에 하나뿐인 장인의 작품이다. 이런 도장은 천편일률적인 기계식 도장과는 품격을 달리한다. 중국이나 일본에서는 아직도 도장을 손으로 파주는 상점이 많이 있다. 회사나 관공서에서 도장 사용을 권장하기 때문이기도 하다. 필자가 일본에서 머물 때 구청에서 거주신고를 하거나 은행에서 통장을 개설할 때 반드시 도장을 지침하고 오라는 공지를 받았다. 은행에서 통장을 개설하려 갔을 때 은행 직원은 통장 개설 서류에 필자의 도장을 찍어서 서류를 들고 계장, 과장, 지점당 등 몇 단계의 상위 직급의 결재를 받아 서류를 처리했다. 우리나라 같으면 직원이 그 자리에서 컴퓨터 프로그램을 사용해서 통장과 카드를 신속하게 개설해 주지만 일본 은행에서는 여전히 고전적인 결재방식을 채택하고 있었다. 서류를 제출한 후 수 일에서 일주일 정도가 걸려서 현금카드를 받았던 기억이 있다.

대화의 방식

　사람은 태어나서 죽을 때까지 엄청난 양의 정보를 생산하고 그것을 다른 사람들에게 전한다. 생산된 정보는 인간의 대화 수단인 언어를 통해 전달된다. 인간뿐만 아니라 자연계에 존재하는 모든 동식물도 정보를 교환하며 살아가고 있다. 동식물은 위급한 상황이나 원하는 바를 상대방에게 전하고 싶을 때 소리 신호를 보내거나 화학물질을 방출한다. 동물들은 수km 떨어진 곳에서 소리를 듣거나 냄새로 화학물질을 감지하는 능력을 갖고 있다. 화학물질은 천적으로부터 자신을 보호하거나 상대방을 공격하는 역할도 한다. 배우자를 찾는 일이나 집단에서 공동으로 일을 수행하기 위해 화학물질을 사용하다. 그야말로 자연계는 동식물이 주고받는 정보의 공간이라 해도 과언이 아니다.

　인간은 지구에 존재하는 생명체 중에서 가장 지적인 존재이다. 인간은 의사 전달을 위해 언어를 구사하고 문자를 사용해서 글을 쓴다. 만나서 얼굴을 보고 대화를 나누며 서로의 감정과 의사를 전한다. 전화가 발달하고, 무선 휴대전화가 확산되고, 인터넷이 발달하면서 직접 만나서 의사를 전달하는 시간은 점차적으로 줄어가고 있다.

　정보를 전하는 방식 중에 가장 좋은 방법은 상대방을 만나 얼굴을 보고 직접 대화하는 것이다. 사람들의 얼굴에는 많은 정보가 담겨 있다. 얼굴의 표정을 통해서 그 사람이 기분이 좋은지, 배가 고픈지, 언짢은 일이 있는지 알 수 있다. 이처럼 직접 대화에서는 짧은 시간에 많은 정보를 주고받을 수 있다. 필자가 강의 중에 학생들에게 물었다.

"제 얼굴 상태와 목소리 어떻습니까?"

"얼굴에 기쁨이 있고 목소리도 좋습니다."

"제가 아프다고 거짓으로 말하면 여러분은 믿습니까?"

"아니요. 건강하게 보입니다."

보고 들으면서 대화를 나누면 대화 내용이 참인지, 거짓인지 쉽게 구별할 수 있다. 눈과 귀로 많은 정보를 얻을 수 있기 때문이다. 두 번째로 좋은 정보 전달 방식은 목소리를 통한 방식이다. 전화는 멀리 떨어져 있는 사람들에게 소식을 전할 수 있게 해준다. 얼굴을 볼 수 없어서 정보의 양에 제한이 있지만 대화를 통해 정보를 전한다.

"여보세요. 그 동안 잘 지냈어?"

"네, 잘 지내고 있어요."

"그런데 목소리가 왜 그래? 감기 걸렸어?"

"네, 조금 고생했는데 이제 다 나아갑니다."

목소리의 억양으로부터 상대방의 건강과 감정 상태를 파악할 수 있다. 가장 낮은 수준의 정보 전달 방식은 인터넷 언어를 통한 정보교환이다. 인터넷 대화는 먼 곳에 있는 많은 사람들과 대화가 가능하다는 장점이 있다. 카카오톡(Kakao talk)이나 페이스북(Facebook)을 사용하면 전 세계에 있는 친구들 수십~수백 명을 초청해서 자신이 전하고자 하는 정보를 전달할 수 있다. 글이나 특수문자, 기호를 사용해서 정보를 전

인터넷을 통한 대화

한다. 하지만 문자를 통한 정보 전달은 얼굴을 보고 대화하거나 전화를 거는 방식에 비해 상대적으로 정보의 양과 질이 떨어진다. 또한 인터넷 대화에서는 상대방의 대화가 참인지 거짓인지 판별하기 쉽지 않다.

인터넷의 발달로 문자를 이용하는 사무적인 대화가 늘어나고 대신 감성적인 언어 전달의 기회는 줄어들고 있다. 심각한 경우에는 부모와 아이가 한 집에 살면서도 아래층과 위층에서 핸드폰으로 대화를 주고받기도 한다. 분명히 바람직한 현상은 아니다. 인터넷이 발달한 정보사회에는 빛(편리성과 신속성)과 그림자(감성적 대화의 단절)의 양면성이 존재한다. 기계의 사용이 인간적인 삶의 방식을 과도하게 침해하는 것을 경계해야 한다.

요즘 들어 컴퓨터로 운영되는 무인 시스템이 늘어나고 있다. 사람을 고용해서 일을 시키는 것보다 기계를 사용해서 운영하는 방식이 운영비가 적게 들기 때문이다. 인터넷에 익숙한 젊은이들은 청소년 시절부터 기계언어를 사용해서 대화에 해 왔기 때문에 사람을 직접 만나서 대화하는 것보다 스마트폰을 통한 문자교신이 더 편하다고 한다. 어느 회사에서 신입사원에게 설문조사를 했다.

"회사에 들어와서 가장 힘든 부분이 무엇입니까?"

사원이 대답했다.

"회사의 상사 분들과 대화하는 것입니다."

"상사와의 대화가 왜 어렵지요?"

"저희 세대는 선배나 윗사람들과 많은 대화를 나누면서 자란 세대가 아닙니다. 운동경기 같은 단체활동도 많이 못 했습니다. 그냥 자리에 앉아서 컴퓨터 게임을 하거나 채팅 같은 문자로 주고받는 대화를 많이 했습니다."

"상사와의 대화 중에 가장 어려운 부분은 어떤 것이지요?"

"제가 가장 힘들어하는 것은 전화 대화입니다. 전화를 어떻게 받아야 하고 어떻게 의사를 전달하는지 모르겠습니다. 문서를 작성해서 이메일로 전달하는 일은 익숙합니다. 하지만 사람을 만나서 대화를 나누는 일은 불편합니다."

셀프 주유소

필자가 미국에 있을 때의 경험이다. 차를 타고 국도를 달리다가 기름이 떨어져서 주유소에 들렀다. 주유소에서는 두 종류의 주유기가 있었다. 하나는 주유소 직원이 와서 기름을 넣어 주는 풀서비스(Full service) 주유기고, 다른 하나는 운전자가 직접 주유를 하는 셀프서비스(Self service) 주유기였다. 주유소 직원이 주유를 해 주면 서비스 비용이 추가되기 때문에 리터당 기름값이 셀프 주유보다 비싸다. 풀 서비스를 받는 경우에는 자동차 유리창을 닦아 주기도 했다. 기름값을 절약하고자 하는 사람들은 셀프 주유기를 사용한다.

지금으로부터 십여 년 전에 한국에도 두 종류의 주유기가 도입되어 설치된 적이 있었다. 미국에서처럼 사람들이 두 종류 중 하나의 주유기를 선택해서 사용할 것으로 예상했으나 대부분 사람들은 셀프 주유기를 선택하지 않았다. 셀프 주유와 주유 서비스 간의 가격차이가 크지 않았기 때문이기도 했지만 우리나라 사람들은 셀프 주유보다는 서비스 받는 주유방식을 선호했기 때문이다. 그 결과 셀프 주유기는 주유소에서 사라졌다. 그런데 그로부터 십여 년이 지나서 셀프 주유기가 다시 등장했다. 시간이 지나자 셀프 주유기가 어느 정도 정착되고 이제는 대부분 주유소에서 셀프 주유기를 사용하고 있다.

어느 날 저녁 차를 몰아서 집으로 가는 중에 있었다. 언덕을 내려가고 있는데 우측에 위치한 자그마한 주유소에서 공사를 하고 있었다. 주유소 전체를 허무는 작업을 하는 것으로 보아 경영난 때문에 폐업을 하는 것 같아 보였다. 한 달 정도 후에 같

셀프 서비스 주유소와 셀프 주유 모습

은 길을 가고 있었다. 폐업을 한 것으로 생각했던 주유소가 새로 단장을 하고 영업을 하고 있었다. 기름이 떨어져서 기름을 넣고자 주유소에 진입했다. 땅거미가 내려 어두컴컴해진 주유소에 차를 세워 놓고 차 밖으로 내렸다. 필자가 차에서 내리는 것을 보고 사무실에 있던 직원이 내 차로 다가왔다. 그는 주유소의 사장이었다. 내가 말을 걸었다.

"사장님이신가요?"

"네, 그렇습니다."

"지난번에 길을 가다 보니 큰 공사를 하는 것 같던데요. 저는 폐업을 하는 것으로 생각했습니다. 다시 와 보니 주유소를 새로 단장을 하셨네요?"

"네."

"주유기가 모두 셀프 주유기로 바뀌었네요? 인건비 상승 때문에 바꾸셨군요?"

"아닙니다. 인건비 때문이 아닙니다."

"그렇다면 어떤 이유로 주유기를 바꾸었는지요?"

"셀프 주유기나 직원이 서비스해 주는 주유기나 가격 차이가 크지 않습니다. 제가 주유기를 셀프 주유기로 바꾼 이유는 젊은 사람들 때문입니다."

"젊은 사람들 때문이라면……"

"요즘 젊은 사람들은 대화하는 것을 좋아하지 않습니다. 주유소에 와서 혼자서 주유를 하고 가는 것을 선호합니다. 그래서 셀프 주유기를 설치한 것입니다."

기계와 대화하는 것이 편한 세상. 이제는 어떤 업종이나 사람과 사람들이 대화하는 방식에서 사람과 기계가 대화하는 방식으로 바뀌고 있다. 햄버거 가게의 주문방식도 고객-직원에서 고객-기계로 바뀌었다. 그리고 사람들끼리 육성으로 나누는 대화의 양이 줄었다. 인간의 생활에 기계 의존도가 높아지는 것을 마냥 좋다고만 할 수 없다. 셀프 주유소에서 직접 주유를 한 후에 차를 몰아 집으로 향했다. 자동차는 어둠을 뚫고 시골 길을 달렸다. 필자의 머리 속으로 생활의 현장 곳곳에서 기계와 인간의 싸움이 벌어지고 있다는 불편함이 엄습해 왔다.

하이패스(Hi-pass)의 출현

1992년 미국 중부 인디애나 사우스 밴드(South Bend)의 노트르담(Notre Dame)대학에서 박사후(Post Doc.) 과정 중에 있던 필자는 미국인 지도 교수와 함께 시카고(Chicago)에 소재한 국립 아르곤 연구소(Argon National Laboratory)를 방문하게 되었다. 지도교수의 밴(Ban)으로 이동을 하던 중에 고속도로 톨게이트(Toll gate)를 지나게 되었다. 톨게이트에서 근무하는 금발의 아가씨가 차량 쪽으로 얼굴을 내밀며 인사를 건넸다.

"Hi, Good morning?"

행선지인 시카고까지의 통행료를 지불하고 톨게이틀 빠져나올 때 아가씨가 웃는 얼굴로 다시 한 번 인사를 했다.

"Have a nice day!"

우리는 손을 흔들어 답례를 하고 고속도로로 진입했다. 형식적인 인사이지만 웃는 얼굴로 손을 흔들어 주니 기분이 좋았다. 고속도로 운행 중에 교수는 내게 이런 이야기를 했다.

"닥터 김, 앞으로는 고속도로를 이용할 때 톨게이트에서 티켓을 살 필요가 없을 것입니다. 차 옆면에 바코드(Bar cord)를 붙이고, 그것을 레이저(Laser)로 스캔(Scan)하면 자동으로 차량이 인식되고 나중에 영수증을 집으로 보내 주는 시스템이 곧 개발될 것입니다. 이런 무인 시스템이 있으면 시간이 많이 절약됩니다. 미국에서는 시간이 곧 돈이니까 경제적으로 큰 이익이지요."

나는 교수의 말이 그럴듯하다고 생각은 했지만 과연 그런 시스템이 실현될 것인가에 대해서는 반신반의했다. 교수에게 내가 말했다.

"교수님, 사람들이 그런 식으로 기계에 과도하게 의존해서 살면 운동량이 적어져서 건강에 문제가 생길 것입니다. 그래서 산업화가 가장 빠른 미국에 뚱뚱한 사람이 많은 것 아닐까요? 텔레비전 광고의 대부분이 패트(Fat, 지방) 줄이는 것과 관련이 있잖습니까? 조금 불편하더라도 기계에 대한 의존성을 줄이고, 운동을 하고, 육체적인 일을 하면서 사는 것이 더 건강하지 않을까요?"

교수는 내 말에 아무런 대답을 하지 않았다.

필자가 미국에서 한국으로 귀국한 후 10여 년이 지나서 한국의 톨게이트에 "하이패스"라는 무인 차량 검색 시스템이 도입되었다. 필자의 지도교수가 한 이야기가 현실이 된 것이었다. 하이패스 카드를 하나 사서 차 안에 배치해 놓으면 누구나 톨게이트에서 표를 사지 않고 고속도로로 진입할 수 있다. 현재 필자가 사용하는 차량에도 하이패스 기능이 있다. 장거리 업무를 보러 갈 때마다 톨게이트에서 정차하지 않고 곧바로 도로로 진입할 수 있어서 도로 사용료를 지불하지 않는 것 같은 착각이 들 때도 있다.

하이패스와 같이 차량 운전에 유용하게 사용되는 문명의 도구로 "내비게이션(Navigation)"이 있다. 내비게이션은 운전자의 차량을 목적지까지 편리하게 안내하는 일을 한다. 도로상에 위치한 위험지역과 차량 제한 속도 등을 자세히 알려 주고, 운전자가 잘 알지 못하는 곳까지 알아서 안내해 주는 편리한 장치다. 내비게이션이 필요한 정보를 제공함으로써 운전자의 운전을 도와주지만 인간의 지적능력을 제한한

인간의 길 찾기 지능을 대신하는 내비게이션(Nevigation)

다는 지적이 있다. 내비게이션이 없었을 때 사람들은 지도를 보고 목적지를 찾아갔다. 운전자들은 자동차로 갔던 지역의 정보를 기억해서 자신의 뇌에 저장해 두었다가 필요할 때 다시 꺼내어 활용했었다.

"그러니까 처남 집에 가려면 경부선을 타고 대구에서 빠져나가서 국도를 타고 30분쯤 가면 거기에서 어디로 가는 분기점이 있고, 거기에서 우회전해서…, 담배가게 앞에서 농수로를 끼고…, 빨강 지붕으로 된 그 집."

한번 기억하면 평생 잊지 않을 정도로 인간의 기억능력은 뛰어나다. 그런데 이제는 내비게이션이 인간을 대신해서 길 찾기를 해 준다.

"100km 구간입니다. 속도를 줄여 주십시오. 우회전해서 톨게이트로 빠져나가세요. 목적지에 도착했습니다."

목적지를 입력하면 도착할 때까지 모든 정보를 내비게이션이 제공해 준다. 과학의 발달로 내비게이션이 인간의 뇌가 해야 하는 일을 대신해 주기 때문에 인간의 생

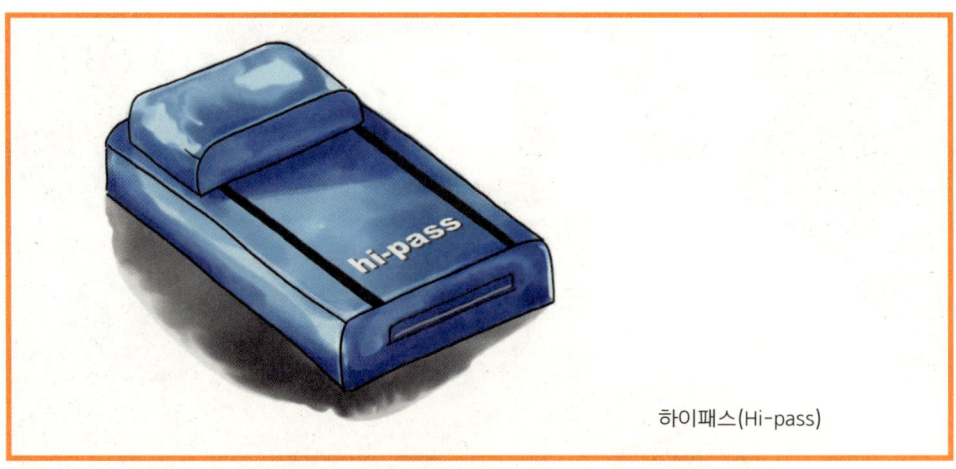

하이패스(Hi-pass)

각하는 능력은 현저히 줄어들었다. 인간 생활에 있어서 기계 의존도는 갈수록 증가하고 있다. 앞으로의 세상은 기계 없이는 아무것도 할 수 없는 세상이 될지도 모른다.

청소년들을 대상으로 강의를 하는 중간에 이런 질문을 했다.

"혹시 전화번호 10개 이상을 기억하고 있는 학생이 있으면 손을 들어 보세요."

학생들은 좌우를 돌아보며 손을 드는 학생이 있는지를 살폈다. 몇몇 학생은 머릿속으로 외우고 있는 전화번호의 개수를 세고 있는 듯했다. 한 학생이 손을 들었다.

"아, 손든 학생, 알고 있는 전화번호를 말해 보세요."

"어머니, 아버지, 할머니, 할아버지, 삼촌, 친한 친구⋯."

학생이 외우고 있는 전화번호는 아홉 개에서 멈추었다. 학급에서 전화번호 10개를 외우는 학생은 없었다. 필자의 유년 시절에는 할머니, 큰댁, 이모, 고모, 친구 여러 명 등 수십 개의 전화번호를 기억하고 있었다. 하지만 과학기술이 발달해 스마트폰에 수백, 수천 개의 전화번호를 저장할 수 있기 때문에 전화번호를 기억을 필요가 없어졌다.

이번에는 유치원에 다니는 아이의 암기력을 통해 인간 뇌의 능력을 알아보자. 유치원에 다니는 어린아이들은 노래 부르기를 좋아한다. 텔레비전 앞에 앉아서 어린이 프로그램에서 나오는 노래를 따라 부르며 노래 가사를 자연스럽게 암기한다. 혼자 있을 때 노래를 불러 보라고 하면 한 단어도 틀리지 않고 그 많은 노래들을 처음부터 끝까지 외워서 부른다. 자신이 좋은 하는 노래 한 두 곡을 외우는 30세 중반의 성인들과 비교하면 가히 경이로운 암기력이다. 주판이나 암산을 배우는 아이들의 숫자에 대한 이해력 또한 상상을 초월한다. 9자리 숫자의 덧셈과 뺄셈을 자유자재로 한다.

인공지능과 같은 과학기술이 발달한 현재에도 컴퓨터가 인간의 지적 능력을 완전히 능가하지는 못한다. 과학은 인간의 놀라운 상상력을 바탕으로 한 지적 사고를 통해 발전되었다. 인간의 생각하는 힘에 의해 어려운 수학의 명제들이 풀렸고, 우주 운행의 원리들이 이해되었다. 그럼에도 불구하고, 요즈음의 과학은 인간의 무한한 상상력보다는 기계의 분석 결과에 의존하려는 경향이 있다. 차분히 앉아서 깊이 생각하는 과학자의 수는 줄었고, 성능 좋은 분석 장치 앞에 앉아 있는 과학자의 수는 늘고 있다. 분석 장치를 통해 쉽게 결과를 얻을 수 있기 때문이다. 과학계에서도 기계 장치가 인간의 뇌 기능을 대신해 주고 있음이다.

"하이패스는 어떠한가?"

하이패스의 편리함은 이미 이야기했다.

"하이패스의 단점은 무엇인가?"

기계가 인간의 업무를 대신하기 때문에 무인 차량검색 시스템의 도입으로 톨게이트에서 일하는 사람들이 직업을 잃는다는 점이다. 한국도로공사(Korea Express-

무인 요금정산 시스템

way Corporation, 1969년 도로를 정비하고 교통의 발달에 기여함을 목적으로 설립된 공기업)에서 2020년 전국 모든 고속도로에 '스마트 톨링(Smart tolling)'이라는 무인 요금 정산 시스템을 도입한다는 계획을 발표했다. 이 시스템이 생기면 고속도로에 설치된 톨게이트가 사라지는 대신 도로 상공을 가로지르는 철제 구조물이 생긴다. 그곳에 설치된 무인 카메라가 차량 번호판을 자동으로 인식해 통행료를 결제한다. 도로공사는 이 시스템이 세계 최초의 고속도로 무인 통행 시스템이라 선전했다. 하지만 이 기술이 완성되면 톨게이트 요금 수납원 5,800명의 일자리가 사라진다고 한다. 도로공사는 이들을 번호판 영상 보정, 요금 고지서 발송, 취약 지역 폐쇄회로 TV(CCTV) 감시 등 다른 업무로 전환 배치한다고 하는데 과연 그것이 가능한 일일까? 사람이 사라지고 카메라가 사람의 역할을 대신하는 삶의 방식이 지속 가능한 인류의 미래인가를 생각해 보아야 한다.

필자가 강의를 하려 모 여대에 방문한 적이 있었다. 정문을 지나고 있었는데 한 무리의 대학생들이 피켓을 들고 구호를 외치고 있었다.

"자동문을 설치하지 말아 주세요!"

학교 정문 안쪽으로 근사한 현대식 건물이 지어지고 있었다. 프랑스의 유명 건축가가 설계한 건물이라고 했다. 이 현대식 건물은 자동문으로 출입을 하도록 설계되었다. 학생들은 이 건물이 들어서면 예전 건물에서 근무하던 경비 아저씨의 일자리가 없어짐을 인식하고 있었던 것이었다.

이 학생들은 인간과 기계의 공존을 추구하는 적정기술의 정신을 이야기 하고 있는 것이었다. 인간 중심의 삶의 방식과 노동력을 중시하는 적정기술의 정신. 학생들의 열띤 구호에도 불구하고 얼마가 지나서 건물에는 자동문이 설치되었다. 그리고 경비 아저씨는 자동출입센서장치에 자리를 내어주고 건물을 떠났다.

하이패스와 같은 첨단 기계 시스템의 등장에 의한 실직자의 증가현상은 우리 주변에서 쉽게 발견할 수 있다. 아파트의 문이 자동문으로 바뀜에 따라 각 동의 관리를 맡아서 일하는 경비원들의 일자리가 사라졌다. 월급 100만 원짜리 직업들이 하나씩 사라지고 그 자리를 기계가 대신하고 있다. 대기업이 생산량을 두 배로 늘리겠다는 계획을 발표하지만 신입직원을 두 배로 채용하지는 않는다. 공장을 증설해도 새롭게 채용되는 직원은 소수의 관리직뿐이다. 사람보다 자동화된 기계에 의해 공장이 움직이기 때문이다. 정부와 사회는 무역 1조 달러를 넘어섰다고 기뻐했지만 이런 구조적인 문제때문에 청년 실업문제는 여전히 이 시대의 화두로 남아있다. 이 문제는 우리나라만의 문제가 아니다. 전 세계가 겪고 있는 문제다. 기계문명이 발달할수록 인간이 설 땅은 좁아지고 있다. 빈익빈 부익부 현상이 심화되고 있다. 기술을 가진 사람이 더 많은 부를 소유한다. 이런 현상이 지속되면 언젠가는 인간과 기계가 극단적으로 영역 다툼을 벌이는 상황이 발생할지도 모른다.

이세돌과 알파고(AlphaGo)

2017년 구글(Google, 전 세계의 정보를 체계화하여 사용자의 편리한 이용을 목표로 하는 미국의 다국적 기업)이 한국의 바둑왕 이세돌에게 컴퓨터와의 바둑 시합을 제안했다. 시합의 상금은 100만 달러였다. 5판의 경기를 해서 3판을 이긴 자가 상금을 갖는 조건이었다.

"이세돌 씨가 이긴다면 상금은 이세돌 개인의 것이 됩니다. 알파고가 승리하면 상금을 유엔 아동기금이나 바둑 관련 자선단체에 기부하겠습니다."

우승 상금과 별도로 판 당 대국료 15만 달러와 승리 수당 2만 달러가 책정되어 있었다. 이세돌은 구글의 제안을 흔쾌히 수락했다. 바둑천재 이세돌의 속마음은 이러했을 것이다.

"장기나 체스도 아니고 컴퓨터가 바둑에서 인간을 이기기는 어렵지. 바둑은 경우의 수가 많아서 착점 이후 벌어지는 다양한 상황을 컴퓨터가 이해하기는 어렵지. 이제까지 바둑에서 컴퓨터가 바둑 고수의 능력을 능가했다는 소식은 들은 바가 없어."

인간 이세돌과 대결하는 바둑 인공지능의 이름은 '알파고(AlphaGo, 구글의 딥마인드 (DeepMind Technologies Ltd.)가 개발한 인공지능(AI, Artificial Intelligence) 바둑 프로그램 이었다. 인공지능 알파고는 인터넷 바둑에서 많은 바둑 고수들과 대결을 펼치면서 실력을 쌓아왔다. 인터넷 바둑에서 인공지능이 인간과 바둑대국을 펼치고 있음을

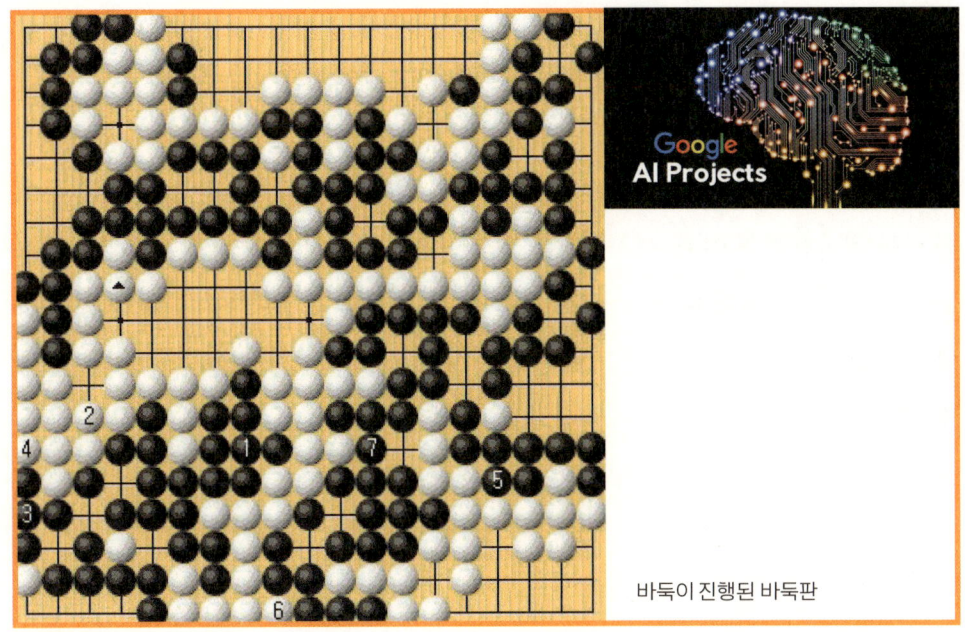

바둑이 진행된 바둑판

많은 바둑기사들은 알고 있었지만 인공지능의 바둑 수준이 어느 단계에 도달해 있는지는 정확하게 알지 못했다. 그런 이유로 인간 두뇌 천재 이세돌과 인공지능 알파고의 대결에 과학자뿐만 아니라 전 세계인들의 눈과 귀가 주목했다.

'컴퓨터의 지능이 인간을 능가할 수 있을까?'

그동안 사람들은 인간과 컴퓨터 간의 대결을 통해서 컴퓨터의 지능 수준을 판단해 왔다. 1997년 IBM이 개발한 슈퍼컴퓨터 '딥블루(Deep blue)'가 체스 세계 챔피언 가리 카스파로프 (Garry Kasparov, 1963년생, 1986년~2005년까지 체스 챔피언)를 꺾었다. 인공지능이 체스로 인간을 정복한 이후 20여 년이 지났지만 바둑은 여전히 컴퓨터가 넘지 못한 미지의 영역으로 남아 있었다.

그동안 인공지능이 바둑에서 승리할 수 없었던 이유는 바둑의 복잡성이다. 바둑은 바둑판 위에 흰 돌과 검은 돌을 번갈아 놓으면서 '집'을 많이 만드는 사람이 이기는 게임이다. 바둑에서 컴퓨터가 고려해야 하는 경우의 수는 체스와 비교해 상대적으로 많다. 체스에서는 말을 움직이는 방법이 정해져 있지만, 바둑에서는 바둑판 어디에나 자유롭게 돌을 놓을 수 있다. 바둑 고수들은 돌을 놓고 진행될 100수까지를 생각한다고 한다. 그 수를 읽기 위해 고수들은 장고에 장고를 거듭한다.

체스를 이긴 인공지능은 지속적으로 발전을 거듭했다. 알파고는 2015년에 유럽의 바둑 챔피언 판 후이(Fan Hui) 2단을 상대로 공식 대국에서 승리했다. 후이와 알파고 간에 진행된 5판의 대국에서 모두 알파고가 승리했다. 후이와의 대국을 통해 사람이 만든 인공지능 시스템이 프로 바둑 기사를 능가하는 실력으로 발전했음을 증명했다.

'알파고가 후이를 이겼다고 하네. 후이는 유럽 챔피언 정도의 수준이지. 세계 챔피언인 이세돌을 이기기는 어려울걸.'

십여 년 동안 세계 바둑의 최강자 자리를 지켜 온 이세돌 9단과 알파고의 5판 3선승의 대결이 시작되었다. 결과는 싱겁게도 알파고의 일방적인 승리. 사람들의 열렬한 응원에도 불구하고 알파고가 이세돌 9단에 4대 1로 승리하면서 인간과 컴퓨터의 대결은 컴퓨터의 승리로 막을 내렸다. 이세돌 9단이 이긴 한 판도 알파고가 일부러 져 주었다는 이야기가 있었다. 대국 후에 이세돌 9단은 상기된 표정으로 기자 간담회를 가졌다. 내외신 기자단은 승패를 떠나 열전을 펼친 이세돌 9단을 박수로 맞이했다.

"많은 분이 응원해 주었지만 이번 매치에서 좋은 결과를 거두지 못해서 아쉽고 죄송합니다. 경기 전에 제가 유리하지 않을까 싶었는데 아쉽게도 졌습니다. 하지만 이번의 패배는 인간의 패배가 아니라 이세돌 개인의 패배입니다. 다른 기사가 알파고와 대결하면 다른 결과가 나올 수 있습니다."

구글의 담당자는 조용히 기자 간담회에 임했다.

"이번 대국의 결과가 인공지능이 인간의 지적 능력을 넘어섰음을 의미하지 않습니다. 저희는 인공지능의 능력을 인간의 삶을 돕는 데 사용할 것입니다. 대국에 임해 준 이세돌 9단에게 감사드립니다."

이세돌 9단은 인간이 아닌 이세돌의 패배라고 말했지만 이세돌은 두뇌 스포츠인 바둑의 최고 정점에 있는 기사이기 때문에 이번 대국의 결과는 이세돌이 아니라 인간과 컴퓨터와의 대국에서 컴퓨터가 승리했다고 보는 것이 옳다. 중국의 어떤 기사가 자신은 이길 자신이 있다며 알파고와의 대국을 요청했지만 구글의 입장에서는 유사한 대국을 반복해서 개최하는 것은 아무런 의미가 없었다. 구글은 이번 대결을 통해 인공지능 분야에서의 구글의 기업가치를 확대할 수 있게 되었다. 사람들은 이렇게 이야기할 것이다.

"구글의 인공지능 수준이 대단해. 이 분야에서는 구글이 가장 앞서가고 있어."

전 세계 사람들을 앞에서 인간 두뇌와 컴퓨터의 대결을 성사 시켜 컴퓨터가 승리하게 되었으므로 사람들은 구글의 인공지능 개발능력을 인정할 수밖에 없게 되었다. 대국료와 대회 개최 비용으로 십 억 원 정도의 비용을 지출했지만 구글은 수조 원의 경제효과를 갖게 되었다. 이 대회의 결과는 사람들에게 "인공지능의 시대를 선도하는 기업 구글"을 기억하게 할 것이다.

인간과 인공지능의 대결에서 인공지능의 승리가 시사하는 것은 무엇인가? 이 결과는 인간의 지적인 활동을 기계가 대신할 수 있음을 의미한다. 기계가 인간이 자신의 지적 기능을 대신한다면 인간이 할 수 있는 일의 영역은 점점 줄어들 것이다. 아파트 경비원, 택시 운전사에서부터 교수, 의사, 약사, 법률가까지 인간의 직업을 기계가 대신하게 될 것이다. 자동화 기계들이 인간의 노동 영역을, 인공지능 알파고가 인간의 지적 활동을 대신하는 사회를 만들어 가게 될 것이다.

영역을 넓히는 인공지능

자동차와 같은 운송수단에도 인공지능으로 무장한 많은 첨단 전자-컴퓨터 제품이 도입되고 있다. 자동차 안과 밖에는 보고, 듣고, 인지하는 수많은 센서가 부착되어 있다. 이 센서가 감지하는 정보를 모아서 중앙 컴퓨터가 처리하고 그 결과로 자동차가 움직인다. 센서들은 탑승자이면서 명령자인 인간의 표정이나 언어도 인지한다. 그래서 자동차를 더는 기계공업의 산물이라 부르지 않는다. 스스로 움직이는 무인 자동차는 전자-컴퓨터 제품으로 분류가 되어야 할 것이다. 세계 자동차 시장을 선도하는 일본 T 사의 자동차의 무인자동차 계획을 들어 보자.

"이제 세상이 변해가고 있습니다. 모든 기계에는 자동화 장치가 장착되고 있습니다. 자동차도 예외가 아닙니다. 무인 자동차는 스스로 움직이는 자동차입니다. 스스로 생각하고 움직입니다. 물론 인간처럼 스스로 생각하는 것은 아니지만 센서들이 주는 정보를 컴퓨터가 분석해서 자동차를 운전합니다. 소리를 듣고 말을 할 수 있으니 자동차가 스스로 생각한다고 느낄 수도 있습니다."

"흥미롭군요. 좀 더 자세히 설명해 주시지요."

"회사원이 아침에 집에서 회사로 출근하기 위해 자동차를 부릅니다. 리모컨을 사용하거나 말로 지시할 수 있습니다. 주인의 지시에 따라 주차장에 있던 자동차가 스스로 시동을 걸고 아파트 현관으로 올라옵니다. 회사원이 현관으로 나갑니다."

T사의 자율주행자동차. 계기판이 없고 모니터만 있다.

"자동차가 주차장에 있다면 그 전날에 주인이 주차장까지 몰고 가서 그곳에 세워 놓았다는 말이군요."

"아닙니다. 그럴 필요 없습니다. 주인은 아파트 현관까지만 가고 주차장까지는 자 동차가 스스로 알아서 갑니다. 아마도 앞으로는 회사나 아파트 모든 주차지역에 지 정번호가 부여되고 지정된 곳에만 차를 주차할 수 있게 될 겁니다."

"그렇군요. 그러면 차 문을 열고 차를 몰고 회사로 가면 되겠군요."

"그럴 필요도 없습니다. 차는 주인을 인식하고 문을 스스로 열어줍니다. 주인은 좌석에 앉기만 하면 됩니다."

"정말 편리하군요."

"주인이 차에 앉아서 목적지를 말하거나 컴퓨터에 입력된 위치를 지정하면 차가 움직입니다. 차에는 전방, 측방, 후방에 다양한 센서를 장착하고 있습니다. 차는 센

자율 주행 자동차

서의 정보를 받아서 속도를 내거나, 브레이크를 밟거나, 커브 길로 진입하거나 해서 무사히 회사까지 주인을 데려다줍니다."

"정말 편리한 무인 자동차군요. 그런데 이런 자동차를 택시에도 적용할 수 있나요?"

"물론 영업용 택시에도 적용할 수 있습니다. 택시 운전사가 없는 무인택시를 생각할 수 있습니다. 이 경우 안타깝게도 택시 운전사들이 직업을 잃게 되겠지요. 택시 운전사뿐만 아니라 다른 직종에서도 유사한 일들이 있을 수 있지요. 사회 각 분야에서의 실직은 사회적 문제가 되므로 정부와 사회가 함께 고민해야 합니다. 궁극적으로 기계와 인간의 공존에 대한 문제가 되겠지요."

"4차산업혁명으로 인한 생활의 편리성과 직업인들의 생존 문제가 충돌하겠군요."

"우리 회사도 고민하고 있습니다. 완전 무인 자동차가 될지 운전자와 인공지능이 협력하는 수준이 될지 아직 확정된 바는 없습니다. 저는 여기까지만 설명을 드리고

인공지능 스피커

오늘의 일정을 마치도록 하겠습니다. 감사합니다."

T사의 무인자동차 설명회가 끝나고 나서 참석자들과 4차산업의 발전과 문제에 대해 이야기를 나누었다.

"미국의 종합병원에서는 약사의 일을 컴퓨터와 로봇이 한다고 하더군요. 의사가 처방전을 컴퓨터에 입력하면 지시에 따라 로봇이 움직이며 처방전에 지시된 약을 봉투에 넣어 환자에게 준다고 합니다. 인간 약사들은 가끔 실수를 해서 소화제 대신 감기약을 주는 경우가 있는데 인공지능은 한 번도 실수를 한 적이 없다고 합니다."

"무인 자동차나 사무공간뿐이겠습니까? 대학의 교육방식도 바뀌고 있습니다. 지난번 강의 시간에 조교가 찾아와서 강의 동영상을 찍겠다고 하더군요. 그렇게 하라고 했습니다. 조교가 제게 말했습니다. A반은 강의를 진행하고 B반은 동영상 강의를 보는 것으로 한다고. 그렇게 되면 저의 강의 시간이 반으로 줄게 되지요. 미국의 유명대학에서도 앞으로는 강의를 인터넷 중심으로 하고 교수는 면담과 같이 특별한 경우에만 만나도록 한다고 합니다. 결국 대학의 교수 수는 줄어들게 되겠지요."

"학자들이 만나 정보를 교환하는 국제학술회의의 모습도 변하지 않겠습니까?"

"그렇습니다. 요즘 한 나라의 말을 다양한 언어로 번역하는 번역기의 수준이 놀랄 정도로 발전했습니다. 세계를 돌아다닐 때 그 나라 언어를 몰라도 번역기만 있으면 별 불편 없이 여행을 할 수 있습니다. 아마 앞으로 국제학술 회의는 사람들이 직접 발표하기보다는 제작한 동영상이나 발표자료를 틀어 주는 형식이 되지 않을까 생각합니다. 더 발전하면 만나지 않고 인터넷상에서 학술회의를 할지도 모릅니다."

"지식의 주인공이 사람이 아니라 기계가 되어 가고 있는 것 같습니다."

"그렇습니다. 인간이 풀지 못한 난해한 계산을 컴퓨터는 빠른 속도로 풀 수 있습니다. 지식(정보)의 양이나 질도 사람보다 컴퓨터가 더 낫습니다. 교수 한 사람이 습득한 정보보다 인터넷의 위키피디아(Wikipedia, 여러 사람이 만들어 가는 웹 기반의 다 언어 백과사전)와 같은 정보공유사이트가 갖는 정보의 양이 훨씬 큽니다. 학생들이 모르는 것이 있으면 교수를 찾지 않고 인터넷 지식 창구를 참고합니다."

"정말 컴퓨터와 인터넷을 기반으로 한 정보화 사회의 발전속도가 빠르군요."

"네. 그렇습니다. 인공지능에 좋은 기능이 많습니다. 사회복지 분야에서는 인공지능이 독거노인을 돌보는 역할을 감당하고 있습니다. 노인들은 사람들의 관심에서 멀어져 갑니다. 말을 걸어 주는 사람이 적습니다. 사람 대신 인공지능 스피커가 노인 옆에서 음악을 들려주고 이야기도 해 줍니다. 서로 대화를 주고받으니 기계가 감정을 갖고 있다고 느낄 수 있습니다. 인공지능이 노인의 벗이 되는 셈이지요."

"그렇군요. 이제는 기계가 인간이 노동력뿐만 아니라 기계가 대체할 수 없을 것이라고 생각되던 지적 분야까지 폭넓게 진출하고 있군요."

하나로 통합되어 가는 시장

시장(Market). 우리에게는 물건을 사러 엄마의 손을 잡고 좁은 시장 골목을 다니던 유년의 추억이 있다. 시장에는 신기한 볼거리가 많았다. 어린아이의 눈에는 먹을 것과 장난감이 먼저 들어온다. 사달라고 졸라대는 아이와 안 된다고 손을 뿌리치는 엄마. 시장의 좌판이 촘촘히 모여 있는 좁다란 골목으로 들어선다. 물건을 사라고 외치는 상인들의 목소리가 골목 안에 가득하다.

"어서 오십시오. 무엇을 찾으십니까? 여기 있는 것 몽땅 오천 원에 드립니다."

"그것을 살 테니 조금만 더 얹어 주세요."

상인들은 물건을 팔아 돈을 벌어야 하고 물건을 사는 사람은 조금이라도 가격을 깎아보려 한다. 그 속에 넉넉한 인심과 인간다운의 삶의 일상이 있었다. 그러던 재래시장이 경제가 성장하면서 대형 마트에 밀려서 점점 사라지고 있다. 대형 마트의 넓은 매장 안에는 다양한 상품들이 위생적으로 포장되어 진열되어 있다. 주차공간도 넓다. 사람들은 카트(Cart, 손수레)를 밀며 원하는 제품을 집어서 카트 안에 넣는다. 그에 비해서 재래시장은 주차공간이 협소하고, 시설이 비위생적이며 지불방식이 현금 중심이라는 불편함이 있다.

필자는 20여 년 전 미국 유학 중에 처음 대형 마트를 경험했다. 마트의 진열대에는 식품, 과일 의류, 장난감 등 다양한 상품이 가지런히 진열되어 있었다. 매장을 다니며 물건을 카트에 가득 싣고, 계산대에서 물건을 풀어 올려놓으면 점원이 구입한 상품의 바코드를 일일이 스캔해서 계산하는 모습에서 인상을 받았다.

"역시 미국이야. 모든 상품에 바코드가 붙어 있고, 그것을 레이저로 스캔하고 카드로 결제하면 되는 편리한 시스템을 운영하고 있어."

아내가 말했다.

"그렇네요. 현금을 사용할 필요가 없어요. 개인 수표나 카드만 있으면 계산이 가능해요."

"우리나라도 이런 편리한 시장이 생기겠지."

한 번은 두 살 난 딸 아이와 함께 시장에 갔었다. 아이가 실수로 발아래에 진열되어 있던 도자기 하나를 깨트렸다.

"쨍그랑!"

"아이코, 이걸 어쩌나. 유리병이 산산조각이 났네. 어디 다친 데는 없나 살펴보세요."

"다친 데는 없는 것 같아요."

필자는 깨진 유리병을 들고 계산대에 가서 사정을 이야기하고 유리병값을 지불하겠다고 했다. 점원이 필자에게 물었다.

"그러니까 아이가 걷다가 실수로 이 유리병을 깨트렸다는 것이지요."

대형 마트

"그렇습니다."

"그런데 손님은 이 깨진 병 조각을 사고 싶은 건가요?"

"아니요, 제 아이가 깨트린 것이니까 제가 변상을 하려고요."

점원이 웃으면서 내게 말했다.

"그럴 필요 없어요. 실수로 파손된 상품에 대해 변상하지 않아도 됩니다. 우리 회사의 운영방침입니다."

역시 선진국의 시장은 제도화가 잘 되어 있구나 하는 생각이 들었다. 시간이 지나자 우리나라에도 대형 마트가 생겨서 보편적인 시장의 형태로 자리 잡았다.

'우리가 생각해 보아야 할 재래시장과 대형 마트의 차이점은 무엇일까?'

주차공간이나 위생, 가격을 계산하는 방식 등 여러 차이점이 있다. 하지만 그런 것들은 그다지 큰 차이가 아니다. 재래시장도 위생적으로 변하고 있고, 주차공간을 확보하려는 노력을 경주하고 있다. 우리가 생각할 점은 '시장의 주인이 누구인가' 이다. 재래시장의 주인은 한 사람이 아니다. 상점마다 주인이 다르다. 많은 상인들이 아이템별로 경영자가 되어 각자의 방식으로 물건의 판다. 이에 비해 대형 마트는 대기업 사장 한 명이 마트의 주인이다. 제품의 관리와 판매를 맡아 일하는 사람들이 있지만 그들은 경영주의 지시에 따라 정해진 일을 하는 직원일 뿐이다. 재래시장이 다수의 경영자가 자신의 색깔대로 물건을 파는 상점들의 집합소라면 대형 마트는 한 사람의 경영자에 의해 움직이는 하나의 거대 상점이다. 경영자의 수가 다수이든, 한 명이든 시장보기 편하면 되지 그것이 무슨 문제이냐고 물을 수도 있지만 이런 통합형 마트의 경영방식에서는 상권을 몇 개의 기업들이 독점적으로 지배하게 되기 때문에 경제의 나눔이 어렵다. 주인이 한 명이고 그 밑에서 일하는 많은 사람들. 2000년대에 들어와서 대형 마트의 경영방식이 편의점에까지 확장됨으로써 대형 마트와 골목상권의 생존을 위한 대립이 격화되고 있다.

정부는 소상인들을 보호하기 위해서 의무적으로 대형 마트가 열지 못하는 날을 만들었다.

"두 번째 일요일에는 대형 마트는 휴업을 하십시오."

대형 마트는 정부의 정책에 순종하는 자세를 보였다. 시간이 지나 매출이 감소하자 대형 마트는 헌법소원을 냈다.

"영업 제한 조치는 대형 마트와 납품업체, 해당 근로자와 소비자의 선택 자유를 침해합니다. 저희가 휴업을 한다고 해서 소상인이 이익을 얻는 것이 아닙니다. 홈쇼핑 같은 온라인 쇼핑이 그 이익을 가져갑니다. 소상인이나 마트 모두 피해자입니

온라인 쇼핑

다."

대형 마트의 볼멘소리처럼 상거래에 컴퓨터와 인터넷이 접목되면서 온라인 인터넷 쇼핑의 기세는 대단하다. 온라인 쇼핑은 텔레비전으로 상품의 특징을 이해하고 전화를 걸어 구매하는 홈쇼핑과 제품의 선택에서 운송까지 모든 과정을 인터넷이 관장하는 혁신적인 인터넷 판매방식이다. 이제는 시장에 가지 않아도 집에 앉아서 원하는 제품을 주문할 수 있다. 국내뿐 아니라 전 세계 어디에서도 인터넷 결재로 며칠이면 상품을 택배를 통해 받아 볼 수 있다. '알리바바'(Alibaba Group, 중국의 기업인 마윈이 1999년에 설립한 인터넷 제품 판매 기업)와 '아마존'(Amazon, 1994년 제프 베조스가 설립한 미국 온라인 유통회사)과 같은 거대 인터넷 쇼핑이 전 세계의 상권을 지배하고 있다. 소비자들의 대화다.

"난 요즘은 마트에 가지 않아요. 텔레비전을 보면서 쇼핑을 해요. 가격이 마트나 백화점보다 싸요."

택배 포장 박스

"저도 인터넷 쇼핑을 주로 합니다. 제품 이름을 치면 온라인에서 제품의 최저가를 알 수 있어요."

인터넷 쇼핑의 확대로 인해서 2019년 들어서서 한국의 대표적인 대형 마트가 적자를 기록했다는 소식을 들려왔다.

"저희 마트가 생긴 이래 처음 적자를 기록했습니다. 어떤 특단의 대책을 세우지 않는다면 적자구조를 벗어나기는 어려울 것 같습니다."

마트는 생존의 기로에 서 있고 온라인 쇼핑은 확대되고 있다. 이제 아파트 문 앞에 배송된 제품 박스들이 놓인 모습을 심심치 않게 볼 수 있다. 소비자들이 제품을 받고 나면 제품을 포장한 종이 박스와 비닐, 플라스틱, 스티로폼 같은 내장재들을 아파트 분리수거 통 안에 넣는다. 스마트폰을 사용한 구매, 택배 요원, 아파트 문 앞에 놓인 택배 박스, 그리고 분리 쓰레기장에 쌓여가는 택배 박스 쓰레기. 인터넷 쇼핑문화의 키워드들이다.

통합형 기기 스마트폰

필자의 유년 시절 거실에 유선 전화기가 한 대 있었다. 그 전화기의 모습은 지금의 것과 아주 달랐다. 색은 검은색이었고 전화기에는 다이얼(Dial)이나 번호판이 없었다.

'다이얼이 없는 전화기로 어떻게 전화를 걸까?'

먼저 수화기를 든다. 수화기를 들면 교환수가 말을 건넨다.

"안녕하세요? 어디에 전화를 거실 것인가요? 번호를 알려 주세요"

교환수에게 전화번호를 알려주면 교환수가 통신 장치의 패널에 나 있는 구멍에 플러그를 꽂아준다. 그러면 상대방의 전화기에 벨이 울린다. 경제적으로 여유가 있는 집에는 전화기에 다이얼이 부착된 전화기가 있었다. 전화는 급한 일이 있을 때에만 사용했었다. 전화를 자주 사용하지 않는 사람이 전화로 보이지 않는 상대방과 통화를 한다는 것이 매우 어색한 일이었다. 언젠가 어머니가 몸이 아파서 이모님과 약속을 지킬 수 없을 것 같다고 필자에게 전화를 걸라고 한 기억이 있다.

"얘야, 내가 몸이 아파서 만날 수 없을 것 같다. 네가 이웃 집에 가서 전화를 걸어서 못 간다고 전해라."

다이얼 전화기

　이웃집 주인아주머니에게 전화를 한 통화 사용하고 싶다고 말을 하고 종이쪽지에 적은 전화번호로 전화를 걸었다.

"여보세요?"

"네."

"거기 누구네 집이지요?"

"네, 그런데요."

"저……."

　어머니가 아프다는 말을 해야 하는데 전화로 어떻게 대화를 나누어야 하는지를 몰라서 한동안 아무 말도 못 하고 있었다. 머뭇거리고 있자 주인아주머니가 수화기를 잡고 대신 이야기를 해 주었다.

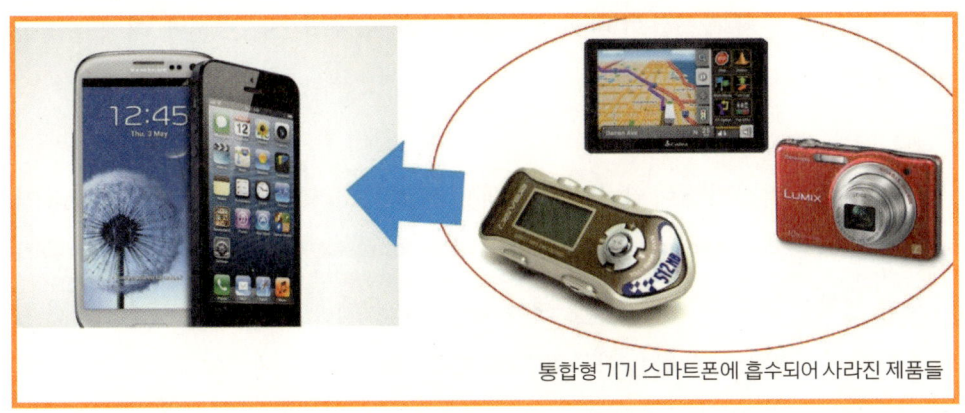

통합형 기기 스마트폰에 흡수되어 사라진 제품들

"아, 여보세요. 아이가 말을 잘 못 하는데요, 아마도 아이 엄마가 아파서 가지 못한 다는 말을 전하려고 하는가 보아요."

"아, 그래요. 알겠습니다."

수화기가 전화기 몸통에 선으로 연결되어 있는 유선전화기는 통신기술과 컴퓨터의 발전을 통해 지금과 같은 무선 전화기로 발전했다. 전화기는 발전과 발전을 거듭해서 오늘날의 스마트폰 크기가 되었다. 자그마한 크기의 스마트폰은 인간 생활의 거의 모든 콘텐츠를 다루는 일상생활에 없어서는 안 되는 필수적인 기기가 되었다..

필자가 적정기술 강의 시간에 스마트폰을 보여주며 학생들에게 물었다.

여러분은 이 기기가 무엇이라고 생각합니까?"

주저함 없이 한 학생이 대답했다.

"전화기입니다."

"정말로 이 기기가 전화기라고 생각합니까?"

필자가 재차 묻자 학생들의 반응이 신중해졌다. 필자가 스마트폰에 대해 설명을 해 주었다.

"스마트폰은 전화기가 아닙니다. 손안의 작은 컴퓨터라고 해야 맞습니다. 여러 가지 기능 중에 전화 기능이 있을 뿐이지요. 아마 스마트폰을 만든 스티브 잡스는 인간의 모든 생활을 이 작은 기계를 사용해서 작동하고 싶어 했던 것 같아요. 스마트폰의 발명으로 인해 인간의 생활은 아주 편리해졌습니다. 어느 곳에서나 전화를 할 수 있고, 모르는 것이 있으면 검색을 해서 찾을 수 있고, 여행을 갈 때 필요한 지도와 식당 정보를 제공해 주고, 호텔 예약도 가능합니다. 하지만 스마트폰의 발전 때문에 곤란을 겪는 사람들도 있습니다."

"곤란한 일이라면?"

"여러분에게 생각할 수 있는 시간을 드리겠습니다."

학생들은 이런저런 생각을 해 본다. 필자의 설명이 이어졌다.

"그동안 여러분에게 익숙했던 물건이 하나씩 사라지고 있다고 느끼지 않았습니까? 여러분들에 친숙했던 물건들 중에 지금은 사용하지 않는 것을 한 번 생각해 보세요."

"친숙했던 물건들이라면……"

"잘 생각해 보세요. 지난번에 친구 사진을 찍어 줄 때 어떤 카메라를 사용했지요?"

"그때 S사 카메라로 찍었습니다."

"친구는 그 카메라 아직도 갖고 있나요?"

"갖고는 있지만 집에 있습니다. 지금은 스마트폰 카메라로 사진을 찍기 때문에 일반 카메라는 사용하지 않습니다. 스마트폰 카메라가 성능이 더 좋습니다."

"그렇지요. 몇 년 전까지만 해도 많은 사람들이 이삼십 만원 가격의 디지털카메라를 들고 다니면서 사진을 찍었습니다. 지금은 그런 카메라로 사진 찍는 사람은 거의 없지요. 혹시 그 카메라를 만들었던 회사가 어떻게 되었는지 아나요?"

"글쎄요. 더 성능이 좋은 카메라를 만들고 있지 않나요? 우리나라를 대표하는 단 하나의 카메라 회사인데."

"여러분이 관심을 갖지 않고 있던 사이에 그 회사는 문을 닫았습니다. 성능이 좋은 고가 카메라 시장에서 경쟁력을 상실해서 조용히 무대에서 사라졌습니다."

"그래요? 카메라 회사인데 문을 닫았다니……"

"그렇게 되었습니다. 비즈니스의 세계는 냉정합니다. 스마트폰에 들어가는 카메라 기술만 모 기업에 넘기고 일반 카메라 사업은 중단했습니다. 스마트폰의 사진 기술이 매우 뛰어나서 저급 카메라 제품은 시장을 잃었습니다. 스마트폰 때문에 사라진 제품이 많은데 또 어떤 것이 있을까요?"

"아, MP3플레이어요."

"맞습니다. MP3플레이어도 사라졌습니다. MP3플레이어가 출현해서 워크맨이라는 테이프, 레코더 시장을 몰아내고 선풍적인 인기를 끌었었지요. 우리나라의 I 사가 MP3플레이어로 유명했습니다. 그 당시 한 해 매출이 1조 원 정도였다고 합니다. 하지만 지금은 MP3플레이어어를 만들지 않습니다."

"1조 원? 그렇게나 많이."

캄보디아 프놈펜 시내

"스마트폰 같은 제품을 통합형 기능을 가진 제품이라고 합니다. 간단히 말해서 단품들을 하나씩 흡수하는 거대한 공룡과 같습니다. 전자사전, 내비게이션, 계산기 등 스마트폰에는 없는 것이 없지요. 저도 요즘은 차에 내장된 내비게이션을 사용하지 않습니다. 우리나라에는 곳곳에 새로운 건물과 도로가 생기고 있습니다. 어디에 가나 토목공사와 건축 열기가 뜨겁습니다. 우리나라가 아마 전 세계에서 가장 자주 내비게이션을 업데이트해야 하는 나라이지요. 자동차에 설치된 내비게이션은 자료를 업데이트하는 데 불편합니다. 차에 시동을 켜 놓고 한 시간 가량 소프트웨어 업데이트를 해야 합니다. 스마트폰의 내비게이션은 새로 생긴 도로표시나 음식점 등을 자동으로 업데이트하기 때문에 사용이 편리합니다."

"카메라, MP3플레이어, 계산기, 사전, 내비게이션까지, 그러고 보니 스마트폰 때문에 없어진 제품이 많군요."

"그렇습니다. 스마트폰과 같은 다기능 통합형 기기는 홈쇼핑이나 대형 마트와 그 성격이 유사합니다. 대형 마트에 다양한 상품이 진열되어 있듯이 스마트폰에는 여러 기능이 탑재되어 있습니다. 거대 상권이 재래시장을 무너뜨리듯이 통합형 기기인 스마트폰이 단일 기기 제품시장을 하나씩 접수해 가고 있습니다. 단품을 만들던 중소기업 사장님들이 사업을 대기업에 넘겨야 했습니다. 스마트폰이 세상의 문화를 빠른 속도로 바꾸고 있습니다. 천천히 돌아가던 세상이 모바일폰 때문에 가속이 붙었습니다. 버스에 타고 있거나 심지어 길을 걷고 있어도 다른 사람과 대화가 가능합니다. 수시로 걸려 오는 전화에 정신이 없습니다. 그만큼 일의 양이 많아졌습니다."

"그러고 보니 정말 세상이 너무 빨리 변하고 있군요."

몇 년 전의 일이다. 필자는 가난한 나라를 돕는 일을 하고 있다. 그래서 가끔 몽골이나 캄보디아 같은 나라를 방문해서 과학기술로 사람들이 겪고 있는 문제를 해결해 준다. 몇 년 전에 아시아의 가난한 나라 캄보디아를 방문한 적이 있었다. 캄캄한 밤에 프놈펜 공항에 내려서 일렬로 서서 기념으로 사진을 찍었다.

"여기에서 사진을 찍고 남쪽 시아누크빌로 이동하겠습니다. 공항버스 주차장에 버스가 대기 중입니다. 자, 세 줄로 서 주시고 카메라를 주시해 주세요."

일행은 각자 자신 있는 포즈를 취하고 사진을 찍었다. 그리고 버스에 승차하려 하는 데 갑자기 바지 뒷주머니가 허전하다는 생각이 들었다. 뒷주머니에 넣었던 지갑이 없어진 것이었다. 지갑에는 미화 300달러와 각종 신용카드가 들어 있었다. 당황해서 입고 있는 옷의 주머니란 주머니는 모두 샅샅이 살펴보았지만 지갑을 찾을 수 없었다. 캄보디아는 열대지방이다. 일 년 내내 더운 날씨라서 잠바 같은 소매가 긴 옷을 입을 수 없다. 일반적으로 반소매와 바지만을 입게 되는데 지갑과 같은 개인용품은 작은 가방에 넣어 들고 다닌다. 필자는 지갑을 가방에 넣지 않고 바지 뒷주머니에 넣었었는데, 그만 사진을 찍는 사이에 지갑을 도난당하고 말았다. 이번 여행을 가기 전에 선배가 한 말이 생각났다.

"가난한 나라나 유럽의 관광지에서 지갑을 뒷주머니에 넣는 것은 지갑을 가져가라는 것이나 다름없어요. 이탈리아 같은 나라의 관광지에 가면 집시들이 몰려들어 돈이 되는 물건은 다 가져갑니다. 눈 깜짝할 사이에 일이 벌어집니다."

버스를 타고 학교에 도착하자마자 필자는 070 전화가 있는 곳으로 가서 필자가 소유하고 있는 카드 회사에 전화를 걸어서 모든 카드를 정지시켰다. 가난한 나라에 여행을 갈 때에는 도난에 주의하라는 선배의 말을 이행하지 못해서 생긴 사고였다. 필자는 여행수칙을 지키지 못한 대가를 톡톡히 치렀다. 잃어버린 신용카드를 모두 정지시키고 동료에게 약간의 비상금을 빌려서 필요한 것들을 사서 일정을 준비하고 있는데, 이번에는 다른 교수 한 분이 분주하게 돌아다니며 무엇인가를 찾고 있었다.

"교수님, 무엇을 잃어버리셨습니까?"

교수가 울상이 되어 말했다.

"교수님, 제가 스마트폰을 잃어버렸습니다. 스마트폰 안에 제 지인들 전화번호가 천 개 이상이 있습니다. 다른 중요한 정보도 많이 들어 있습니다. 반드시 찾아야 합니다. 주변에 계신 분들께 스마트폰 주우신 분이 있으면 제게 알려 주십시오."

교수는 울상이 되어 스마트폰을 찾고 있었다. 모든 정보가 스마트폰에 들어 있었으니 그럴 만도 했다. 하지만 교수는 결국 찾지 못했다. 내가 지갑을 도난 당한것처럼 그도 스마트폰을 도난당한 것 같았다.

나는 잠시 내가 지갑을 잃어버린 것과 그 교수가 스마트폰을 잃어버린 것 중 어느 것이 손실이 더 큰 가에 대해 생각했다. 필자는 300달러 정도의 현금을 잃었다. 지갑 안에 넣은 신용카드의 기능은 반나절 정도를 투자해서 정지시켰다. 그 이상의 손실은 없었다. 그에 비해 스마트폰을 잃은 교수는 자신의 많은 정보를 다시 회복하는 데에는 많은 시간을 소요하여야 했다(지금은 구글에 스마트폰의 모든 정보가 저장이 되어 있지만 그 당시에는 데이터 백업 서비스가 보편적이지 않았다). 인터넷이 고도로 발달한 지식-정보 사회에서는 인터넷 기기가 없이 업무를 보는 것이 쉽지 않다. 인터넷 기기의 기능은 통합적이다. 사무기능 이외에 전화, 사진, 내비게이션, SNS(Social Network Service, 카카오톡, 블로그, 페이스북과 같이 온라인상에서 타인과 소통하거나 관계를 맺을 수 있는 인터넷 서비스) 금융, 쇼핑, 호텔 예약 등등 거의 모든 생활이 인터넷을 통해 이루어진다. 기계 의존성이 높아 가는 현대 과학기술 문명 사회에서 인터넷 기기의 고장이나 여러 이유로 인한 장애나 해킹 등은 개인과 기업의 활동에 큰 타격을 줄 가능성이 있다.

골리앗을 이기는 소상인

통합적인 거대 시장인 대형 마트가 등장하자 재래시장은 손님을 잃었다. 사람들은 카트를 끌며 큰 마트에서 일상에 필요한 물건을 사는 방식으로 시장을 보게 되었다. 소상인들의 재래시장을 보호하고자 국가가 나서서 여러 조치를 내놓았지만 효과는 적었다. 지역 상권은 죽어갔고, 상인들은 생계를 걱정해야만 하는 처지에 놓였다. 사람들은 작은 것과 큰 것의 싸움에는 승패는 이미 정해져 있다고 생각한다.

"나 같은 소상인이 어떻게 큰 기업을 상대해서 이길 수 있어? 계란으로 바위치기지. 포기하고 업종 변환을 하든지 큰 마트에 일용직으로 취업하는 편이 낫지."

일반적으로 작은 사람이 큰 사람을 대적해서 이기기는 어렵다. 가끔 작은 사람이 큰 사람을 상대해서 이겼을 때 그 싸움을 "골리앗과 다윗의 싸움"이었다고 말한다. 골리앗은 장수 중에서도 가장 힘이 센 장수였고, 다윗은 양치는 어린 목동이었다. 골리앗은 철갑으로 무장하고 한 손에는 방패와 다른 한 손에는 장검을 들고 있었다. 이에 반해 다윗의 손에는 물맷돌(Sling, 끈을 손으로 잡아 팔을 휘둘러서 돌 같은 작고 단단한 것을 멀리 던지는 기구)이 들려 있었다고 한다. 하지만 작은 물맷돌을 든 소년에게는 자신이 이길 수 있다는 신념이 있었다. 그 신념으로 인해 골리앗은 소년의 물 맷돌에 맞아 쓰러졌다. 거대한 공룡 같은 마트나 홈쇼핑 앞에서 소상인이 위축되는 것은 당연한 일이다. 하지만 이길 수 있다는 생각을 갖고 지속적으로 도전하면 작은 상인이 거인을 이길 수 있다.

도심에는 많은 빵 가게가 있다. "바게트(Baguette, 겉은 파삭하고 안은 부드러운, 가늘고 긴

딱딱한 빵 바게트

빵)"란 이름으로 운영되는 빵 가게는 프랜차이즈(Franchise, 특정한 상품이나 서비스를 제공하는 주체가 일정한 자격을 갖춘 사람에게 일정 지역에서의 상품의 영업권을 주는 판매형식)다. 프랜차이즈 빵집의 빵은 어디에나 맛과 품질이 같다. 프랜차이즈의 빵도 좋지만 가끔은 색다른 빵 맛을 느끼고 싶을 때가 있다. 그럴 때면 인터넷을 통해 주변의 수제 빵집을 찾아보게 된다. 몇 개의 인터넷 추천 빵집 중에 마음에 드는 곳을 방문해서 빵을 산다. 수제 빵집에서는 그곳에서만 느낄 수 있는 세상에 하나뿐인 맛이 있다.

"빵 맛이 다 그게 그거 아니야?"

"아니야, 이 집 빵 맛은 좀 특별해. 비슷한 것 같으면서도 다른 맛이 있어. 이제까지 경험해 보지 못한 맛이야. 그리고 신선해."

"나도 한 번 맛을 보아볼까? 정말 다른 맛이 숨어 있네."

"이 집에 자주 와야겠어."

학생들에게 강의 중에 '남과 다름'에 대한 이야기를 했다.

"이 세상은 너무 빨리 변하고 있습니다. 하나가 잘 되는 듯하다 곧 사라지고 또 다른 것이 출현합니다. 이런 세상에서 살아나려면 '남과 다름'(차별성)이 있어야 합니다. 제가 여러분에게 빵 만드는 법을 알려 줄 수 있습니다. 빵 굽는 레시피(Recipe, 조리법)대로 하면 여러분 모두 똑같은 맛의 빵을 만들 수 있습니다. 빵 굽는 법을 배워서 마을에 빵 가게를 낸다고 합시다. 똑 같은 빵 기술로 빵을 구웠으니 여러분의 빵 맛은 비슷할 것입니다. 처음은 같지만 여러분 중에 어떤 빵 가게 주인은 밤을 새워가면 색다른 빵 맛을 만들기 위해 부단히 노력합니다. 노력의 결과로 독특한 맛의 빵이 만들어집니다. 새로 만든 빵의 맛이 소비자 입맛을 만족시키면 그 빵은 그 집의 히트 상품이 됩니다. 빵집은 주위에 소문이 나고 인터넷상에도 반드시 들러보아야 할 맛집으로 등록됩니다. 빵 가게는 번창해서 프랜차이즈 "바게트" 빵 가게보다 많은 돈을 벌게 됩니다. 이 빵집은 "차별화"의 성공사례가 됩니다. "차별화"가 바로 소상인이 거대 기업을 이기는 방법입니다."

"차별화"가 되지 않으면 세상에서 성공할 수 없다. 요즘은 남들만큼 해서 성공하는 시대가 아니다. "저도 그 사람만큼 잘 할 수 있습니다."가 아니라 "제 것은 다릅니다."라고 말할 수 있어야 한다. 학교 공부를 못해도 되지만-사실 학교에서 배우는 것보다 사회에 나가 경험으로 배우는 것이 더 많다. 세상에서 살아가는 방법을 배우는 것이 실용적인 교육이다-내가 하고 있는 것, 내가 갖고 있는 것은 다른 사람들과 달라야 한다. 우리는 다른 것들과 차별된 나만의 독특함이 있어야 하는 시대에 살고 있다.

저녁 시간이 되었다. 오늘은 피자와 스파게티로 저녁을 하기로 했다.

"여보, 오늘은 피자로 저녁을 먹으면 어떨까?"

"그럽시다."

화덕 피자

"피자 잘하는 집이 어디지? 피자헛(Pizzahut)에 가서 먹을까?"

"아니요. 지난해에 동네에서 개업한 피자집이 있어요. 요즘은 프랜차이즈 피자보다는 동네에 있는 피자집이 더 나아요. 그 집은 신선한 토핑(Topping, 피자나 과자 위에 재료를 올리거나 장식하는 것)을 사용하고 화덕(Fire pot)에서 피자를 구워요. 화덕 불에서 갓 구워 낸 피자는 오븐에서 구운 피자와 맛이 달라요. 그리고 사람이 많아서 그 집에 가려면 예약을 해야 해요. 오늘은 거기에서 피자를 먹지요."

"그럽시다."

경제 수준이 높아지면서 음식에 대한 사람들의 문화가 달라졌다. 시간이 걸리더라도 이왕이면 맛나는 음식을 찾아서 식도락을 즐기려 한다. 식사 시간에 맛집이라고 알려진 음식점에 줄을 서서 기다리는 일은 일상이 되었다.
'같은 값이면 내 마음에 드는 건강하고 맛나는 음식으로'
'피자', '파스타', '햄버거' 등 서양에서 한국에 들어 온 외식산업이 많이 있었다. 어린아이들 생일이 되면 서비스가 좋은 프랜차이즈 패밀리 레스토랑에서 생일축하 노래를 듣고 식당에서 제공하는 피자나 스테이크를 먹었던 기억이 있다. 경제가 좋아지자 소비자들의 음식에 취향이 달라졌다. 음식이 다양해지고, 소비자의 수준은

프랜차이즈,
패밀리 레스토랑,
패스트푸드

더욱 높아졌지만 동일한 메뉴에 정해진 맛을 갖춘 프랜차이즈는 높아진 소비자의 입맛을 맞추지 못했다. 도시의 다운타운에 입점했던 많은 패밀리 레스토랑(티지아이 프라이데이), 베니건스, 빕스, 아웃백)이나 패스트푸드점이 거리에서 서서히 자취를 감추었다. 대신 차별화된 맛을 제공하는 소상인들의 맛집이 그 자리에 들어섰다. 대학에는 전문 조리학과가 생겼고, 젊은이들이 대학에서 체계적인 음식 조리법을 배운 후에, 다시 유럽과 일본, 미국 등에서 현지의 제과, 제빵기술을 익혔다. 전문요리 기술을 습득한 쉐프(Chef, 요리사)들이 한국인의 입맛에 맞는 차별화된 음식을 제공하면서 소비자들은 양질의 음식과 차별화된 맛을 즐기게 되었다.

"우리 집에서는 오늘 만든 빵만을 판매합니다. 하루가 지난 빵은 다른 용도로 사용하지 손님에게 내놓지 않습니다. 저희는 오늘도 새로운 맛의 빵을 만들어 손님들에게 제공하려고 합니다."

위 사례는 자신만의 맛을 창출하는 피자집이나 제과점이 획일화된 음식을 제공하는 프랜차이즈의 경쟁에서 소상인들이 어떻게 살아남을 수 있는지를 알게 해 준다. "큰 것은 좋은 것이야"라는 주류의 외침 속에서 "아니야. 작은 것이 더 나을 수 있다"라고 말할 수 있다면 무한경쟁의 시장에서 소상인의 생존 가능성은 커진다.

2부

지구환경
안녕하십니까?

← 그린란드

아랄해의 재앙

생명의 물이 있어 풍요로운 마을이 있었다. 마을 사람들은 호수에서 물고기를 잡고, 호수 주변의 비옥한 주변 땅에 농사를 지으면서 평화롭게 살아왔다. 그런데 어느 때부터인가 호수의 물이 조금씩 말라갔다. 처음에 사람들은 별일이 아니라고 생각했다. 호수에는 여전히 마을 사람들을 먹여 살릴 풍부한 어족자원이 있었다. 하지만 시간이 갈수록 호수의 물은 더욱 줄어들어 호수는 마을에서 멀어져 갔고, 일부 지역에서는 호수가 바닥을 드러냈다. 사태가 심각해지자 마을 사람들이 모여서 호수가 말라가는 원인에 대해 논의를 했다.

"호수가 심상치 않아요. 이렇게 물이 줄어들면 농사를 지을 수 없어요. 그리고 배를 타고 호수에 나가도 고기가 예전만큼 잡히지 않아요."

"맞아요. 호수에 문제가 생긴 거예요. 무슨 대책을 세우지 않으면 안 될 것 같아요."

마을에서 조사위원회를 만들어 조사를 한 결과, 윗마을에서 호수로 들어오는 강의 물길을 돌렸음을 알게 되었다. 호수로 들어오는 물의 원천인 강의 상류에 사는 사람들이 둑을 쌓아 물을 댐에 저장했다가 자신들의 농장의 농업용수로 사용하고 있었다.

"물길이 막혔어요. 강에서 호수로 물이 들어오지 않아요. 윗마을에서 호수로 들어

1960년대 건강했던 아랄해, 카자흐스탄 마을 전망대에서

오는 물길을 막아 버렸어요."

"저희가 가서 물길을 원래대로 해 달라고 말해야겠어요."

윗마을 사람들은 밭을 개간해서 목화를 재배하고 있었다. 목화농사에는 물이 많이 필요했다. 지방정부가 농가 소득을 올리기 위한 새롭게 실시한 농장 경영 정책이었다. 목화 농장경영으로 마을에 수익이 생기자 지방정부는 농장을 이웃마을로 확장했다. 윗마을 농장 여러 곳에서 하류로 내려오는 물을 막자 아랫마을의 호수 물은 더 줄어들었다. 더 이상 물고기를 잡을 수 없게 된 아랫마을 사람들이 윗마을에 찾아가 물길을 막은 둑을 없애 달라고 말했다.

"당신들이 물길을 막아서 호수의 물이 줄어들었어요. 댐을 열어서 물이 원래대로 흐를 수 있게 해 주십시오. 고기를 잡는 저희에게 물은 생명과 같습니다."

"사정은 알겠지만 그렇게 할 수 없습니다. 저희는 이미 넓은 면적의 밭에서 목화 농사를 시작했어요. 저희 마을만의 문제가 아닙니다. 인근의 마을들도 목화 농사를

목화농장

준비 중입니다. 이 사업은 정부에 지시에 의한 것입니다. 정부에 가서 직접 이야기하십시오."

윗마을 사람들은 댐의 물을 방류하면 자신의 농장을 경영할 수 없다며 아랫마을 사람들의 요청을 거부했다. 농사와 어업을 할 수 없게 된 호숫가 마을 사람들은 생계를 위해 하나둘씩 마을을 떠나 외지로 이주했다.

이 이야기는 인간의 욕심 때문에 발생한 '아랄해(Aral sea)의 재앙'에 대한 이야기이다. 아랄해는 중앙아시아 카스피해(Caspian sea) 북서쪽에 위치한다. 세계에서 가장 큰 호수는 카스피해이고, 그다음이 북미 캐나다와 미국의 경계에 위치한 슈피리어호(Lake Superior), 아프리카의 빅토리아호(Lake Victoria)이고, 네 번째가 아랄해다. 아랄해의 면적은 689,000km²로 남한면적의 2/3 정도가 된다. 이 호수 북쪽에는 카자흐스탄(Kazakhstan), 남쪽에는 우즈베키스탄(Uzbekistan)이 위치하고, 호수의 4분의 3이 우즈베키스탄에 속한다. 아랄해의 주 수원(水源)은 카자흐스탄 쪽에서 흐르는 시르다니야(Sirdarya) 강과 우즈베키스탄쪽에서 흐르는 아무디리아(Amu darya) 강이다. 시르다니야강의 상류지역은 타지키스탄(Tajikistan)과 키르키즈스탄(Kyrgyzstan)이, 하류에는 투르크메니스탄(Türkmenistan)이 위치하고, 아무디리아강의 상류는 타지키스탄의 영토에 속한다. 이같이 아랄해 주변의 각 국가의 영토와 수원지의 관할권이 매우 복잡하다. 강이 여러 나라를 관통해서 흐르는 경우에는 관련국들이 협의해서 수원을 관리하는 것이 관례이므로 아랄해의 문제는 주변 나라들이 협의해서 해결해야 한다.

구소련 시절에 공산당 정부는 아랄해의 상류 지역에 목화재배단지를 조성하는 계획을 세웠다. 목화재배단지는 농가수익을 올리기 위한 목적으로 조성되었다. 목화를 재배하려면 물이 많이 필요하다. 물을 모으기 위해서 중앙 정부는 강 유역에 크고 작은 댐 100여 개를 만들었다. 목화재배단지는 지속적으로 확장되었고, 이에 따라 더 많은 물이 필요하게 되었다. 강의 상류에서 물을 막아 댐에 가두자 하류 지역에 위치한 아랄해는 물 부족으로 서서히 말라갔다. 세계에서 네 번째로 큰 호수였던 아랄해는 2001년에 원래 면적의 32.5%(22만 4천km²), 2009년에는 13.5%(9만 3천km²)만 호수로 남았고, 나머지 지역은 바닥을 드러내고 소금사막이 되었다. 1960년을 기준으로 1,083km³이었던 호수의 수량은 2009년에 그 당시의 7% 수준으로 줄었다.

아랄해의 물 부족으로 주변 지역의 자연과 생태환경이 완전히 바뀌었다. 아무다리아 강 삼각주로 흘러들던 지류들이 말라버렸고, 강 주변 산림의 90%가 사라졌다. 지역에 따라 다르지만 해안선은 수백km 뒤로 물러났다. 호수 밑바닥이 드러나면서 500만 헥타르(ha)의 거대한 면적이 소금사막으로 변했다. 이 지역에서 연간 1억 톤의 소금이 만들어져서 수백만 톤 규모의 소금 먼지가 폭풍을 타고 100km 떨어진 지역까지 날아갔다. 소금폭풍의 영향권은 주변 300km나 되었다. 바다같이 풍요로운 아랄해에서 어업을 생계로 살아가던 사람들과 주변 농지에서 농사를 짓던 사람들은 더 이상 호수를 의지해서 살 수 없게 되었다.

아랄해의 물이 마르자 건강했던 호수 주변 생태계가 변하기 시작했다. 가장 먼저 동식물의 서식과 생태 환경이 파괴되었다. 맘모스가 살던 시대부터 생존했다고 알려진 사이가(Saiga) 영양, 쿨란(Kulan)의 야생 나귀, 아시아 치타와 카스피 호랑이 등이

호수 밑바닥이 드러나면서 소금사막으로 변했다.

사라졌고, 펭귄, 해오라기, 독수리 등이 멸종 위기에 몰렸다. 호수의 물이 줄어들면서 염도가 높아져 민물에서 살던 물고기들이 살 수 없는 환경이 되었다. 파괴된 생태계는 인간을 공격했다. 연간 3만 톤이 되었던 물고기 어획량이 급격히 감소했고, 그에 따라 아랄해 주변의 어촌마을들이 붕괴되었다. 물이 없어 농작물의 경작이 어렵게 되자 10만 명의 농업인구가 실업자로 전락했다. 호수 주변의 열악한 생태환경은 인근 주민의 유전자에 영향을 미쳐 기형아 출산이 늘어났다.

1993년에 아랄해 관련 5개 당사국들이 국제기금(International Fund for Saving the Aral Sea, IFSAS)을 만들어 아랄해 살리기 프로그램을 실행했다.

"아랄해를 살려야 합니다. 저희 정부의 경제정책이 환경을 생각하지 못한 점 인정합니다. 아랄해에는 여러 나라의 수원들이 연결되어 있습니다. 강 상류에서의 댐 공사를 더 이상 진행해서는 안 됩니다."

"무슨 말인지 이해는 됩니다만 댐 공사에 투입된 예산이 막대합니다. 이제 와서이 사업을 중단하면 지역 경제에 문제가 생깁니다. 다른 대안을 생각해야 합니다."

소금 사막으로 변한 아랄해의 폐선

아랄해의 수량을 회복하려면 아랄해로 흘러 들어가는 지천을 복원하여야 한다. 이를 위해서는 상류에 위치한 댐들의 물을 방류하면 된다. 하지만 이 프로그램의 실행에는 각국의 이해가 엇갈려 있었다. 강 상류에 위치한 타지키스탄에서는 이 지역에 거대한 수력발전소(Rogun Hydropower)를 건설하고 있었다. 아수디리야 강 상류의 지류인 바크쉬(Vakhsh)에 건설 중인 이 발전소는 1974년에 건설이 결정되었고, 1980년에 1차 건설이 마무리되었다. 이 수력발전소는 높이가 335m로, 그 규모가 세계 최대 수준이다. 로건 수력발전소가 완공되면 아랄해의 물 부족 현상은 심화될 것으로 예상된다. 이 지역은 진도 9 이상의 지진이 발생 가능한 지역으로, 산사태와 토사의 유출이 잦다. 또한, 댐 지하에 소금 암반층이 있어 이 소금층이 댐에 저장된 물에 녹아 지반이 침하될 경우 댐이 무너질 수 있다. 이 댐의 저수량을 채우려면 7-8년의 시간이 소요될 것으로 예상되며 이 기간 동안 아랄해의 수량은 더욱 줄어들 것이다.

프로그램 실행에 대한 주변국의 의지가 약해서 아랄해의 수량을 원래의 수준으로 회복하는 것은 불가능해 보이지만 2000년 들어서면서 희망적인 소식이 들려왔다. 아랄해의 북쪽에 위치한 카자흐스탄에서는 2001년 세계은행의 지원 하에 아랄해 살리기 프로젝트를 실시하였다. 카자흐스탄은 8,800만 달러의 예산을 투입해서 항구도시였던 아랄스크(Aralsk) 주변에 댐을 쌓아 아랄해 남부로 흘러가던 시르다리야 강의 물줄기를 북쪽으로 돌렸다. 아랄스크는 한때 어선이 넘쳐나던 아랄해의 대표적인 항구도시였다. 아랄해의 물 부족으로 항구의 해변가가 멀리 후퇴하면서 아랄스크는 버려진 도시가 되었다. 염도가 높아진 호수에는 더 이상 민물고기들이 살 수 없었다. 구소련 정부는 염도가 높아진 호수에 바닷고기를 풀어 놓았다. 카자흐스탄 정부의 노력으로 아랄해의 염도가 낮아지자 바닷고기는 사라졌고, 대신 민물고기의 수가 증가했다. 아랄해 살리기 프로그램의 결과로 아랄해에서 잡히는 민물고기의 양은 꾸준히 증가하고 있다. 카자흐스탄 정부는 아랄스크가 항구도시로서 옛 모습을 회복하기를 기대하고 있다.

아랄해 살리기 프로젝트는 카지흐스탄에 속한 북쪽 지역에서만 제한적으로 이루어지고 있다. 남쪽 지역의 물 부족 현상은 여전하다. 하나의 호수였던 아랄해는 수량 감소로 호수 바닥이 드러남으로써 남 아랄해와 북 아랄해로 나누어졌다. 아랄해 남쪽을 관리해야 할 우즈베키스탄 정부는 자금난을 이유로 복구사업을 사실상 포기했다. 위성에서 찍은 사진을 보면 남 아랄해의 면적은 시간이 갈수록 점점 줄어들고 있다. 몇 년 내에 호수가 완전히 사라질지도 모르는 상황이다.

"아랄해의 재앙"은 인간의 욕심이 만든 무지한 자연환경 파괴의 결과다. 손상된 아랄해는 그 원인을 제공한 인간들에게 몇십 몇백 배의 대가를 요구하고 있다. 1960년대부터 아랄해의 수량이 줄기 시작했으니 그 물을 다시 채워 놓고 호수와 주변 생태계를 회복시키려면 60년의 시간은 족히 필요할 듯하다. 인간들이 그 긴 시간을 인내하며 자신들이 자연으로부터 얻을 것을 다시 자연에게 되돌려 줄 수 있는지는 알 수 없다.

없어지는 섬과 넓어지는 육지

"자연계에서 인간은 어떤 위치에 있는가? 인간은 지구자원의 정복자인가, 아니면 자연계 구성원 중의 하나로 다른 것들과 조화를 이루며 살아가야 하는 존재인가?"

지구는 인류가 살아가는 삶의 터전이다. 과거의 인간이 살아 온, 현재의 인류가 살고 있는, 우리의 후손들이 살아갈 인류의 터전이다. 지구가 갖고 있는 자원은 무한하지 않다. 필요한 양만큼만 사용하고 파괴된 환경이 회복될 수 있도록 기다려 주어야 한다. 짧은 시간에 많은 것을 소유하고자 하는 인간의 욕심이 지구의 자원과 자연을 무분별하게 파헤쳐 사용했다. 그 결과 지구는 지독한 감기 몸살을 앓고 있다. 어느 종교 경전에 이런 글이 있다.

"인간은 자연계의 관리자(Manager)이다. 인간은 자연계의 모든 개체(동물과 식물)의 이름을 짓고 그들을 관리하는 일을 한다."

이 글에 따르면, 인간은 지상의 동물과 식물뿐 아니라 땅 아래에 있는 자원들까지도 관리할 의무를 가지고 있다. 관리자란 본인에게 위임한 것을 적절히 사용하고 지속적으로 잘 운영하는 사람을 말한다. 하지만 현대의 인간은 자연계의 관리자 역할을 포기하고 탐욕스러운 자연의 정복자로 전락했다.

"지구가 뜨거워지고 있다."

지구환경의 변화에 의해 바다의 온도가 상승하고, 북극과 알프스, 히말라야의 빙하가 녹고 있다. 인간들이 지구 자원(석탄, 석유, 가스 등의 화석연료)을 과도하게 사용했고, 무분별하게 산림을 없앴고, 그곳에 거대한 축산농장이나 회색빛 콘크리트 도시를 건설했다. 에너지 소비 대국인 미국은 북미대륙 중부의 원시 산림을 밀어내고 그 자리에 거대한 옥수수 농장 단지를 만들었다. 가난한 아프리카, 중남미의 개발도상국들은 산의 나무를 잘라서 연료로 사용했다. 그 결과 중남미 국가 아이티(Haiti) 산림의 90%는 벌목으로 사라졌다. 지구의 허파인 브라질의 아마존도 산림이 파괴된 자리에 축산농장들이 들어서고 있다. 무분별한 개발과 지구자원의 과도한 소비로 인해 지구는 상처받고 몸살을 앓고 있다.

"지구 생태계를 파괴하고 있는 지구 온난화의 주범은 무엇인가?"

사람들은 지구를 뜨겁게 만드는 주범으로 화석연료(化石燃料, 생물체가 화석이 되어 만들어지는 석탄과 석유)를 태울 때 나오는 이산화탄소(CO_2)를 지목한다. 이산화탄소는 온실효과를 유발하는 원인 가스 중의 85%를 차지한다. 화석연료를 사용해서 자동차를 움직이거나 공장을 가동할 때 이산화탄소가 발생한다. 메탄가스(CH_4)도 지구 온난화의 주범 중의 하나다. 메탄가스는 인간이 집단으로 사육하는 소의 트림이나 방귀에 의해 만들어진다. 메탄가스의 방출량을 줄이려면 사육 가축 수를 줄이면 된다. 선진국의 육류 섭취를 줄이면 가능한 일이다.

온실가스를 줄이려면 산에 나무를 많이 심어야 한다. 나무는 광합성 활동으로 대기 중의 이산화탄소를 흡수한다. 하지만 안타깝게도 많은 나라에서 여전히 농지나 연료의 확보를 위해 지구의 산림을 무분별하게 벌목하고 있다. 이런 상황에서 이산화탄소의 양은 증가할 수밖에 없다. 지구의 온도가 상승함에 따라 북극과 남극의 빙산과 고산지대의 빙하가 녹아서 그 면적이 줄었다. 빙산의 감소 역시 지구 온도 상승의 원인이 된다. 빙산이나 빙하는 태양열을 반사해서 우주로 방출하는 역할을 한다. 빙산의 감소로 전보다 많은 태양열이 지구에 도달하였고, 그 결과 온난화가 가중되었다. 만약 지구상에 존재하는 빙산이 모두 녹는다면 해수면은 현재보다 수m에서

뜨거워지는 지구

수십 m 이상으로 상승할 것이다. 해수면이 상승하면 육지 면적은 감소한다. 지구 온난화로 해수에서 증발하는 물의 양이 많아져서 일부 지역에서는 상상을 초월하는 폭우와 그로 인한 홍수가 발생한다. 반대로 비가 오지 않는 지역에서는 장기간의 가뭄이 발생한다. 해수의 온도 상승으로 열대 바다에서 서식하는 해파리나 물고기들이 북반부까지 올라오고, 온대지역에 열대 수종인 야자수가 나타나는 등 생태계 교란이 일어나고 있다.

지구 온난화 때문에 지구상에서 사라질 위기에 처한 나라가 있다. 태평양 한가운데 위치한 작은 섬나라 투발루 공화국(Tuvalu Island)이다. 투발루 공화국은 남태평양 폴리네시아군도 서부에 위치한, 인구가 11,648명(2019)이고 면적은 26km²인 작은 섬나라다. 투발루에서 가장 높은 곳의 고도는 해발 4m이다. 지구 온난화 이전에는 이보다 더 높았었다고 한다. 해수면 상승으로 대부분 도로가 침식되었고, 코코넛 나무들의 일부가 물에 잠겼고, 작은 밭들은 염전이 되었다. 해수면이 지금과 같은 속도로 상승한다면 50년 내에 투발루 공화국은 바다에 잠기게 된다. 투발루 공화국의 사

바다로 가라앉는 투발루 섬

정이 국제사회에 알려지자 뉴질랜드(New Zealand)에서 투발루 국민의 일부를 난민으로 인정해서 이민자로 받아 주기로 했다. 이미 이주한 사람들은 뉴질랜드의 딸기밭이나 작은 공장 등에서 일하고 있다. 뉴질랜드는 최악의 사태 시에 투발루 국민 전체를 수용하겠다는 의사를 밝혔다. 지구 온난화가 계속된다면 투발루 공화국의 문제는 태평양 인근 섬나라들로 확대될 것이다.

지구 온난화에 대한 책임 논쟁이 있었다. 그동안 온실가스를 많이 배출한 선진국에 지구 온난화의 일차적인 책임이 있다. 선진국은 화석연료를 사용해서 산업을 발전시켰다. 개발도상국들도 같은 방식으로 자국의 경제를 발전시키고자 한다. 선진국에서 배출하는 온실가스는 전체 배출량의 60%이다. 나머지는 개발도상국에서 발생한다. 온실가스 배출에 가장 책임이 있는 미국은 온실가스의 배출량을 1990년 수준으로 줄이도록 제안하고 있다. 미국의 제안에 대해 개발도상국은 반대 의견을 내놓았다.

육지가 확장되고 있는 그린란드

"지구 온난화의 책임은 우선적으로 선진국에 있습니다. 선진국의 산업화 때문에 지구환경이 이처럼 악화되었습니다. 우리와 같이 가난한 나라는 이제서야 산업을 육성하고 있는데 선진국과 동일하게 이산화탄소 규제에 동참하라는 것은 형평성에 어긋납니다."

대체 에너지원을 확보하기 어려운 개발도상국들은 미국의 의견에 동의하지 않았다. 개발도상국들도 화석연료를 사용해서 산업을 발전시키려 한다. 현재와 같은 속도로 화석연료의 사용한다면 2025년 이후에는 개발도상국들이 선진국보다 더 많은 온실가스를 배출하게 될 것이다.

"정말 지구는 이산화탄소와 같은 온실가스 때문에 뜨거워지는 것일까?"

대부분의 과학자들이 이산화탄소를 지구 온난화의 주범으로 지목하고 있지만 다른 의견도 있다. 일부에서는 태양 흑점(黑點, Sunspot) 활동 때문에 지구가 뜨거워지고

그린란드 인근 섬의 변화. 빙하가 사라지고 나무가 자라고 있다.

있다고 주장한다. 수소 원자 두 개가 만나 헬륨을 만드는 핵융합 반응으로 거대한 에너지를 생산하고 있는 태양에는 다른 곳보다 온도가 낮은 검은 점 같은 지역들이 존재한다. 이 지역을 흑점(Sunspot, 태양 표면에서 발생하는 자기활동으로 인해 주변보다 온도가 낮은 지역)이라고 부른다. 흑점에서는 주기적으로 자기 폭발이 일어나서 지구에 많은 방사에너지 입자들을 쏟아 놓는다. 흑점 활동은 주기적으로 일어나며 흑점 활동이 가장 활발할 때 지구의 온도가 상승한다고 한다. 흑점 활동 주기와 지구 온도 상승 시점이 일치한다는 결과를 근거로 이런 주장을 한다.

　많은 사람들이 지구 온난화로 인한 기상변화를 우려하고 있지만, 오히려 이를 반기는 사람들도 있다. 그들은 지구 최북단 북극 그린란드(Greenland)에 사는 사람들이다. 그린란드는 덴마크 영으로, 그 크기가 독일 영토의 6배나 되는 아주 큰 섬이다. 이 섬의 85%는 얼음으로 덮여 있으며 오래전에 덴마크로부터 이주한 사람들이 해안 지역을 중심으로 어업으로 하면서 살고 있다. 인구는 5만 7천 명 정도이다. 지구 온난화에 영향으로 그린란드 전 지역을 덮고 있던 얼음층이 녹아내려 해안지역을 중심으로 육지의 면적이 증가하고 있다. 그린란드 내륙에는 가스와 석유가 많이 매장되어 있지만 얼음층으로 덮여 있어 개발이 어려웠다. 지구 온난화로 얼음 층이 녹아서 없어지면서 그린란드는 지하의 가스와 석유를 개발할 수 있다는 기회를 가지게 되었다. 지하자원의 개발로 경제가 발전하면 그린란드는 덴마크로부터 독립을 할 수 있을 것으로 기대하고 있다. 지구 온난화를 걱정하는 사람들에게 그린란드 원주민은 이렇게 이야기한다.

"지구 온난화는 이산화탄소 때문이 아닙니다. 어떤 이유에서인지는 모르지만 원래 천년 주기로 지구가 뜨거워지고 있는 겁니다. 천 년 전에 이 땅 그린란드에서 우리 조상들은 밀 농사를 지었습니다. 그때는 지금보다 더 따뜻했습니다. 역사적으로 우리는 그런 증거를 많이 확보하고 있습니다."

해수면이 낮은 지역에서는 지구 온난화를 걱정하고 있지만 북극의 얼음 지대에서 사는 사람들은 오히려 지구 온난화가 자신들에게는 큰 기회가 될 것이라고 반가워하고 있다.

"지구 온난화에 대비해서 우리가 할 일은 무엇인가?"

지구상에 사는 많은 사람의 일상에서 그 해결책을 찾을 수 있다. 우선 화석연료의 사용을 줄여야 한다. 자동차의 이용을 자제하고 대중교통이나 자전거 이용을 확대해야 한다. 국가적으로는 화석연료를 대신할 친환경 연료와 이산화탄소를 발생하지 않는 수소나 전기로 움직이는 운송수단을 개발해야 한다. 이산화탄소를 흡수하는 산림자원을 보호하고 육성하는 노력도 있어야 한다. 연료의 사용을 줄이기 위해 겨울에 난방사용을 자제하고 두꺼운 옷을 껴입는 것도 에너지를 절약하는 한 가지 방법이다.

지구는 어느 한 사람, 한 민족이 사는 곳이 아니라 모두가 함께 가꾸어야 할 삶의 터전이다. 세상은 갈수록 서로 긴밀하게 연결되어 가고 있다. 경제와 산업, 그리고 문화가 인터넷을 통해 연결되고 있다. 우리는 이런 형상을 "글로벌화(Globalization)"라고 한다. 글로벌화한 지구환경에서는 국가 간의 문제가 많이 발생한다. 지구의 환경도 마찬가지이다. 중국 내륙에서 고비사막의 확장으로 엄청난 양의 황사가 한반도로 유입된다. 또한 중국에서의 과도한 유연탄 사용으로 발생한 유해한 공기가 편서풍을 타고 한반도로 이동한다. 일본 후쿠시마 원자력 발전소 사고에서 발생한 방사능 물질이 바람을 타고 태평양을 건너가서 미국 서부 지역의 대기를 오염시킨다. 글로벌한 환경에서는 한 나라의 환경이 파괴되면 그 영향은 지구 전체로 확산된다. 결국 지구 온난화 문제를 해결하려면 지구에서 살아가는 모든 국가와 민족이 공동으로 노력해야 한다. 지구 온난화는 한 나라, 특정 지역의 문제가 아니다. 지구 공동체에서 삶을 영위하는 모든 민족과 국가가 공동으로 협력해서 해결해야 할 인류 공통의 숙제인 것이다. 뜨거워지고 있는 지구. 원래의 온도로 식혀서 인류 모두가 지속적으로 살아갈 수 있는 좋은 환경이 되게 해야 한다.

미세먼지, 시안(西安)에서
상하이(Shanghai)까지

필자가 십여 년 전에 중국 시안(西安, Xian)에서 열리는 과학학술대회에 참석했었다. 시안은 중국의 진 나라(Chin, Qin Dynasty)의 수도로서 진시황릉으로 유명한 도시다. 중국의 영어명 China는 마르코 폴로(Marco Polo, 1254 –1324년, 이탈리아의 탐험가, 《동방견문록》을 씀)가 진나라를 포함한 동방을 여행하고 돌아가서 붙인 이름이다. 진시황은 지금으로부터 2천 년 전의 사람이다. 그는 도량형을 통일하고 만리장성을 완성하였다. 분열된 중국을 통일하고 2천 년 중국 황조의 기본 틀을 만들었다. 대규모의 문화 탄압 사건인 분서갱유를 일으켜 중국 역사상 최대의 폭군이라는 비판을 받았다.

학회 기간 중에 진시황릉 병마용(兵馬俑, 진시황의 무덤 부장품, 보(步, 보병), 노(弩, 활), 차(車, 전차), 기(騎, 기병) 4종의 등신대(等身大)관람이 있었다. 천하를 통일한 진시황은 영생 복락을 꿈꾸었다고 한다. 그는 자신이 죽은 후에도 통치할 사후 세계를 지하의 묘지 안에 만들었다. 묘지의 일부가 우연히 한 농부에 의해 발견되었는데 묘지 내부의 수장품의 종류와 규모는 전 세계가 놀랄만했다.

지하에서 진시황을 지키는 병마용들의 모습에서 진시황의 생전의 힘을 느낄 수 있다.

"흙을 빚어 만든 저 병사들이 사후 진시황을 지키며 수발을 든다고 합니다. 마차와 마병도 있습니다. 병마용들은 모두 깨진 채로 발견되었습니다. 작은 조각을 하나씩 붙여서 지금과 같은 모습으로 만들었습니다. 그리고 놀랄만한 사실은 제작할 당시 병마용들은 아름다운 색으로 채색되어 있었다고 합니다."

죽은 한 명의 왕을 위해 얼마나 많은 사람들이 수고를 해야 했고, 또 가축과 사람까지 산 채로 이곳에 매장되었다고 하니 인간의 욕심은 끝이 없다는 생각이 들었다.

학회를 마치고 다음 날 아침 일찍 역사의 고도 시안을 떠나 상하이로 가기 위해 호텔 로비에서 택시를 불렀다. 호텔 밖은 짙은 안개가 끼어 있었다. 공항까지 가야 하는데 날씨가 심상치 않았다. 시간이 지나도 안개가 갤 줄 몰랐다. 안개가 너무 짙어서 10m의 시야를 확보하기도 어려웠다. 택시 운전사에게 물었다.

"공항에 가야 하는데, 갈 수 있나요?"

택시 운전사가 고개를 갸우뚱하면서 한번 가보자고 했다.

"제가 공항까지의 길을 알고 있습니다만 안개가 너무 짙어서 시간이 좀 걸릴 것 같습니다."

"정말 지독한 안개군요. 이런 안개는 처음 경험합니다."

필자는 가방을 차 트렁크에 넣고 택시 뒷좌석에 앉았다. 택시는 도로에 진입해서 천천히 행선지로 가고 있었으나 안개는 걷힐 줄을 몰랐다. 비행기 시간이 가까워지면서 걱정이 되기 시작했다. 택시 운전사가 말을 했다.

"제 느낌으로는 거의 다 온 것 같은데, 어디에서 빠져나가야 할지 가늠이 되지 않습니다."

진시황릉 내의 병마용 군사들

차가 공항으로 가는 출구를 찾지 못해서 빙글빙글 돌고 있었다. 태어나서 이제까지 경험해 보지 못한 지독한 안개였다. 20분 정도를 미아가 된 채 한 장소에서 맴돌다 택시가 겨우 방향을 잡았다.

"이제 출구를 찾은 것 같습니다. 안심해도 되겠습니다."

택시가 공항에 도착했다. 필자는 택시 운전사에게 고맙다는 인사를 하고 트렁크에서 짐을 내려서 공항 안으로 들어갔다. 공항 출입장으로 들어가니 안개로 인해 모든 비행기의 이륙이 지연되고 있었다. 2시간 반가량이 지나서 해가 강해지자 안개가 조금 엷어졌고, 비행기 이륙을 허가받을 수 있었다. 비행기가 하늘 위로 높이 올라 중국내륙을 몇 시간을 비행하는 동안 비행기 창을 통해 내려다보니 시안에서 상하이까지는 짙은 구름이 끼어 있었다. 상하이 푸동(浦东, 신도시 개발구로 무역과 금융의 중심지) 공항에 비행기가 착륙했고 필자는 상하이 교통대학에서 2박 3일간의 업무를 마치고 귀국했다.

업무에 복귀한 다음에 어떤 교수에게 시안에서 안개 때문에 고생한 이야기를 해

중국의 대기오염

주었다. 교수는 내 이야기를 들으며 빙그레 웃음을 지었다.

"박사님, 그것은 안개가 아니라 스모그(Smog, 스모크(Smoke)와 포그(Fog)가 결합된 말로 원래는 연기와 안개가 섞인 것을 가리키는 말이었지만, 대기오염 물질로 인해 하늘이 뿌옇게 보이는 현상을 부르는 말로 사용된다. 스모그는 자동차 배기가스나 화력발전소ㆍ공장 등에서 나오는 대기오염 물질 때문에 생긴다. 대도시에서 많이 생기지만, 바람에 실려 가 다른 곳에 피해를 주기도 한다)입니다. 공해 때문에 생기는 스모그 현상입니다. 지금 중국은 공업화가 한창입니다. 중국 대륙의 동쪽에 석탄 화력발전소를 많이 건설하고 있습니다. 석탄화력 발전소에서 미세먼지가 배출됩니다. 공장 조업 시에 발생하는 더러운 공기와 폐수가 정화되지 않고 대기 중으로 배출됩니다. 가정에서는 탄을 때고 있습니다. 그로 인해서 연기가 많이 납니다. 공장과 가정 모두에서 공해와 분진이 발생하는데 아직 중국은 환경문제까지 신경 쓸 여력이 없습니다."

필자가 물었다.

"석탄 화력 발전이 왜 미세먼지를 많이 만들지요? 저희도 오래전에는 학교에서 석탄 난로로 난방을 하지 않았습니까? 조개처럼 생긴 조개탄을 난로에 넣었었고, 난로 위에는 도시락을 놓아 데워 먹었지요. 그때 석탄 난로 때문에 공기가 더러워진다는 생각을 하지 않았습니다."

"그것이…… 방식이 조금 다릅니다. 발전소에서는 발전효율을 높이기 위해서 탄을 아주 미세하게 만듭니다. 그것을 화로에서 분사시켜서 태웁니다. 미세한 석탄은 잘 탑니다."

"그래요? 석탄을 미세하게 만들어 태운다고요?"

"네, 그렇습니다. 그런 방식으로 탄을 태우면 열효율이 좋습니다. 하지만 탄이 백 퍼센트 다 타는 것이 아니라서 나중에 타지 않은 돌 먼지가 남게 됩니다. 그것이 미세먼지입니다. 엄밀히 말하자면 미세한 돌 가루지요."

"그렇군요. 그러면 탄광에서 일하는 사람들이 탄가루 때문에 진폐증에 걸리는 것과 비슷하겠군요?"

"그렇다고 보아야겠지요. 미세먼지가 많은 날에는 외출을 삼가 해야 합니다."

필자가 중국을 방문하고 돌아온 후 몇 년이 지나서 한반도가 중국에서 발생하는 미세먼지로 고통을 받게 된다. 환경공학을 연구한 교수가 내게 한반도에서의 기상변화를 설명해 주었다.

"지구에는 편서풍 (偏西風, 위도 30도와 60도 사이의 지역에서 서쪽에서 동쪽으로 부는 바람)이 붑니다. 서에서 동으로 부는 바람을 말하는데, 이 바람에 의해 중국 내륙에서 발생하는 스모그가 한반도로 이동합니다."

"지난번 뉴스에서 보니 중국은 지속적으로 환경을 개선하고 있어서 한반도의 미세먼지는 자체적으로 발생한 것이라고 하던데요?"

"글쎄요, 중국에서 미세먼지가 많이 발생하는 날 하루 이틀 후에 한반도에도 미세먼지 농도가 높아지는 것으로 보아서는 편서풍의 영향이 아닌가 합니다. 물론 우리나라에서 운행하는 디젤 자동차의 배기가스도 미세먼지를 발생의 한 원인이 됩니다. 우리나라의 환경문제에 대해서는 중국이 책임이 없다고 하는데 앞으로 두 나라간에 더 조사가 이루어져야겠지요."

"며칠 전에 옆집 아이가 중국 여행을 다녀왔더군요. 제가 어디에 갔었느냐고 물으니 시안에 갔다 왔다고 했습니다."

"진시황릉 보러 갔었나 보군요."

"그렇습니다. 그 아이 말로는 시안은 여전히 미세먼지로 고통을 받고 있다고 합니다. 일 년에 미세먼지가 약한 날이 겨우 30일 정도라고 합니다."

"김 박사님 다녀왔을 때 보다 더 심각해졌군요."

"그렇다고 보아야겠지요. 공상과학영화에 보면 지구 대기환경이 숨쉴 수 없는 정도로 바빠져서 인류가 지구를 탈출하는 장면이 있던데, 공상과학이 현실이 되고 있을 것 같아 걱정이 됩니다. 인간의 미래가 위협받고 있습니다."

"중국뿐만 아닙니다. 몽골지역은 환경변화로 인해 비가 오지 않아 초원이 사막으로 변하고 있습니다. 사막 지역이 몽골의 수도 울란바토르 코앞까지 와 있다고 합니다. 더불어 울란바토르는 세계 환경기구가 주목하고 있는 대기환경이 최악인 도시입니다. 천막 주택이 게르(Ger)에서 유해한 탄을 태우고 있고, 심지어는 플라스틱이나 폐타이어까지 연료로 사용한다고 합니다."

미세먼지의 주범 석탄화력발전

"중국의 스모그와 몽골내륙의 황사가 함께 밀어닥치면 대기환경은 최악이 되겠군요. 악화되는 지구환경과 인공지능의 출현을 우려한 스티븐 호킹(Stephen William Hawking, 1942–2018, 영국의 이론 물리학자. 루게릭 장애를 극복하고 우주 생성에 대한 새로운 이론을 제시)박사가 지구는 더 이상 살 곳이 못 된다고 빨리 탈출하라고 했습니다."

"귀 기울여야 할 이야기입니다. 과학기술의 발전이 곧 경제성장이라는 생각만 할 것이 아니라 이와 더불어 인류가 맘껏 호흡할 수 있는 지구 대기환경에 대해서도 많은 관심을 가져야 하겠습니다."

플라스틱으로 만들어진 섬

당구공 때문에 탄생한 위대한 발명품이 있다. 당구공의 소재는 아프리카산 숫코끼리의 앞니인 상아(象牙, Ivory)다. 1860년대 들어서 아프리카 코끼리의 개체수가 줄어들자 당구공의 소재인 상아의 확보가 어려워졌다. 미국의 당구협회에서 상아의 대체 소재를 만들어 오는 사람에게 1만 달러의 상금을 주겠다고 광고를 냈다. 광고를 보고 많은 사람들이 다양한 인공소재를 만들어 왔고, 그중에 가장 적합한 소재로 플라스틱(Plastic)이란 이름의 합성소재가 채택되었다. 당구공 소재인 상아의 대체품으로 탄생한 플라스틱은 다양한 특성과 그 쓰임새가 넓기 때문에 20세기 최고의 발명품이라고 불려진다. 사람들은 이렇게 이야기한다.

"플라스틱은 인간에게 많은 혜택과 물질적 풍요를 가져다주었습니다. 만약 플라스틱이 개발되지 않았다면 목재와 금속의 사용이 늘어 지구의 지하자원이 지금의 반 정도가 되었을지도 모릅니다."

플라스틱의 발명이 산림과 지하자원의 고갈을 늦추는 데 결정적인 역할을 했다는 주장이다. 플라스틱은 가볍고, 질기고, 다양한 형태로 가공하기 쉽다. 또한 방수성이 좋고, 잘 휘고, 값이 싸고, 색상의 변화와 디자인이 쉬워서 헤어드라이어, 음료수 용기, 전동공구와 자동차 부품 등의 소재로 사용된다. 그런데 한 가지 단점이 있다. 그것은 잘 썩지 않는다는 점이다. 썩지 않는다기보다는 분해되는 속도가 아주 느려서 썩지 않는 물질로 인식된다.

당구공 재료 코끼리 상아

여름에 태평양 먼바다로 요트(Yacht) 여행을 간 사람들이 있었다. 여행자들은 태평양 바다 한가운데에서 띠를 이루어 움직이는 거대한 쓰레기 더미를 발견했다. 거대한 규모의 쓰레기 더미는 일본과 하와이섬 북쪽 사이 두 군데에서 발견되었다. 하와이 북쪽에 위치한 쓰레기 더미 하나의 크기는 한반도 넓이의 일곱 배나 된다. 사람들은 이 지역을 "거대 쓰레기 지대"(Great pacific garbage patch, GPGP)라고 이름을 지었다. 태평양에서 발견된 쓰레기 더미는 인간이 만든 인공 구조물 중에서 가장 큰 규모이다. 이곳에 버려진 쓰레기는 약 1억 톤 정도로 추산되며, 그 구성물은 플라스틱 페트병, 폐타이어, 버려진 그물과 플라스틱 장난감 등으로 종류가 다양했다. 쓰레기 더미의 80% 이상이 폐플라스틱이었다.

태평양에 플라스틱 쓰레기가 쌓이기 시작한 시기는 플라스틱이 발명된 지 90년이 지난 1950년대로 추정된다. 1950년 이후 시간이 갈수록 쓰레기의 양은 기하급수적으로 증가했다. 플라스틱 쓰레기 더미의 규모는 이제까지 인간이 사용한 플라스틱의 양과 비례한다. 환경 운동가인 찰스 무어(Charles Moor)는 이렇게 말했다.

플라스틱 당구공

"플라스틱 쓰레기들이 바다 위에 떠 있는 모습이 마치 쓰레기 수프(Soup)와 같았습니다. 바다 위에 미국과 중국을 연결하는 거대한 플라스틱 육교가 생겼다 해도 과언이 아닙니다."

해양에 거대한 플라스틱 쓰레기가 쌓인 이유는 인간이 만든 위대한 발명품인 플라스틱의 썩지 않는 성질 때문이다. 사람들은 아직까지 엄청난 양의 플라스틱 쓰레기를 수거할 방법을 찾지 못하고 있고, 해양으로 유입되는 쓰레기의 양은 계속해서 증가하고 있다. 플라스틱 쓰레기는 해양 생태계에 심각한 피해를 주고 있다. 쓰레기 더미와 함께 발견되는 죽은 새들의 위 속에는 플라스틱 조각들이 있었다. 거북이와 물고기, 고래, 새들은 햇빛(자외선)에 의해 부서진 작은 플라스틱 조각을 먹이로 착각하고 먹는다. 플라스틱은 소화되지 않은 채 동물의 소화기관에 머물게 되고 소화를 시키지 못하게 된 동물들은 더 이상 먹이를 섭취하려 하지 않기 때문에 결국은 굶어 죽게 된다. 썩지 않은 플라스틱은 한 해 약 900억kg이 발생한다. 해양 쓰레기의 80%는 육지에서 떠내려온 것이고, 20%는 항해 중인 선박에서 버린 것이다. 쓰레기들은 서로 뭉치는 응집력이 있어 작은 물고기 떼처럼 무리를 지어 다닌다. 쓰레기

바다를 떠다니는 플라스틱 쓰레기

들은 시계 방향으로 움직이는 북태평양 한류를 타고 움직이다가 맴돌이 해류에 휩쓸리거나, 바람에 밀려 외곽에서 중심으로 이동한다.

공해상에 위치한 플라스틱 쓰레기는 어느 한두 나라가 선뜻 나서서 처리하기 어렵다. 2009년에 플라스틱으로 인한 해양오염을 우려한 해양학자들이 해양 쓰레기 처분에 대한 논의를 시작했다.

"어느 나라가 플라스틱 쓰레기를 바다에 많이 버렸느냐는 중요하지 않습니다. 해양 생태계를 파괴하는 플라스틱 쓰레기를 치우는 것이 우선적으로 해야 할 일입니다. 태평양 연안국과 대양을 이용하는 나라들은 협조해 주시기 바랍니다."

우선 쓰레기의 규모를 파악하는 일부터 시작했다. 북태평양의 17곳의 쓰레기 더미에서 50회에 걸쳐 쓰레기를 수거했다. 대양에 버려진 쓰레기의 양은 처음 생각했던 것보다 많았다. 이미 알려진 지역 이외에 다른 지역들에서 쓰레기가 발견되었다. 쓰레기가 발견된 모든 구역을 합치면 그 면적이 바다의 40%, 지구 전체의 25%에

플라스틱을 해파리로 착각한 바다거북

해당한다. 결국 지구의 25%는 부유물에 막혀 물이 내려가지 않는 고장이 난 변기와
같다는 지적이다.

플라스틱의 발명을 칭송한 사람들은 이렇게 말했다.

"플라스틱의 등장으로 인류는 석기 시대, 청동기 시대, 철기 시대에 이어 제4기 플
라스틱 시대를 열게 되었습니다."

플라스틱의 발명으로 지구자원을 보호할 수 있게 되었다는 말이다. 하지만 플라
스틱이 개발된 지 100년 남짓 지난 지금 태평양은 플라스틱 쓰레기의 바다가 되었
다. 자연에서 만들어진 것들은 가만히 두면 썩고 분해되고 다른 개체의 먹이가 되거
나 토양의 일부가 된다. 반면에 인간이 만든 인공 소재는 회수하기가 어려울 뿐만 아
니라 자연으로 돌아가는 데 많은 시간이 걸린다. 인간에 의해 개발된 인공 소재들이
극한 환경에서도 잘 견디도록 설계되었기 때문이다. 플라스틱으로 인한 생태계 파
괴 문제가 발생하자 뒤늦게 사람들은 플라스틱의 단점을 보완한 소재-자연계에서

잘 분해가 되는 플라스틱을 개발했다. 태평양 한복판에서 발견된 거대한 플라스틱 쓰레기 섬은 인간의 창의적인 행위는 자연계의 순환과정 내에서 이루어져야 한다고 경고한다.

해파리의 역습

물고기 잡는 이야기를 해 보자. 바닷고기 중에서도 일본 사람이 가장 좋아하는 참치잡이 이야기다. 요즘에는 우리나라도 원양어업으로 참치를 대량으로 잡고 있다. 참치는 근해에서 잡히는 어종이 아니다. 참치를 잡으려면 원양어선을 타고 먼바다로 나가야 한다. 거대한 선박들이 참치를 잡아 한밑천 벌어보겠다는 생각으로 먼바다로 참치잡이를 나간다. 참치 선단의 대부분은 일본이나 한국의 배들이다. 고기 잡는 기술이 발달해서 참치잡이 배들은 첨단레이더 장비를 이용해서 참치가 있는 곳을 찾아낸다. 여러 배가 협동해서 참치들을 한곳으로 몰아넣고 그물을 올려서 참치를 대량으로 잡는다. 거대한 참치 떼를 쫓다 보면 이상한 현상을 발견할 수 있다. 참치 떼의 맨 앞에는 항상 돌고래가 위치한다.

"저기를 보세요. 돌고래들이 참치 떼 앞에 모여 있어요. 지난번 조업 때에도 동일한 광경을 목격했어요."

"돌고래가 참치를 잡아먹으려고 있는 것 아닐까요?"

돌고래가 왜 참치 떼 앞에 있는지는 아직 잘 모른다. 참치를 잡기 위해 그물을 내리면 돌고래들도 그물망에 함께 걸린다. 돌고래는 필사적으로 그물을 빠져나오려고 노력하지만 그것이 그렇게 쉽지 않다. 참치는 물속에서 아가미로 숨을 쉴 수 있지만 고래는 포유동물이라서 물속에 오래 있으면 질식해 죽는다. 사실은 질식하기 전에 그물에 갇혔다는 공포로 인한 충격으로 죽는다. 이런 과정으로 참치잡이 배는 자

고래잡이 금지

연스럽게 돌고래도 함께 잡게 된다.

　남태평양 연안 나라들은 자국의 바다 근처에 일본이나 한국의 참치 선단이 나타나는 것을 달가워하지 않는다. 너무 많은 물고기를 한꺼번에 잡아 인근 지역의 수산자원을 고갈시키기 때문이다. 특히 일본 배들의 고기잡이는 소문이 나 있다. 일본은 전 세계에서 물고기를 가장 많이 잡는 나라이고, 동시에 물고기를 가장 많이 수입하는 나라이기도 하다. 일본인들 식탁의 주 요리가 생선이기 때문이다. 일본은 자국 연안에서의 어업을 치밀하게 잘 관리하고 있다. 어족자원 보호를 위해 치어의 남획을 금지하고 연안의 어장을 장기적으로 관리한다. 하지만 태평양 공해상에서의 조업에는 그런 배려가 없다. 참치뿐 아니라 고래도 포획의 대상이다. 남획으로 고래가 멸종 위기에 처하자 국제사회는 식용으로 고래를 잡는 행위를 금지했다. 개체 수가 일정 수준으로 늘기 전까지 제한적인 고래잡이만 허용된다. 하지만 일본은 "연구

(Study)"를 이유로 고래를 잡아 일부는 그들의 식탁에 올리고 있다. 환경단체인 그린 피스(Green peace)의 작은 배들이 일본의 포경선에 접근해서 고래잡이를 중단하라고 시위를 하지만 일본 배들은 아랑곳하지 않고 고래를 잡는다.

고래사냥에는 한국도 빠지지 않는다. 대양에 나가서 고래를 잡지는 않지만 고래 가 지나는 길목인 동해 연안에 물고기잡이 그물을 쳐 놓는다. 그물에 고래가 걸려서 죽으면 신고를 하고 시장에 내다 판다. 커다란 밍크고래 한 마리를 잡으면 최소한 수 천만 원을 벌 수 있으니 어부에게 고래잡이는 로또(Lotto)와 같은 횡재인 것이다. 일 부에서는 물고기가 아니라 고래를 잡을 목적으로 어부들이 고의로 그물을 친 것이 라고 주장한다. 외국의 환경론자는 한국의 동해에서 고래가 너무 많이 잡히고 있는 점을 지적하며 동해를 고래들의 킬링필즈(Killing fields)라고 부른다.

"한국의 동해에서의 고래잡이에 대한 의심이 있습니다. 저희 판단으로는 고래들 이 물고기 잡는 그물 쪽으로 그렇게 자주 지나갈 수 없습니다. 어민들이 고래가 가는 길목에 그물을 쳐 놓은 것이지요. 국제 협정에 따라 정부에서 단속해야 합니다."

동해의 포항에 가면 고래고기를 파는 상점을 쉽게 볼 수 있다. 관련 기관에서 고래 잡이와 고래고기 판매에 대해 단속을 나가면 상인들과 마찰이 종종 발생한다.

"혹시 신고하지 않고 불법으로 잡은 고래고기를 판매하고 있지는 않습니까? 신고 가 안 된 고래고기 판매는 불법입니다."

"잘 지키고 있습니다. 단속이 너무 잦습니다. 우리도 먹고살아야 하지 않습니다. 예전에 비해서 고래고기를 찾는 사람들이 적습니다."

서양 사람들은 일본이나 한국 사람만큼 물고기를 많이 먹지 않는다. 특히 비린 생 선이나 비늘이 없는 생선은 잘 먹지 않는다. 기독교 관습에 익숙한 서양 사람들은 그 들의 율법에 나와 있는 먹거리에 대한 계명(예를 들어, 발굽이 몇 개인 육식 고기나 비늘이 없

고기잡이배

는 물고기를 먹어서는 안 된다는 지침)을 잘 지킨다. 우리가 잘 먹는 오징어나 낙지 같은 물고기는 생김새가 이상하다고 먹지 않는다. "신에게 저주받은 고기(God dammed fish)"라는 오징어의 별명으로부터 오징어에 대한 서양인들의 시각을 잘 알 수 있다. 미국 사람이 먹는 물고기는 연어 정도이다. 연어는 날로 먹거나 훈제를 해서 먹는다.

연안에서 물고기를 많이 잡지 않는 호주나 미국의 바닷가에는 큰 물고기가 많다. 몇 년 전에 필자가 호주의 바닷가에서 오징어 낚시를 한 적이 있었다. 바다는 거의 물 반 오징어 반으로 낚싯대를 넣자마자 보기에도 흉측한 정도의 큰 갑오징어가 잡혀 나왔다. 낚시를 하다가 주변 바닷가를 바라보고 있으면 거대한 가오리가 유유히 해변까지 헤엄쳐 왔다 돌아간다. 해안가 바다 모래사장에는 거대한 조개들이 서식하고 있다. 해변에서 조개 채취는 법으로 금지하고 연간 잡을 수 있는 물고기의 양과 기간을 관리하며 연안의 수족 자원을 잘 보호하고 있다.

"사람들이 한 해에 바다에서 잡는 물고기의 양은 얼마나 될까?"

쥐치

　최근의 해양수산자원 보고서에 의하면, 사람들이 일 년에 바다에서 잡는 해양 수산물(물고기, 조개류 등)은 7,800만 톤이 넘는다고 한다. 이 양은 미국의 성인 남녀와 아동의 몸무게를 합친 것의 세 배가 넘는 양이다. 해양 수산물을 과도하게 잡고 있음이다. 인류가 지금처럼 수산자원을 계속 남획한다면 조만간 해양 생물자원이 고갈되고 말 것이다. 물고기가 없는 바다를 생각한다는 것은 인류에게 슬픈 일이다.

　선진국들은 해양자원의 보호에 큰 노력을 하고 있다고 주장한다. 새끼를 낳기 위해 바다에서 강으로 돌아오는 회귀성 물고기 포획을 금지하고 산란을 돕는다. 인공 산란을 통해 부화한 치어를 방류하고 적합한 생태환경을 마련해 주고 있다. 하지만 이런 노력은 자국의 연안 해안에 제한된다. 물고기는 한곳에 머무르지 않는다. 대양을 이동하면서 성장하기 때문에 연안의 생태계를 보호한다고 해서 전체 해양 수산 자원이 보호되지는 않는다.

　최근까지 동해에서 흔하던 쥐치가 이제는 잘 보이지 않는다. 쥐치는 생김새가 쥐와 비슷하다고 해서 붙여진 이름이다. 쥐 같은 생김새 때문에 어민들은 쥐치를 좋아하지 않는다. 그물에 쥐치가 올라오면 기분이 나쁘다고 바다에 버렸었다. 하지만 어족자원이 고갈된 지금은 쥐치조차 잡기 어려운 상황이다.

해파리 떼

일본의 어느 해안 마을에서 어부들이 풍어(豊漁)를 기원하는 고사를 드리고 고기를 잡으러 바다로 출항했다. 바닷바람이 그다지 심하지 않았고 날씨가 쾌청해서 물고기 잡기에 좋았다. 어부들은 바다 한가운데에 그물을 내리고 그물에 물고기가 차기를 기다렸다. 시간이 지나서 어부들은 그물을 끌어 올렸다. 그물을 끌어 올리는 작업은 많은 노동을 필요로 한다. 어부들은 힘을 써서 열심히 그물을 끌어당겼다. 평소보다 그물이 더 무거웠다. 어부들은 한층 기대에 부풀어 그물을 끌어 올렸다. 많은 고기가 올라올 것이라는 어부들의 희망과는 달리 그들이 끌어 올린 것은 거대한 해파리들이었다. 어부들은 놀라움으로 그물 안의 해파리를 쳐다보았다. 한 어부가 말을 했다.

"물고기는 없고 그물 안에 해파리가 가득합니다. 그물이 찢어지겠어요. 이걸 어떻게 하지요?"

"몇십 년 동안 물고기를 잡아 왔지만 이런 광경은 처음이네. 그런데 이 많은 해파리들이 도대체 어디에서 온 것이지?"

거대 해파리

어부들은 그물을 풀어 해파리를 바다로 돌려보내고 나서 다른 곳으로 이동해서 다시 그물을 내리고 고기를 기다렸다. 시간이 지나서 그물을 올렸을 때 이전과 동일하게 그물에는 거대한 해파리들로 가득했다. 한 어부가 말했다.

"이 근처 바다가 온통 해파리 떼로 가득 차 있습니다. 어디에 그물을 내려도 똑같습니다."

어부들은 빈 그물로 마을로 돌아왔다. 함께 고기를 잡으러 나갔던 다른 배들도 같은 경험을 하고 마을로 돌아와 있었다. 다음 날 다시 날이 밝아 어부들은 그물과 어구(漁具)를 준비해서 바다로 출항했다. 그 날에도 전날과 같이 거대한 해파리들이 그물에 올라왔다. 한여름이 되어 수온이 상승하자 해파리 떼의 출현은 더욱 잦아졌고 어민들은 고기잡이를 완전히 포기했다.

"일본의 해안가를 침공한 해파리 떼들은 도대체 어디에서 온 것일까?"

콜라겐

일본의 서부해안을 침공한 해파리는 노무라 해파리(Nomura jellyfish)라고 불리는 종이다. 이 해파리는 직경이 15~60cm, 무게는 수 kg이다. 다 자란 것 중에 큰 것은 직경이 1m, 무게가 200kg이 넘는다. 일본의 해양 생태학자들은 해파리 떼의 이동 경로를 추적했다. 추적 결과, 해파리들이 중국 동부 해안에서 해류를 타고 한국의 남해를 거쳐 일본 서부해안으로 온다는 것을 밝혀냈다. 중국은 경제개발이 한창이다. 중국 사람들은 경제에 도움이 된다고 하면 어떤 일이든 수단과 방법을 가리지 않고 하고 있다. 중국 내륙지역의 급속한 경제개발로 인해 산업체에서 다량의 부유물들이 쏟아져 나왔다. 부유물들이 강을 따라 동부 해안지역으로 유입되었고, 해안지역은 영양 과다 상태가 되었다. 부영양화된 바다와 지구 온난화로 상승한 수온이 해파리들의 성장을 촉진시켰다. 중국 해안에서 발생한 새끼 해파리들이 해류를 타고 오면서 성장해서 일본에 도착할 때는 200kg의 거대한 괴물 해파리가 되었다. 해양 생태계가 건강하다면 해파리 떼가 이동하는 동안에 일부가 다른 천적 물고기들에게 잡아 먹혀서 개체 수가 적어진다. 하지만 해파리를 잡아먹는 쥐치와 같은 물고기의 남획으로 많은 수의 해파리가 거대한 크기로 성장했다.

식성이 좋은 해파리는 천적이 없는 바다에서 작은 물고기를 마구 잡아먹고 거대한 성체가 되었다. 성체가 된 해파리는 너무 무거워서 그물에서 들어 올릴 때 그물이 찢어지기 쉽다. 괴물 해파리들은 어업을 방해할 뿐만 아니라 발전소의 냉각수가 유입되는 취수구를 막아 문제를 발생시키기도 한다. 일본만큼 피해가 심각한 것은 아니지만 우리나라도 해파리로 인한 피해가 연간 500억 이상으로 무시할 수 없는 수준이다.

"그런데 왜 해파리는 일본의 연안을 공격한 것일까?"

거대 해파리 떼의 출현의 원인은 바다 생태계 파괴다. 전 세계에서 가장 많이 물고기를 잡고 있는 일본에게 경고를 주려고 바다생물을 대표해서 해파리 떼들이 일본 해안을 침공한 것이라고 말하고 싶다. 바다는 하나로 연결이 되어 있다. 해양 생태계 한쪽에 균형이 깨지면 그 영향은 전체 바다로 확산된다. 인간들이 그런 사실을 모르지 않지만 욕심을 채우고자 물고기를 남획하고 있다. 그 결과 생태계의 균형이 파괴되어 거대한 해파리 떼가 출현한 것이다.

예상치 못한 해파리의 침공에 놀란 일본 수산청은 대책을 마련하기에 부산하다. 가장 그럴듯한 대안은 해파리 가공식품의 판매이다. 해파리는 95%가 수분이고, 2%가 콜라겐(Collagen, 동물의 뼈, 연골, 피부와 물고기의 비늘 등을 구성하는 물질)이다. 콜라겐은 단백질의 일종으로 피부염이나 탈모, 동맥경화에 효과가 있다고 알려져 있다. 한국이나 중국에서는 해파리를 식용으로 요리해서 먹지만 일본 사람들은 해파리를 먹지 않는다. 일본의 식품학자들이 해파리를 가공식품으로 만들어 시장에서 팔아 보았다. 소수의 사람들이 관심을 보였지만 해파리의 혐오스러운 모습 때문에 상업적인 판매는 실현되지 않았다.

해양 생태계를 보존하기 위해서는 대양에서의 물고기의 남획을 중지해야 한다.

또한 거북과 쥐치 등과 같은 해파리의 천적을 바다에 풀어 놓아 바다 생태계가 균형을 이루도록 해야 한다. 과도한 물고기의 남획으로 물고기는 사라지고 해파리만 넘쳐나는 바다의 모습을 상상해 보자. 그것이 인류가 원하는 바다의 모습인지.

3부

무한 경쟁과
과잉 소비

← 반도체

3년 이상 못 쓰는 첨단 제품

소비자(구매자)와 생산자(공급자)는 물건(상품)을 대상으로 수요와 공급을 만족시켜 주는 관계다. 소비자인 농부가 생산자인 대장장이에게 쟁기, 호미와 낫 같은 도구를 제작해 달라고 요청한다. 농부의 요구에 따라 대장장이는 농기구를 만든다. 농부는 대장장이에게 적정한 가격을 지불하고 농기구를 받아 온다. 인구가 증가하고 구매자와 생산자 사이의 거래가 증가하면서 물건을 사고파는 장소인 시장이 생겼다. 구매자는 생산자를 직접 찾아가지 않고 물건이 거래되는 시장에 가서 원하는 물건을 구입한다. 어떤 경우에는 소비자의 요청이 없더라도 생산자 스스로 새로운 상품을 만들기도 한다. 생산자는 광고를 통해 자신의 제품을 선전한다. 생산자가 만든 새로운 상품에 구매자가 매력을 느끼면 제품은 시장으로 진입한다.

"요즘의 상거래는 어떠한가?"

지금도 구매자와 생산자의 기본적인 수요-공급의 관계는 동일하다. 지속적으로 물건을 많이 팔려면 생산자에게 특별한 시장전략이 필요하다. 가정이나 사무실의 필수 사무기기인 컴퓨터를 예로 들어 보자. 적당한 사양의 컴퓨터 한 대를 사려면 100만 원 이상의 자금이 필요하다. 컴퓨터 한 대의 가격이 가정용 냉장고나 60인치 LCD(액정 표시 장치, Liquid Crystal Display) 텔레비전의 가격과 비슷하다. 냉장고나 텔레비전의 수명은 10년 정도이지만 컴퓨터의 생명은 길어야 3년 정도다.

"3년 주기로 교체해야 하는 컴퓨터. 생산자는 어떤 영업전략을 갖고 컴퓨터를 생

컴퓨터 업그레이드

산 판매할까?"

 컴퓨터 회사의 영업전략은 지속적인 판매에 중점을 두고 있다. 컴퓨터에는 두뇌 역할을 담당하는 중앙처리장치(Center processing unit, CPU)와 데이터의 저장 공간인 하드 디스크(Hard disk, HD)가 있다. CPU는 데이터의 처리 속도를, HD는 저장 용량을 결정한다. 이 두 부품을 가지고 컴퓨터 회사의 영업 전략을 세울 수 있다. 소비자가 컴퓨터를 사서 3년 이상 사용하기 힘든 이유는 소프트웨어 프로그램(Software program)의 용량과 관련이 있다. 소프트웨어 업체는 사용자의 편의를 도모하고자 기본 제품보다 성능이 좋은 프로그램을 개발한다. 일반적으로 업그레이드(Upgrade)된 프로그램의 용량은 이전 버전(Version)보다 상대적으로 크다. 최신형 동영상이나 게임(Game), 고화질 영화 프로그램을 돌리려면 CPU의 용량이, 이들을 컴퓨터에 저장하려면 HD의 용량이 커야 한다. 컴퓨터 제조업체는 소프트웨어 개발업체와 협력해서 새로운 제품을 개발한다. 사실 필자는 소프트웨어의 성능이 왜 이다지 빨리 변해야 하는지 이해되지 않는 부분이 있다. 지금 사용하는 소프트웨어도 편리하고 충분해서 10년 이상 사용해도 우리의 생활에는 별문제가 없다. 물론, 생산자 입장에

칼라레이저 프린터

서 더 나은 제품을 만들지 못하면 경쟁사에 뒤처져서 시장에서 퇴출된다는 불안감이 있을 것이다. 여러 복잡한 이유로 생산자는 적당한 시기에 더 나은 기능을 갖춘 큰 용량의 소프트웨어들을 소비자에게 배포한다. 3년이 지난 기존의 컴퓨터에서는 CPU의 속도 부족으로 개선된 프로그램들이 동작하지 않는다. 구매자는 울며 겨자 먹기로 컴퓨터를 업그레이드하든지, 거액을 들여 다시 신제품을 구입한다. 3년 주기에 맞춘 판매회사의 컴퓨터 영업 전략이다.

컴퓨터 프린터는 잉크(Ink) 가격으로 영업전략을 세운다. 기업은 소비자에게 프린터(Printer)를 싼값에 공급한다. TV 홈 쇼핑(Home shopping, 구매자가 집에서 텔레비전을 보고 상품을 골라 사는 통신 판매 방식)의 컴퓨터 행사 때에 프린터를 무상으로 주기도 한다. 컴퓨터 업체는 프린터를 싸게 파는 대신 소모품인 잉크를 비싸게 판다. 소비자에게 제품을 값싸게 공급하고 잉크값을 비싸게 받아 이윤을 챙기는 전략이다. 실제로 잉크값이 그렇게 비쌀 이유는 없다. 소비자는 고가의 잉크를 구입할 때마다 마음이 불편하지만 프린터를 사용하기 위해서는 어쩔 수 없이 구입해야 한다.

휴대전화 사업에 실패한 모토로라

"시장의 환경이 생산자들에게만 유리한 것일까?"

꼭 그렇지는 않다. 소비자에게는 제품을 선택할 권리가 있다. 그 권리행사에 따라 기업의 존폐가 결정된다. 빠르게 변하는 현대의 시장 환경에서 시장의 트랜드(Trend, 소비자의 성향)를 읽지 못하는 기업은 살아남을 수 없다. 기업들은 시장변화의 속도가 너무 빨라 생산과 판매전략을 세우기 어렵다고 토로한다. 제품의 교체 주기가 짧기 때문에 한 가지 상품을 히트시켰다고 해서 오랫동안 시장을 점유할 수 없다.

휴대전화 생산업체인 모토로라(Motorola Inc., 휴대전화 등을 생산하는 미국의 전자기업)가 좋은 예이다. 모토로라는 회사의 역사가 바로 무선통신산업의 역사라고 할 정도로 초기 무선통신을 선도한 기업이었다. 미국의 통신 기업의 자존심이었던 모토로라의 휴대전화 사업이 몰락했다. 그 이유는 히트 기종인 레이저(RAZR)의 성공에 너무 안주했기 때문이다. 모토로라는 회심의 역작 레이저가 대성공을 거두면서 당시의 선두인 노키아(Nokia, 1865년 설립된 핀란드의 이동전화 제조회사)를 바짝 뒤쫓게 된다. 너무나 잘 팔려서 한때 품귀현상까지 빚었던 이 제품은 2년 이상 회사에 최대실적을 가져왔다. 한때 레이저가 모토로라 매출에 기여하는 매출액이 모바일(Mobile) 단말기 분야의 75%까지 된 적이 있었다. 레이저의 성공 이후 모토로라는 레이저를 중심으로 수익을 극대화하는 영업전략을 썼다. 모토로라가 레이저의 성공으로 안주하는 사이에 경쟁업체들은 기능과 디자인이 다양한 제품들을 지속적으로 개발해서 시장에 출하했다. 시간이 지나서 레이저의 인기는 떨어졌고, 후속 제품을 제때에 개발하지 못한 모토로라는 경쟁에서 뒤처졌다.

한국의 휴대전화 업체들도 모토로라와 비슷한 상황을 만난다. 휴대전화 사업 초기에 삼성전자(三星電子, Samsung Electronics Co., Ltd., 1969년에 세워진 가전제품, 정보통신기기, 반도체 제조 판매업체)와 LG전자(LG Electronics Inc., 가전제품, 정보통신기기 제조 판매업체)가 선두 노키아와 함께 두각을 나타냈다. 애플(Apple Inc., 1979년에 설립된 컴퓨터 소프트웨어와 개인용 컴퓨터를 생산하는 미국 기업)은 혁신적인 아이디어를 담은 아이폰(iPhone, 2007년에 출시된 애플사의 스마트 폰)을 출시하여 스마트폰(Smart phone, 휴대폰에 개인 휴대 단말기와 여러 디지털기기 기능을 한데 묶은 단말기이다) 시대를 열었다. 스마트폰 개발에 뒤처진 두 한국 회사는 한동안 휴대전화 사업에서 고전했다. 두 회사는 회사의 사활을 걸고 스마트 폰 개발에 총력을 기울였다. 삼성전자는 아이폰의 경쟁제품으로 갤럭시(Galaxy) 스마트 폰을 개발해서 개인 휴대전화기 사업의 선두그룹에 복귀했고, LG전자는 4세대 이동통신 기기인 옵티머스(Optimus LTE)를 개발하여 휴대전화의 시장점유율을 확대하려 하고 있으나 중국 기업들에 밀려 여전히 고전 중이다.

무한경쟁의 속도전이 펼쳐지는 시장에서 시장환경이 어떻게 전개될지 아무도 모른다. 기업이 영업전략을 잘 세워 지속적으로 수익을 창출하거나 소비자의 마음을 잘 읽어 소비자 마음에 드는 제품을 계속 만든다면 기업은 생존할 수 있다. 하지만 기업이 한두 가지 히트상품으로 장기간 수익을 올릴 수는 없다. 선두 그룹을 추월하려는 후발 주자의 추격도 물리쳐야 한다. 소비자들은 냉정하다. 더 좋은 제품이 나오면 언제라도 발길을 돌린다. 어느 업종이든 지금과 같은 무한 경쟁 시대에서 살아남으려면 항상 긴장의 끈을 놓지 않고 있어야 한다.

값싼 대량 상품에 자리 내준 명품들

타자기(打字機, Typewriter)는 1714년 영국에서 발명되어 특허가 등록되었다는 기록이 있다. 이후 1867년에 미국인 크리스토퍼 숄즈(Christopher L. Sholes) 등이 실제로 사용할 수 있는 수준의 타자기를 개발하였다. 이후에 레밍턴 타자기 회사(Remington Typewriter Company)가 숄즈의 타자기를 조작이 간편하고도 속도가 빠르게 개선하여 1874년에 제작 상품화하였다. 타자기는 19세기 중반까지는 주로 맹인들을 위한 용도로 사용되었으며 이후에 일반인에게 보급되었다. 1880년대에 들어서면서, 직장의 구체적인 일까지 산업화의 영향이 미치기 시작하면서 타자기의 보급은 급속도로 증가하였다. 타자기가 나오기 전에는 글씨를 손으로 써야 했다. 타자기로 문서를 작성하면 손으로 글을 쓰는 것에 비해 시간이 많이 단축된다. 타자기의 발명으로 개인 사무는 물론이고, 각종 인쇄업무와 통신사무가 간편해졌다. 서양에서 타자기는 생활필수품이 되었으며, 휴대용 타자기까지 출시되어 여행할 때도 지니고 다녔다. 타자기는 개인용 컴퓨터(Personal computer)가 출시되기 전까지 워드 프로세서(Word processor)의 역할을 했다. 현대인의 사무기기로 사랑을 받아 온 타자기는 컴퓨터와 주변기기의 등장으로 사무실 책상 위에서 사라졌다. 이후 타자기는 골동품상에서 나 볼 수 있는, 사라져간 물건의 대명사가 되었다.

디지털(Digital) 기기의 발명으로 많은 고전적인 제품들이 시장에서 퇴출되었다. 필름을 사용하는 광학 카메라는 디지털카메라의 등장으로 일반인의 손에서 멀어졌고, 전문사진이나 예술사진의 영역으로 그 자리를 옮겼다. 디지털카메라의 출현으로 미국을 대표하는 세계적 필름회사인 코닥(Kodak)이 몰락했다. 필름회사의 대명

타자기

사인 코닥은 1880년 은행원이던 조지 이스트먼(George Eastman)이 유리판 필름을 발명해 세운 회사다. 코닥이 가정용 카메라와 아마추어용 영화 카메라를 시판하면서 미국과 세계의 대중은 개인의 추억을 사진으로 만들어 간직할 수 있었다. 코닥 카메라가 일반인의 생활필수품으로 자리 잡자 코닥의 사업은 번창해 갔다. 카메라와 필름 이외의 다른 분야까지 사업을 확장했던 코닥은 1984년 직원 수가 14만 5천 명이나 되는 미국을 대표하는 기업이었다. 그런 거대 기업 코닥이 디지털 산업의 등장으로 한순간에 몰락했다. 현실에 안주하고 시장의 트랜드를 읽지 못한 탓이다. 1980년대에 정보기술(Internet technology, IT) 붐이 일어나 디지털 기기 사업이 시작되었지만 코닥은 계속 필름 카메라에 사업을 집중했다. 코닥은 디지털 기술이 현재와 같은 수준으로 급속도로 발전할지 예상하지 못했다. 시장을 잘못 읽음을 후회하고 1990년대 중반에 뒤늦게 디지털 사업에 뛰어들었지만 디지털 시장을 석권한 일본의 캐논(Canon Inc., 영상 및 광학 기기 제조 다국적 기업) 등 선두 주자와의 차이를 좁힐 수 없었다. 코닥은 지속적인 감원과 프린터 시장 진출 등 다각적인 노력을 기울였지만 회사를 살리지 못했다. 코닥의 몰락으로 인해 필름 카메라는 무대의 중심에서 사라졌다.

코닥 필름

학생들에게 강연을 하다가 가끔 이런 질문을 한다.

"미국 제품 중에 생각나는 브랜드(Brand)는 무엇인가요?"

노란색 "M"자가 생각나는 맥도날드(McDonald)를 말하는 학생, 피자헛(Pizza Hut), 애플(Apple) 컴퓨터나 포드(Ford) 자동차를 이야기하는 학생도 있다. 학생들이 말하는 브랜드들이 미국의 유명한 브랜드이지만 미국을 대표하는 최고의 브랜드는 아니다. 1970년대 미국을 대표하는 두 개의 브랜드가 있었다. 하나는 지금도 여전히 미국을 상징하는 브랜드인 코카콜라(Coca cola)이고, 다른 하나는 사람들의 기억에서 사라진 휘발유 라이터(Lighter) 브랜드인 지포(Zippo)다.

지금은 사람들의 기억에서 잊혀진 미국의 대표 브랜드 지포 라이터의 이야기다. 지포라이터의 아이디어는 1930년 미국 펜실베이니아 브래드포드(Pennsylvania Bradford)의 작은 창고에서 시작되었다. 1932년에 출시된 지포 라이터는 전 세계적으로 3억 개가 판매되었으며, 20세기 최고의 발명품으로 칭송을 받을 만큼 1970년대까지 대단히 유명한 대중 제품이었다. 지포 라이터는 세계 제2차 대전과 베트남전 등의 전쟁을 거치면서 알려지기 시작했다. 치열한 전장에서 이름 없이 사라져간 병사

미국을 대표하는 브랜드들

들의 가슴에는 빛바랜 애인의 사진과 함께 손때 묻어 반질반질해진 지포 라이터가 있었다. 베트남 전쟁 당시 미군 병사들에게는 세 가지 보물이 있었는데, 목에 거는 군번줄, 병따개(Opener), 그리고 지포 라이터이었다. 어떤 악조건에서도 불이 켜지는 지포 라이터는 병사들을 전쟁에서 지켜 주는 부적과 같은 존재였다. 담배를 피울 줄 아는 병사는 모두 지포 라이터를 갖고 싶어 했다. 미군 병사들이 광적으로 지포 라이터를 갖고 싶어 하는 현상을 가리켜 "지포 증후군(Zippo syndrome)"이라 부르기도 했다.

지포 라이터와 관련된 많은 일화가 있는데 그 중 몇 가지를 소개한다. 첫 번째 이야기. 미국 클리브랜드(Cleveland) 오나이더 호수(Lake Oneider)에서 한 낚시꾼에게 8kg이나 나가는 커다란 송어가 잡혔다. 송어의 배를 갈라보니 놀랍게도 송어의 위 속에는 지포 라이터가 들어있었다. 지포 라이터를 장난삼아 켜 보았는데 단 한 번에 불이 붙었다. 지포 라이터의 성능이 확인된 순간이었다. 이야기 둘. 베트남전이 한

1970년대 미국을 대표하던 두 브랜드,
코카콜라와 지포 라이터

창이던 1965년 미 육군 한 병사는 가슴에 총알을 맞았다. 하지만 그는 죽지 않았다. 병사의 군복 상의 주머니에 넣어둔 지포 라이터가 총알을 막아준 것이다. 지포 라이터가 병사의 생명을 구한 이야기가 미국 잡지 라이프(Life)지에 실리고, 많은 광고에 인용되기도 했다. 세 번째 이야기. 1974년 10월 1일 샌프란시스코 해상에 비행기 한 대가 추락했다. 한밤중에 비행사는 구조요청을 해야 했다. 비행사는 가지고 있던 지포 라이터를 호주머니에서 꺼내어 불을 켜서 구조 신호를 보냈고, 그 불꽃이 가이드 역할을 함으로써 그는 해안경비대에 구출되었다.

　요즘 젊은 사람들에게 지포 브랜드를 기억하느냐고 물으면 거의 대부분 모른다고 한다. 나이가 제법 있는 사람들도 기억은 나지만 그 브랜드가 미국을 상징할 정도로 유명했었느냐고 묻는다. 지포 라이터가 시장에서 완전 사라진 것은 아니다. 지금도 공항의 기념품 가게에 가면 일상용품이 아닌 기념품으로써의 지포 라이터를 만날 수 있다.

　"1970년대 코카콜라와 함께 미국을 대표하던 브랜드인 지포 라이터가 어떻게 급격히 몰락해서 시장에서 퇴출되었을까?"

　그것은 값싼 휴대용 가스라이터의 등장 때문이다. 담배를 피우는 현대인들이면

휴대용
가스 라이터

누구나 휴대용 가스라이터를 가지고 있다. 가스라이터의 불을 켜는 방식은 석유 라이터와 같으나 석유 대신 액화가스를 연료로 사용한다. 이 휴대용 라이터가 인기를 끈 이유는 사용이 쉽고 값이 쌌기 때문이다. 누구나 저렴한 비용으로 손쉽게 살 수 있는 휴대용 라이터의 등장으로 미국을 대표하는 브랜드 중의 하나였던 지포 라이터는 시장에서 퇴진했다.

공존의 구둣방

"소비자와 생산자가 서로 잘 화합해서 공존할 수 없을까?"

함께 도우며 살아가는 사회는 상대방을 배려하는 사회다. 그런 사회가 안정된 사회이고 모든 사람들에게 환영을 받는 사회다. 인간의 욕심이 개입된 세상에서 그런 이상향과 같은 사회를 만드는 것은 불가능하다고 생각하는 사람이 많다. 생산자와 소비자가 더불어 함께 하는 것이 불가능한 것만은 아니다. 하지만 그것을 이루려면 소비자나 생산자 모두 과도한 욕심을 가지지 않아야 한다.

유대인의 삶의 방식으로부터 함께하는 세상의 모델을 찾아보자. 투자의 귀재로 꼽히는 유대인들이지만 그들은 기부도 많이 한다. 유태교의 율법에는 '수입의 10분의 1'을 가난한 사람들을 위해 내놓아야 한다고 적혀있다.

"당신이 일을 해서 돈을 벌었다고 해서 그것이 다 당신의 노력으로 이루어진 것이라 생각하면 안 됩니다. 당신에게 일을 준 사람이 있습니다. 그 사람에게 고마운 마음을 가져야 합니다. 어떤 제품을 만들어 많이 팔아서 돈을 벌었다고 합시다. 그 수익을 제품을 만든 사람이 다 가져갈 수 없습니다. 당신의 물건을 사 준 소비자들에게 감사하는 마음으로 수익의 일부를 돌려주어야 합니다. 사회의 건강을 위해 수익의 일부를 사회에 돌려주는 마음을 갖는 것이 중요합니다."

유대인 부모들은 자녀들에게 가난한 사람을 도우라고 교육한다. 부를 얻기까지

가죽 신발

신세를 진 사람들에게 부의 일부를 돌려 주여야 한다고 믿는다.

어느 골목에 유대인 구두 상점이 있었다. 구두를 아주 잘 만든다고 소문이 나서 상점에는 손님들이 넘쳤다. 구두 상점 주인은 구두를 팔아 돈을 많이 벌었다. 그 구두 상점 맞은편에도 다른 유대인이 운영하는 구두 상점이 있었다. 그 구두 가게에는 손님이 그다지 많지 않았다. 그 가게 주인도 구두를 잘 만들었다. 하지만 상점을 운영하는 방법에 문제가 있어서 많은 고객을 확보하지 못했다. 돈을 많이 번 구두 상점 주인은 손님들에게 맞은편 구두 상점에서도 구두를 살 것을 권했다. 손님이 물었다.

"저는 당신에게 구두를 사고 싶은데 왜 건너편 구두 상점에서 구두를 사라고 하는 것입니까?"

구두 상점 주인이 말했다.

"저 상점도 구두를 잘 만듭니다. 주인은 성실한 사람입니다. 저는 저 사람이 자신의 상점을 운영해서 돈을 벌도록 돕고 싶습니다. 저 구두 상점에 비해 저는 수입이 충분합니다. 가능하시다면 저 상점에서 구두를 사 주면 감사하겠습니다."

우리는 유대인 구둣방 주인의 마음에서 상대방에 대한 배려심을 느낄 수 있다. 유대인 생산자들은 소비자를 속이지 않고, 같은 동종의 생산자들이 서로 협력해서 일을 한다. 백화점의 정찰제는 배려심이 있는 유대인의 경제학에서 시작됐다. 제품의 가격을 미리 정해서 생산자의 과도한 이윤을 막고 소비자의 신뢰를 얻기 위해 만든 제도이다. 생산자는 물건을 팔아 적당한 이윤을 얻고 소비자에게는 과도한 가격부담을 주지 않음으로써 상호 신뢰를 얻을 수 있었다.

유대인의 상거래와 비교하면 현대의 상거래 방식에는 배려가 없다. 기업은 수단과 방법을 가리지 않고 수익을 올리고자 노력한다. 상대 기업이 파산하든 말든 많이 팔아서 경쟁에서 이기면 된다. 기업 간의 경쟁이 격해져서 기업은 몇 년 앞의 미래를 예측하기 어렵다. 이러한 무한 경쟁에서 생산자-소비자와 생산자-생산자 간의 공생을 이야기하기는 어렵다. 혁신적인 아이디어를 담은 천 원짜리 휴대용 라이터가 지포 라이터와 같은 시대를 대표하던 제품을 가볍게 밀쳐내는 세상이기 때문이다.

공룡들의 치킨게임

제임스 딘(James Dean, 1931년생, 미국 영화배우)이 주연을 한 1955년 개봉 영화 〈이유 없는 반항 (Rebel without a cause), 청소년 비행 문제를 다룸〉에 한 패거리의 불량한 청년들과 주인공 짐(제임스 딘 역)이 힘겨루기를 하는 장면이 나온다. 불량배의 우두머리인 버즈가 짐에게 다가가서 시비를 걸었다. 그는 짐에게 누구의 배짱이 더 두둑한지 절벽에서 자동차 게임을 하자고 제안했다.

"우리 각자의 차를 타고 전속력으로 절벽을 향해 질주하자. 중간에 핸들을 꺾어 차에서 내리는 사람이 게임에서 지는 거다. 그건 겁쟁이나 하는 짓이니까."

짐이 버즈의 제안에 동의했다.

"그래 한번 겨루어 보자."

이 게임을 치킨런(Chicken run)이라고 한다. 1950년대에 미국 젊은이 사이에서 유행했던 자동차 게임을 말한다. 도로의 양쪽에서 두 명의 경쟁자가 자신의 차를 몰아 정면으로 질주한다. 충돌 직전에 핸들을 꺾으면 경기에서 진다. 일종의 담력을 시험하는 게임으로 핸들을 꺾는 사람이 겁쟁이(Coward)가 된다. 서양 사람들은 닭을 겁쟁이라고 생각한다. 주인이 매일 같은 장소에서 모이를 주어도 머리 나쁜 닭은 주인을 알아보지 못하고 멀리 달아난다. 그런 이유로 겁과 의심이 많고 도망을 잘 가는 사람을 겁쟁이 닭 같은 사람이라고 한다. 1970-80년대 미국과 소련의 끝없는 군비경쟁

제임스 딘, 미국 영화배우

에도 이 단어가 사용되었다. 핵무기 개발 경쟁이 어느 한쪽도 양보하지 않고 극단적으로 치닫는 양상이 치킨게임과 같았기 때문이다. 요즘은 메모리 반도체 산업에서 기업 간의 소모성 경쟁을 언급할 때 이 단어가 종종 사용된다.

독일의 한 반도체 회사 직원들이 그동안 자신이 일해 온 책상 위의 개인 사물들을 상자에 넣어 정리하고 있었다. 회사의 분위기는 침통했다. 취재하러 간 기자가 직원들의 눈치를 살피며 간단한 질문을 했지만 아무도 대답하지 않았다.

"지금 심정이 어떠세요?"

"………"

여직원의 눈에서 눈물이 흘러내렸다. 다시 기자가 다가가서 작은 소리로 물었다.

"괜찮으세요?"

"네, 할 수 없지요."

"이 상황을 받아들입니까?"

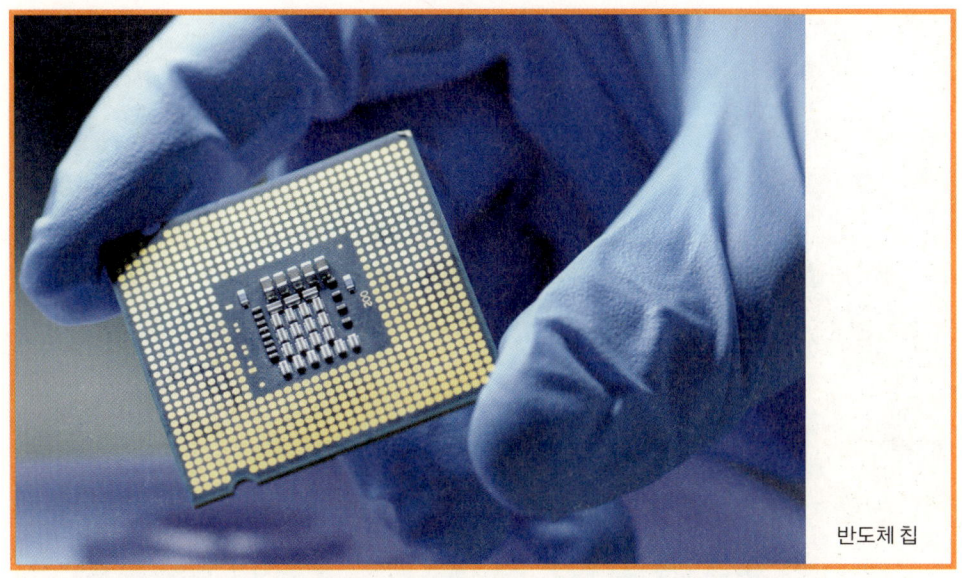

반도체 칩

"예, 안타깝지만 받아들입니다. 처음부터 다시 시작해야죠."

세계 반도체 점유율 10%, 세계 5위의 반도체 회사인 독일의 키몬다(Qimonda Memory)는 한국의 반도체 업체들과의 치킨게임에서 패배해서 파산했다. 키몬다는 독일 작센(Jaksan)에 3,500명, 뮌헨(Munchen)에 1,500명 등 전 세계에 12,000명의 직원을 보유한 회사였다. 회사의 파산으로 직원들은 직장을 잃었고, 직원들은 각자 새로운 직장을 찾아 뿔뿔이 흩어졌다.

반도체 산업의 치킨게임은 물량으로 승부할 수 있는 한국의 반도체 회사들에 의해 시작됐다. 시장 점유율이 높은 회사가 생산량을 늘리면서 공급이 수요보다 많게 되어 자연적으로 반도체 가격이 하락했다. 점유율(생산량)이 적은 후발 업체들은 같은 가격으로 반도체를 팔아 수익을 낼 수 없었다. 제품을 팔수록 적자가 발생하게 되어 회사를 살리기 위해서는 생산량을 줄일 수밖에 없었다. 지속적으로 손실이 쌓이면서 업체는 도산했고, 자연스럽게 전체 공급량이 줄어들어 규모가 큰 생산업체들은 생산량을 줄이지 않고도 가격을 높일 수 있었다.

반도체 업체 간의 치킨게임은 현재 진행형이다. 세계 5위 업체인 키몬다의 파산

일본 반도체 산업

에 이어 세계 3위 업체인 일본의 엘피다(Elpida Memory, 한국의 반도체 업체에 대항하기 위해 일본 정부의 지원으로 설립한 통합 반도체 회사로 NEC와 Hitachi가 최대 주주다)도 치킨게임에서 살아남기 위해 총력을 기울였다. 치킨게임에서 승리하려면 회사의 몸집을 불리든지 상대 기업보다 우월한 기술력을 확보해야 한다. 일본 반도체 업체들이 회사 간 통합협상을 벌이거나 일본과 대만 업체 간의 연합을 추진한 것도 반도체 치킨게임에서 살아남기 위해서였다.

"몸집을 불려서 한국의 반도체 회사를 따라잡겠습니다. 대만의 반도체 그룹은 일본에 호의적입니다. 일본-대만 연합전선을 꾸리면 한국과 대항할 수 있습니다. 그쪽과 손을 잡고 생산량을 늘이는 안을 협의 중입니다."

하지만 일본 기업연합은 한국 기업을 이기지 못했다. 매출 감소에 따른 막대한 손실 발생으로 일본 업체들은 일본 정부에 공적 자금을 신청하기 이르렀다. 다각적인 노력에도 불구하고 결국 엘피다는 2012년 4월에 파산을 맞이했다. 일본 기업체 직원들은 분함을 이기지 못했다.

"분합니다. 한국의 전자 회사가 일본에게 반도체 기술을 달라고 했을 때 주는 것이 아니었습니다."

우리나라의 과학기술이 초보적인 수준이었던 1970년대에 한국 정부는 경제 선진국인 일본에게 과학기술을 이전해 달라고 요청했다. 일본은 마지못해 자국에서는 사용하지 않는 오래된 반도체 제조 기술을 한국에 이전해 주었다. 일본 전자 회사들이 한국 기업에게 전해 준 반도체 제조기술은 지극히 기초적인 것들이었지만 한국 기업들은 그 기술을 기반으로 메모리 반도체 왕국을 건설했다. 반도체 치킨게임의 최종 승자는 한국의 반도체 회사가 되었다.

"한국의 기업경영 방식은 일본과 다른 것으로 생각됩니다. 일본 기업은 돌다리도 두들겨 가는 신중한 경영을 하는 반면, 한국 기업은 도전적입니다. 손실이 날 것 같은 사업에 과감히 투자합니다. 결국 속도전에서 저희가 진 것 같습니다."

일본이 가장 앞서 있던 텔레비전과 같은 전자 산업과, 냉장고, 세탁기 등의 백색가전 시장에서도 한국 기업들은 점유율을 높여갔다. 일본 기업과 정부와의 회의에서 한국 경제의 급성장을 경계해야 한다는 일본 경제성 관리의 조언이 있었다.

"정부에서는 앞으로 정부 주도 사업에서 개발된 기술은 한국에 팔 수 없도록 법적으로 규정을 만들 생각입니다. 기업에서는 이 점을 유의해서 기술을 개발해 주십시오. 현재 개발된 기술도 가능하면 한국에 팔지 말기 바랍니다."

한국에 반도체 장비를 수출하는 한 기업 임원이 손을 들고 기업의 입장을 이야기했다.

"취지는 좋습니다만 우리 회사는 한국 S사에 들어가는 반도체 장비를 판매하고 있습니다. 우리 회사 매출의 반 이상을 S사가 차지합니다. 만일 한국에 장비를 팔지 못하면 우리 회사는 문을 닫아야 합니다. 정부가 우리 회사를 책임져 줄 수 있는 것

미국 중부 시카고의 한인거리 표지판

도 아닌데 어떻게 한국에 물건을 팔지 말라고 합니까?"

일본의 반도체 업체는 도산했고, 몇 개의 메모리 반도체 회사들이 정리되면서 조만간 팔수록 적자를 보던 끝없는 싸움의 종지부를 찍을 것이라는 전망이 있다. 대만 업체는 힘겨운 싸움에서 D램(Dynamic random access memory, 주기적 재충전으로 기억을 유지하는 램)의 감산을 결정했다. 원가도 건질 수 없는 상황에서의 어쩔 수 없는 결정이었다. 생산할수록 손해를 볼 수밖에 없기 때문에 기술과 생산력, 자금력이 떨어지는 기업은 감산을 할 수밖에 없다.

미국 중부 최대 도시 시카고(Chicago)에 한국 상점들이 많은 로렌스(Lawrence)란 이름의 거리가 있다. 한국 이민자들은 이 거리에서 한국 음식점, 식품 가게, 세탁소, 비디오 가게를 운영하며 살아간다. 한국 사람들은 단합을 잘하고 열심히 일하기로 유명하지만 지역사회에 대한 기여도가 낮기 때문에 평판은 그다지 좋지 않다.

"한인들은 이 거리에서 사업을 해서 돈을 벌지만 지역에 대한 재투자나 후원에 인색합니다. 사업만 이곳에서 하고 살기는 백인 거주 지역에서 삽니다. 그래서 다른 이민자들과 가끔 마찰이 있습니다."

한국 거리에서 한 이민자가 식당을 개업해서 사업이 잘된다고 소문이 났다. 얼마 지나지 않아서 다른 사람이 그 식당 바로 옆에 비슷한 식당을 개점했다. 두 식당 사이에 다툼이 일어났고 급기야는 한 식당이 망할때까지 가격경쟁을 하게 됐다. 먼저 개업한 식당 주인이 옆 식당 주인에게 말했다.

"왜 남의 식당 옆에서 유사 업종을 개점하는 것입니까? 최소한의 상도덕은 있어야 하는 것 아닙니까?"

"개점을 하든 말든 내 마음이야."

"그렇게 함부로 말해도 됩니까?"

"함부로는 무슨? 이긴 자만이 살아남는 세상이야."

"그래, 한 번 해 봅시다. 누가 끝까지 살아남는지."

한국 식당 간의 치킨게임인 셈이다. 경쟁 후에 한 식당이 망해서 그 지역을 떠났다. 한국 비디오 상점들도 경쟁이 붙으면 처음에는 할인된 가격에 비디오를 빌려주다가 나중에는 공짜 대여도 서슴지 않는다. 같은 이민자라도 중국인들은 한국 사람과 같은 극단적인 경쟁을 하지 않는다. 한 지역에 잘 되는 중국 음식점이 있으면 그 식당과 적당히 떨어진 곳에 식당을 개업해서 공존을 꾀한다.

세상이 갈수록 각박해져서 승자만이 살아남는 세상이 되어가고 있지만 다른 한편에서는 여전히 더불어 함께 사는 세상을 만들어 가는 사람들이 있다. 대기업은 대기업의 영역에서 기업 활동을 해야 하고 중소기업의 영역을 침범하는 행위를 지양

해야 한다. 동종 기업 간 사업영역이 과도하게 겹치지 않도록 조정하는 노력도 필요하다. 기업의 생명은 그다지 길지 않다. 기업의 역사에서 100년 이상 지속하는 기업을 찾기란 쉽지 않다. 무한경쟁의 각박한 기업환경이지만 나름대로 서로를 배려하는 노력이 있을 때 지속 가능한 기업 활동이 보장될 것이다.

4부

한 순간에
암흑이 된
거대 도시

태양폭풍, 한 거대도시를 암흑으로 만들다

1989년 3월 13일 북반부에 사는 수백만 명의 사람들은 밤하늘을 멋지게 수놓은 오로라(Aurora, '새벽'이란 뜻의 라틴어로, 1621년 프랑스의 과학자 피에르 가센디가 붙인 로마신화의 여명의 신의 이름)의 장관을 보았다. 자연이 만드는 화려함과 오묘함은 놀라울 정도로 아름답다. 빛의 향연인 북극광은 지구를 둘러싸고 있는 지구 수호자 자기장과 태양폭풍이 만들어낸 합작품이다. 오로라를 보고 있는 사람 중의 하나가 말했다.

"정말 아름답네요. 어떻게 지구 북쪽 하늘에 저런 멋진 광경이 펼쳐지는지 모르겠습니다."

"오로라는 태양폭풍에서 방출된 입자들이 대기와 반응하여 빛을 내는 현상입니다."

"과학적으로 설명하니까 오로라의 아름다움이 반감되는 것 같아요. 저는 그냥 보는 것으로 만족합니다."

화려한 북극광 오로라는 태양광풍이 쏟아내는 수억 톤의 방사능 물질(전자나 양성자 등)을 지구 자기장이 맞서서 막아내기 때문에 생기는 현상이다. 지구 자기장이 없으면 지상의 생명체는 태양폭풍을 타고 오는 방사능 물질에 직접 노출되어 살 수가 없다. 자기장이 없는 달이나 화성에서는 100억 톤의 방사능 물질이 지면으로 비처

북극광 오로라

럼 쏟아진다. 대기가 있다면 그나마 태양폭풍을 어느 정도 막아 줄 수 있지만 달은 중력이 약해 그마저도 없다. 우주선을 타고 지구 대기권 밖을 항해하는 우주인들은 방사선에 많이 노출된다. 항해 횟수만큼 방사능 피폭((被曝, Radiation poisoning)) 양이 많아져 인체에 영향을 준다. 우주인들의 건강 보호를 위해 우주인이 대기권 밖으로 비행하는 횟수에 제한을 둔다. 대기가 희박한 곳을 운행하는 비행기도 방사능 물질의 영향권에 있게 된다. 비행기를 많이 타는 사람들은 땅 위에 있는 사람보다 방사선을 더 많이 맞는다. 업무로 비행기 여행을 자주 하는 비즈니스맨은 병원에서 엑스선 검사를 자주 받고 있는 사람과 비슷한 수준의 방사능을 맞고 있다고 보아야 한다. 오직 지구 대기권 안에서만 생물이 안전하게 살 수 있다.

"방사선은 특별한 것이 아닙니다. 에너지가 큰 전자 같은 입자나 X-선과 같은 파동을 말합니다. 예를 들자면, 전자가 아주 빠른 속도로 우리 몸속으로 들어 온다고 합시다. 전자가 우리 몸을 구성하는 원자를 때리면 원자가 제자리에서 이탈하게 됩니다. 이탈하는 원자들이 많으면 그 원자들로 이루어진 세포가 제대로 일을 하지 못하게 되고, 결국 몸에 이상이 생기겠지요. 그렇기 때문에 에너지가 높은 방사선에 몸이 노출되지 않게 해야 합니다. 쉽게 말해서 우리는 항상 태양에서 오는 햇빛을 맞고 살지요. 햇빛이 없으면 생물이 살 수 없습니다. 하지만 햇빛이 너무 강하면 피부가 손상됩니다. 강한 햇빛이 방사선이고, 우리가 살고 있는 우주 공간 전체가 방사선으로 이루어졌다고 할 수 있습니다."

　1989년 3월 화려한 북극광이 북쪽 하늘을 수놓던 그 날에 북반부의 도심에서 예상하지 못한 전기사고가 발생했다. 이 사고는 태양폭풍과 관계가 있었다. 활동성이 높은 태양 흑점에서 한순간 거대한 폭발이 일어났고, 그 영향으로 평소보다 많은 방사능 물질이 지구의 북반부로 유입되었다. 과도한 방사선 물질의 유입으로 북반부 도심의 전력망(Electricity network)이 치명적으로 손상되었다. 북미 캐나다의 퀘벡 주(Province de Quebec)의 수력발전소에서 처음 이상징후가 감지되었다. 전력을 운송하는 주 전력선에 설치된 변압기가 터져 도시 전체에 전력공급이 중단됐다. 태양폭풍에 의한 지구 대기권 상층부 우주 환경의 교란과, 그로 인해 유도된 과전류를 변압기가 감당하지 못해 발생한 사고였다. 1분 남짓한 짧은 시간에 도시 전체의 전력망이 완전히 파괴되었지만 전력회사는 어떤 조치도 취할 수 없었다. 도시는 삽시간에 흑암의 어둠 속으로 들어가 버렸다. 이 사고로 600만 명의 사람들이 9시간 동안 전기가 없는 원시의 시간을 경험해야 했다. 일부에서는 폭동과 강도 행위가 일어났다. 그 날밤 사람들이 목격한 화려한 북극광과 퀘벡 주를 암흑으로 몰아낸 정전사고는 모두 같은 이유로 발생한 것이었다.

　태양폭풍은 태양흑점의 폭발로 발생한다. 흑점에서 강력한 자기 폭발이 일어나면 다량의 빛과 전자파, 방사능 입자가 지구로 날아온다. 태양풍 방사능 입자는 지구 자기장과 만나서 북극광인 오로라를 만들고, 지구의 전기와 자기장을 교란시킨다. 태양폭풍은 주기적으로 일어나는 현상이다.

　1989년의 사고 이전에도 강력한 태양폭풍 사고가 있었다. 1859년에 역사상 가장 강한 태양폭풍이 발생해서 전 세계의 전신망이 파괴되었다. 태양폭발 수준이 1989년의 비해 상당히 컸지만 이때의 손실은 상대적으로 작았다. 당시는 도시의 규모가 작았고, 전력망이 현재와 같이 하나로 묶여 있지 않았기 때문이다. 1989년 퀘

태양광풍에 의한 블랙아웃 사고

벡 주의 전력망 사고를 수습하는데 수백 억 달러의 손실이 발생했다. 퀘벡 전력 사고 이후 30여 년이 지난 지금은 그때보다 도시의 규모가 크고 전력망이 더 촘촘하게 연결되어 있어서 사고가 발생하면 손실은 천문학적 규모가 될 것이다.

"그런데 왜 인류가 감당할 수 없는 이런 거대한 사고가 발생하는가?"

손상된 변압기를 고치기 위해 전봇대에 올라간 수리공이 이렇게 말했다.

"옛날 같으면 이런 사고는 없었을 겁니다. 전에는 에너지를 이런 방식으로 사용하지 않았습니다. 동네에서 어떤 문제가 생기면 그냥 그 동네의 문제로 끝났거든요. 한 마을의 삶이 다른 마을과 연결되어 있지 않았었지요. 그것이 겨우 200년 전쯤의 상황입니다. 그런데 요즘은 도시가 거대해져서 큰 전력이 필요하고, 또 전력망 전체가 서로 연결이 되어 있어 한 곳에서 사고가 생기면 사고가 전체로 확산되지요. 이런 사고는 자연이 가져다준 사고가 아니고 인간들이 만든 사고입니다. 지금이라도 삶의

전신주 수리공

방식을 바꾸어야 합니다. 크다고 다 좋은 것이 아니지요."

이 전기 수리공의 말이 시사하는 바가 크다.

태양풍에 의한 사고는 아니지만 그와 유사한 전력 사고가 2011년 9월에 한국에서 일어났다. 무더운 여름이 지나 선선한 가을로 들어서는 길목인 9월 어느 날 도심 도로의 신호등과 상가의 전원이 꺼졌다. 상점가의 냉장고에 보관했던 물건들이 썩기 시작했고, 횟집의 물고기들은 산소 부족으로 죽어갔다. 거리를 질주하던 자동차들은 교차로 앞에서 멈추었고, 시내 교통체계는 엉킨 실타래처럼 엉망이 되었다. 상인들이 전력회사에 전화를 걸어 항의했다.

"상가 전체의 전기가 끊어진 지 몇 시간이 지났습니다. 상점에 있는 물건이 다 썩고 있습니다. 무슨 일인지 몰라도 빨리 수리를 해 주시기 바랍니다. 상가의 손실이 막대합니다."

GPS로 연결된 지구촌

아파트 주민들도 항의 전화를 걸었다.

"이렇게 더운 여름에 정전이 되면 어떻게 합니까? 아파트 전체가 암흑입니다. 에어컨이 작동이 되지 않아 집에 있을 수가 없습니다. 특히 아이들 먹을 음식이 모두 상하고 있어요."

전기 공급을 담당하던 전력거래소에서 전력 소모량을 예측하지 못해 발생한 사고였다. 9월에 발생한 예상하지 못한 열대야 현상. 지구 온난화의 영향이었다. 특별한 전기사고가 생긴 것이 아니었다. 도심에서의 과도한 전력사용으로 전력 수급에 문제가 생기자 전력공급회사에서 도심 일부 지역의 전력공급을 중단했다. 사고가 확대되는 것을 막기 위한 부득이한 조치였다. 전력 사고로 전국이 혼란에 빠졌다. 전력공급에 예민한 전자, 반도체 회사와 같은 주요 산업계에서 정부에 우려를 표명했다.

"저희가 유사시 사용할 수 있는 예비 전력을 갖추고는 있지만 정전이 계속되면 공장 가동에 문제가 생깁니다. 반도체 산업에 특수성 때문에 한 번 사고가 발생하면 손실이 수백 억 원이 됩니다."

선진국 대열에 진입한 경제 강국 대한민국에서 이 정도의 전력 소유 예측밖에 할 수 없었느냐고 자성의 목소리가 흘러나왔다. 전력 중단 조치가 산업체 전반으로 확산이 되었다면 한국의 경제가 한순간에 무너졌을지도 모르는 일이었다. 결국 이 사태의 책임을 지고 전력운영과 관련된 주무장관이 사퇴했다.

"국민 여러분께 죄송하다는 말을 드립니다. 책임을 지고 물러나겠습니다."

한국의 전력 중단 사고가 태양폭풍에 의한 것은 아니었지만 전력을 통합해서 운영하는 방식 때문에 사고가 발생하였다는 점에서 그 원인은 태양풍 전력 사고와 유사하다고 할 수 있다.

현대사회는 과학기술의 발달로 사람들의 삶이 촘촘히 연결되어 있어 한 곳에서 문제가 발생하면 그것이 전체로 확산된다. 태양폭풍의 영향으로 인공위성이 고장나면 GPS(Global positioning system, 군사 목적으로 개발된 물체의 위치를 추적하는 장치)를 이용해서 움직이는 자동차나 기차는 더 이상 움직이지 못한다. 항공기도 물론이다. 전기 공급이 중단되면 지하철이 멈추고 휴대전화도 작동하지 않는다. 컴퓨터 하드에 저장된 정보가 지워질 수 있고, 컴퓨터에 의존하는 사무관리 시스템도 영향을 받는다. 병원, 은행, 관공서에서의 업무가 모두 중지된다. 태양폭풍에 의한 거대한 전력 사고는 현대문명이 만들어 가는 생활방식(거대 네트워크)에 대한 경고일 수도 있다. 자연은 인간에게 이렇게 말한다.

"대도시의 삶은 인간이 감당하기 어렵다. 인간이 살 곳은 풍요로운 자연이다. 자연에 순응하는 방식으로 돌아가라. 모여 사는 것보다 땅에 흩어져서 사는 것이 지속 가능한 삶의 방식이다."

고층빌딩이 없으면 911 테러도 없다

시장을 보기 위해 인디애나에서 차를 몰아 시카고(Chicago, 미국 중북부, 일리노이주 북동부의 도시. 미시간호 면한 항구 도시로 미국 제3의 도시)로 향했다. 집에서 시카고까지는 차로 2시간의 거리다. 시카고는 미국 중부에 위치한 대도시다. 시카고는 오대호 중의 하나인 미시간호수 주변에 위치한다. 물은 생명의 근원이다. 물 없이 생명체가 살 수 없다. 그래서 사람들은 큰 강이나 호수 주변에 마을을 만들어 살아간다. 미시간호수에 내려서 거대한 호수를 바라보았다. 호수 면에는 갈매기들이 날아다니고 거대한 선박들이 정박해 있었다. 이는 호수가 아니라 바다의 모습이었다. 대양의 모습을 갖고 있는 거대 호수 미시간호. 백사장에는 조개들이 보인다. 조개를 하나 집어 들었다. 모습이 바다 조개와 별반 차이가 없었다.

"정말로 이곳이 호수인가?"

앉아서 손에 찍어 맛을 보았다. 소금기가 없는 민물이었다. 거대 빙하가 만든 아메리카 중부의 오대호 중의 하나인 미시간호의 풍경이다. 호수에서 시간을 보내고 나니 땅거미가 찾아 들었다. 어두워진 바다를 보며 차에 탑승해서 미시간호 주변의 레이크쇼어드라이브(Lakeshore Dr.)로 들어섰다. 차창의 오른쪽에는 시원한 미시간호수가 왼편으로는 하늘 높이 솟은 마천루 군이 보인다. 시카고는 수려한 마천루로 유명하다.

미시간 호수에 위치한 시카고

어디를 가나 대도시의 모습은 유사하다. 뉴욕, 시카고, 동경, 서울. 도시의 중심인 다운타운에는 거대한 빌딩들이 군집을 이루며 높이 솟아 있다. 사람들이 큰 것을 좋아하기 때문이다. 작은 집보다 큰 집을 선호하고, 큰 차를 몰고 싶어하고, 땅덩어리가 큰 나라에서 사는 것을 자랑스럽게 여긴다. 지구의 육지 면적이 작은 것은 아니지만 언제부터인가 사람들은 고층 아파트에서 살고 높은 빌딩에서 일을 하게 되었다.

"빌딩은 언제부터 시작했을까?"

아주 오래전에 높은 건축물이 있었다. 가장 오래된 것으로 이집트의 피라미드(Pyramid)가 있다. 피라미드는 산 자의 공간이 아니라 죽은 자의 무덤이다. 더 오래전에 아주 높은 건물이 있었다. 그것은 노아(Noah, 성경에 나오는 인물로 홍수를 대비해 배를 만들었다) 홍수 이후에 인간들이 모여 하늘 높이 쌓아 올린 건축물인 바벨탑(Tower of Babel)이다. 인간들은 탑 쌓기를 통해 자신들의 능력이 조물주의 능력에 뒤지지 않다는 것을 증명하고자 했다. 설계에 문제가 있었던지, 아니면 하늘이 노해서였던지 바벨탑은 건설 도중에 무너졌다. 그 후에도 불교 사원의 탑들과 같은 높은 구조물이 상징적으로 만들어졌다. 이런 건축물들 역시 사람이 살기 위한 용도로 지어진 것은 아니었다.

2층 적벽돌 빌딩

인간이 살기 위해 지어진 고층 건물은 근대에 들어와서 만들어졌다. 그 이전에 사람들은 단층이나 2층 정도의 낮은 주택에서 살았었다. 유럽으로 이주해 온 유대인들은 그 지역 지배 민족들로부터 경제적인 견제를 받았다. 세계 어디에서나 소수민족은 지배민족으로부터 억압을 받는다. 유대인들의 세력 확장을 원치 않은 지배민족은 유대인의 거주 지역을 제한했다. 인구는 늘어가는데 주거지 확장이 어려워지자 유대인은 생활공간 확보를 위해 아이디어를 냈다.

"모두 아이디어를 내놓아 봅시다. 마을 사람들이 많아지고 있는데 우리의 주거지역은 제한되어 있습니다."

"제 생각인데 건물 위 옥상에 주택을 지으면 좋을 것 같습니다. 아래층 기둥이 힘을 견딜 수 있게 단단히 하고 층 위에 한 층을 더 올리는 것입니다."

언제나 새로운 아이디어는 극한 상황을 벗어나려는 노력 중에 나온다. 전쟁이나 기근으로 식량이 부족해 고통을 받게 되면 대체 음식이 개발되고, 생활의 불편함이 생기면 그것을 해소하고자 창의적인 제품들이 발명된다. 인류 문명의 역사는 그 가운데에서 발전했다. 유대인들이 내 놓은 아이디어는 기존의 주거건물에 층을 올려 건축을 하는 것이었다. 아이디어에 따라서 2층짜리 주택이 생겼고, 이후 층을 더 올린 다층구조의 주택이 생겼다. 유대인이 고안한 다층주택이 현재의 고층 아파트나 고층 건물의 시작이다. 인구의 집중과 업무의 효율이 중요시되는 대도시에는 어디에나 어김없이 고층 건물이 들어섰고, 그 결과 현재와 같은 대도시 다운타운(Down-town, 도시의 상업 지역)의 경관(마천루)을 만들었다.

우리나라에도 소수민족에 대한 핍박의 예가 있다. 1970년대에 우리나라에는 화교가 많이 살았다. 화교들은 도시에서 중국식당을 경영했다. 화교들은 상술이 뛰어나기로 소문이 나 있다. 우리나라뿐만 아니라 동남아시아에서도 화교는 거대 경제권을 소유하고 있다. 화교들의 경제력이 확대되자 정부에서 화교경제권을 통제하기 시작했다.

"화교 경제가 커지고 있습니다. 동남 아시아에서도 화교들이 경제를 지배하고 있습니다. 화교는 동양의 유대인과 같습니다. 더 성장하기 전에 대책을 세워야 할 것 같습니다."

"화교들이 주로 중식당을 경영하지 않습니까? 자장면 값을 한동안 동결하는 정책을 시행해 봅시다. 그리고 사유재산 보유에도 법적인 제한 조치를 하는 것도 생각해 보세요."

가장 먼저 집행한 정책이 자장면 값을 올리지 못하게 한 것이다. 그 당시 자장면과 갈비탕의 값이 같았다. 법적으로 재산취득이 쉽지 않게 하는 정책의 실행으로 화교권을 압박했다. 화교 청년들의 대화다.

"왜 우리는 핸드폰을 신청할 때 이렇게 많은 서류를 제출해야 하는 것이야. 여기에서 태어나서 자랐는데 외국인이라는 이유로 핸드폰 구입까지 어렵게 하는 것은 이해할 수 없어."

중국 음식점

"나도 그렇게 생각해. 한국 사람들은 일본이 한국인에 대해 차별한다고 하면서 한국도 화교에 대해서 똑같이 하잖아. 대만 사람들이 가장 친밀감을 갖고 있는 나라가 한국이라는 것을 잘 알면서도 말이야."

이후에 중국과 수교한 한국은 대만과 단교를 결정했다. 경제적인 압박이 계속되자 화교들은 하나씩 한국을 떠나 캐나다. 홍콩, 미국 등으로 이민을 갔다.

시카고의 로렌스 거리에는 한국 상점이 많았다. 그리고 그곳에는 중식당도 있었다. 이 거리의 중식당은 미국인이 아닌 한국 사람을 위한 식당이었다. 자장면 생각이 나면 '아사원'이라는 중식당에 들려 식사를 했다. 중식당에 들러 자장면 곱빼기를 주문하고 앉아 있으려니 식당 주인과 종업원 사이에 한국말로 하는 대화가 들려왔다.

"내가 한국에 있을 때 한국 정부가 화교를 못 살게 해서 이곳 미국으로 왔다. 할 것이라고는 자장면 집밖에 없어서 다시 한국 타운에 들어와서 자장면을 하면서 살고 있다. 그래서 미국 땅에 와서도 그 듣기 싫은 '짱꿰(장궤(掌櫃), 화교 상인 중의 지배인격인 위치, 중국인을 비하하는 용어)' 소리 들으면서 살고 있어."

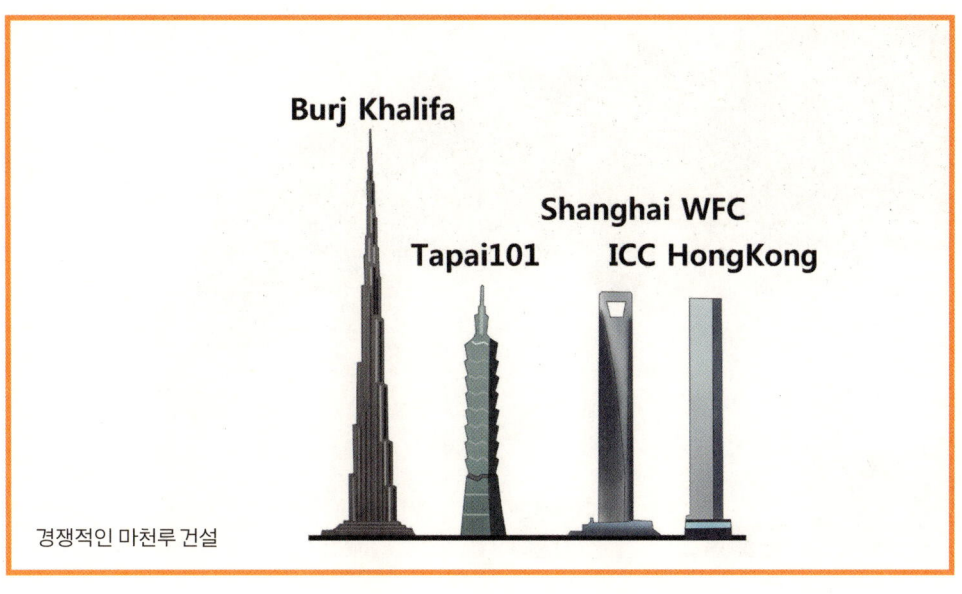

경쟁적인 마천루 건설

다시 대도시 고층빌딩 이야기로 돌아가 보자. 1970년대를 살아온 사람들이 기억하는 세계에서 가장 높은 건물은 미국 뉴욕 맨해튼의 엠파이어스테이트(Empire state)빌딩이다. 이 빌딩은 오랫동안 세계 최고의 높이의 지위를 유지해 왔다. 이후에 미국 시카고의 시어스 타워(Sears tower, 108층, 442m)에게 그 지위를 내어 주었고, 다시 말레이시아의 페트로나츠 타워(Petronas tower, 88층, 높이 452m), 타이완 타이베이의 타이베이101빌딩(101층, 509m), 두바이 버즈 칼리파(Burj Khalifa, 828m)가 최고의 자리를 이어받았다. 최근에는 한국 서울에 롯데타워(Lotte World Tower, 지상 123층, 높이 550m)이 건설되었고, 사우디아라비아가 세계에서 가장 높은 빌딩(높이 1000m)을 지으려고 계획하고 있다.

"그런데 왜 사람들은 앞다투어 자신들의 나라에 세계에서 가장 높은 빌딩을 지으려는 것일까?"

아마도 가장 높다는 것에 상징성이 있어서 일 것이다. 큰 빌딩은 도시의 랜드마크(Land mark)가 된다. 큰 빌딩의 존재는 국민들에게 자부심을 심어 주고, 국가 홍보에도 도움이 된다. 하지만 이런 초고층 빌딩이 세계 각국에 경쟁적으로 세워지고 있는 것을 반드시 좋은 현상이라 할 수 없다. 인류 최초의 초고층 건물인 바벨탑처럼 자신

세계무역센타(WTC) 911 테러

들의 실력을 너무 뽐내다 보면 다시 조물주의 마음이 상해서 제2의 바벨탑 사건이 일어날지도 모르기 때문이다.

2001년 9월 11일. 이날은 인류의 역사에 큰 아픔으로 기록된 날이다. 미국 뉴욕 도심에 상상할 수 없는 엄청난 테러가 가해졌다. 뉴욕 맨해튼의 마천루 숲 중에서 가장 상징성이 높은 101층 세계무역센터(World trading center, WTC) 쌍둥이 빌딩에 두 대의 민간 비행기가 돌진한 사건(이른 바 911 테러)이었다. 같은 시간에 또 다른 한 대의 민항기가 미국 국방성인 펜타곤(Pentagon) 건물에 자살폭탄 테러를 감행했다. 미국의 세계지배에 대항하는 알 카에다(Al-Quaeda, 반미, 반유대 이슬람 무장세력)는 오래전부터 미국 본토에 대한 테러를 기획해 왔다. 테러 요원을 훈련시키고 비행기 조종술을 가르쳤다. 테러 요원들은 미국 국내 항공사 항공기 4대를 탈취해서 직접 항공기를 몰아 WTC 빌딩과 펜타곤에 돌진했다.

영화에나 나올 법한 이 비행기 테러 사건으로 빌딩 안에서 업무를 보고 있던 수천 명의 민간인이 사망했다. 뉴욕 다운타운의 빌딩에서 일을 하던 사람들은 혼비백산하여 빌딩에서 거리로 뛰쳐나왔다. 화재가 발생한 WTC 빌딩은 철재 구조물들이 녹아 내리면서 흔적도 없이 사라졌다. 이 광경을 지켜보던 한 시민이 말했다.

"저것 보세요. 빌딩이 녹아내리고 있어요. 저 안에 많은 사람들이 일을 하고 있어요. 저 사람들 어떻게 하지요?"

"어떻게 이런 일이 일어날 수 있지요? 무슨 말을 해야 할지 모르겠어요. 세상이 마지막 때로 달려가는 것 같아요."

뉴욕의 모든 소방서가 출동했지만 빌딩 안의 사람들을 구출하지 못했다. 소방관이 할 수 있는 일이란 거리로 뛰쳐나온 사람들을 안전하게 인도하는 것뿐이었다. 사건 발생 직후 알 카에다의 수장인 오사마 빈 라덴(Osama Bin Laden, 1957-2011, 911 사태 이후 미국의 제거 작전에 의해 2011년 5월 1일 파키스탄에서 사망)은 비디오를 통해 자신이 테러를 지시했다고 발표하였다. 911 테러는 미국의 패권주의에 대항하는 아랍 테러리즘이 만든 세기적인 사건이었다. 이 사건으로 인해 인명피해 2,800-3,500명, 경제적 피해 WTC 건물손실 110억 달러, 테러 응징을 위한 긴급 지출 400억 달러, 재난 극복을 위한 연방 원조 111억 달러 등 화폐가치로 환산하기 어려울 정도의 피해가 발생했다.

"오사마 빈라덴은 왜 WTC 빌딩을 대상으로 테러를 감행했을까?" 몇 가지 이유가 있겠지만, 우선 WTC 빌딩이 미국을 상징하는, 더 나아가 세계를 상징하는 랜드마크이기 때문이다. 이 빌딩은 미국의 중심 뉴욕 맨해튼에서도 사람들이 가장 많이 모여 있는 빌딩이다. 이 빌딩에선 수 천명의 사람이 일을 하고 있기 때문에 한 번의 공격으로 큰 효과를 얻을 수 있다. 빈 라덴은 이런 상징적인 빌딩의 파괴를 통해 자신들의 힘을 전 세계에 알리고자 했다. 만약 사람들이 고층빌딩을 세우지 않고 넓은 지역에 흩어져 살았다면 비행기를 이용한 빌딩폭파 같은 테러는 계획할 수 없었을 것이다. 맨해튼에 WTC과 같은 상징성이 큰 빌딩이 있었기에 911과 같은 테러가 가능할 수 있었던 것이다.

"수천 명이 함께 일을 하는 거대한 건물에서 사고가 발생했을 때 대처할 방법은 있을까?"

비행기의 충돌에 의해 파괴된 층수는 몇 개에 불과하지만 그로 인한 화재로 인해 건물의 기둥이 녹아 내렸고, 결국 건물 전체가 주저앉아 많은 사람이 사망했다. 사고는 빌딩의 일부에서 시작되었지만 급속히 건물 전체로 확산되었으며 아무도 사고에 대한 대책을 내놓지 못했다. 문제 해결 매뉴얼이 없는 사고이기 때문이다.

"빌딩을 철제 구조물로 지은 것이 문제였습니다. 구조물이 화재에 약해서 건물을 지탱하지 못했습니다. 철재보다는 콘크리트로 지었어야 했습니다."

"그렇기는 하지만 이런 사고가 일어나리라고 누가 상상이나 했겠습니까."

이 사고는 일부의 문제가 전체의 문제로 확산되는 사고의 전형적인 예이다. 911 테러에 의한 사고는 후쿠시마(Fukushima Prefecture, 福島) 원전 사고, 오일쇼크, 그리스의 재정위기와 큰 기업의 구조적인 문제 등과 같이 거대한 네트워크에서 일어나는 사고와 맥을 같이 한다.

인류가 단층이나 2, 3층 정도의 건물에서 일을 하는 삶의 방식을 선택했다면 수많은 인명 손실을 초래한 "911"과 같은 사고는 없었을 것이다. 인구가 폭발적으로 증가하고 있지만 거대한 빌딩을 지어야 할 정도로 지구가 좁지 않다. 그렇다면 인간의 살아가는 방식에 문제가 있는 것이다. 거대 빌딩의 도시 생활이 주는 편리함과 안락함을 부정하는 것은 아니지만 도시에서의 삶이 마냥 좋기만 한 것은 아니다. 대도시에는 나무 한 그루 없는 삭막함과 대기 오염, 빈부 격차 등의 문제가 있다. 넓은 초원에 낮은 주택을 짓고 자연 속에서 생활하는 방식에는 대도시의 삶과는 다른 그 무엇이 있다. 그것은 지속 가능성이다.

5부

과학기술, 묻고 따져야 한다

← 농장에 방목된 소들

두 얼굴을 가진 과학기술

둥그런 야구공이 있다. 무게가 150g 정도이고 둘레는 25cm의 작은 공이다. 투수가 야구공을 손아귀에 쥐고 자신과 마주 보고 앉아 있는 포수를 한참 동안 응시했다. 포수가 손가락을 이용해서 투수에게 사인을 보냈다. 투수는 야구공에 나 있는 실밥을 만지작거리다가 던질 공의 구질을 결정하고, 공의 그립을 잡아 와인드업(Wind-up)하여 포수를 향해 공을 힘차게 뿌렸다. 투수의 손을 떠난 공은 시속 140km 가까이의 빠른 속도로 날라서 타자의 몸쪽을 스치며 포수의 미트(Mitt, 야구에서 포수와 일루수가 끼는 장갑)로 빨려 들어갔다. 주심은 오른손을 힘차게 들어 "스트라이크(Strike)"를 외쳤다. 타자는 곁눈질로 심판에게 공이 약간 빠지지 않았느냐는 불만의 시선을 보냈다. 포수로부터 공을 건네어 받은 투수는 다시 공을 손에 넣고 포수의 두 번째 사인을 받은 다음, 공에 회전을 실어서 포수를 향해 던졌다. 이번 공은 처음 공과는 달리 포물선을 그리면서 포수의 미트를 향해 날아갔다. 타자는 이 공을 노리고 있었다는 듯이 힘차게 방망이를 휘둘렀다. 방망이에 정확하게 맞은 공은 유격수와 2루수의 중간을 뚫고 외야의 푸른 잔디를 향해 굴러갔다. 타자는 전력을 다해 1루에 무사히 안착을 하고 오른손을 하늘 높이 쳐들었다.

야구는 운동에너지를 이용하는 경기다. 좀 더 과학적으로 설명하자면 둥근 공의 속도에 따라 게임의 승패가 결정되는 운동이다. 운동 에너지 공식은 아주 간단하다. 에너지(E)는 질량(m)과 물체의 속도(v)의 제곱의 반에 비례한다.

$$E = 1/2mv^2$$

운동에너지 게임 기구인 야구공

야구 경기에서 투수가 던진 공의 에너지는 공 무게(150g)와 공의 속도(시속 140km)의 제곱으로 표시된다. 투수가 포수를 향해 공을 던졌을 때 운동에너지 법칙이 적용된다. 공의 속도가 빠르면 타자가 공을 치지 못하고 헛스윙을 할 확률이 높다. 즉 투수의 공을 던지는 요령과 힘이 공의 속도를 결정한다. 두 번째로, 투수가 던진 공의 에너지는 타자가 방망이로 공을 맞힐 때에 그 일부가 충격에너지로 바뀌고, 나머지는 타자가 방망이를 휘두를 때 사용한 에너지와 합쳐져서 야수 쪽으로 공을 전진시키는 운동에너지로 바뀐다. 운동에너지를 크게 하려면 공의 무게를 늘리거나 속도를 높이면 된다. 무거운 물체를 빠른 속도로 날려 보내면 운동에너지가 커진다. 공의 무게는 150g으로 일정하므로 운동에너지를 높이려면 속도를 크게 해 주어야 한다. 이는 야구 방망이를 휘두르는 타자의 기술과 힘에 의해 결정된다.

운동에너지 법칙은 인류의 삶과 함께한 과학 법칙이다. 누구나 어린 시절 작은 조약돌을 강이나 호수 수면 위에 던져 본 경험이 있을 것이다. 물 위를 스치면서 운동하는 조약돌의 움직임의 원천에 운동에너지 법칙이 있다. 원시 인류는 돌, 화살, 도

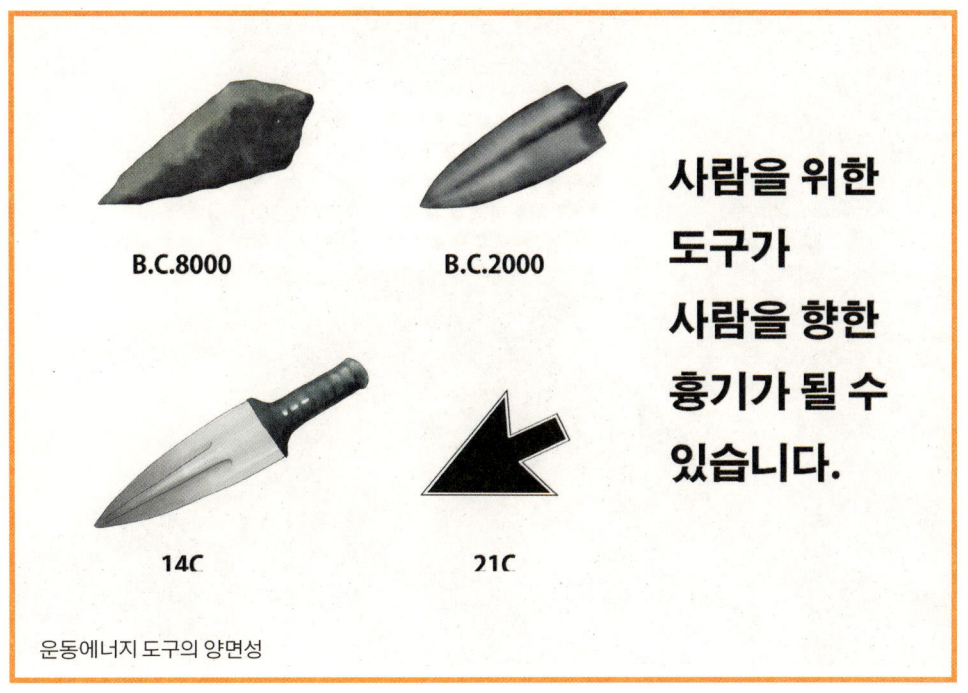

B.C.8000

B.C.2000

14C

21C

사람을 위한 도구가 사람을 향한 흉기가 될 수 있습니다.

운동에너지 도구의 양면성

끼, 창 같은 운동에너지 도구들을 사용해서 짐승을 사냥했다. 사냥도구의 형태에 따른 운동에너지의 효과와 도구에 힘을 가하는 방식을 경험적으로 알아갔다.

종족의 영토가 확대되자 다툼이 생겼다. 싸움이 일어났고, 전장에서 승리하기 위해 짐승의 사냥에 사용되었던 운동에너지 도구가 인간을 살상하는 도구로 사용되었다. 인간을 위한 도구가 인간을 향한 무기가 된 것이다. 전장에서 사용되는 활과 화살이 그런 것들이다. 활은 멀리 떨어져 있는 적을 제압하기에 효과적이다. 마을간 전쟁이 일어나자 활을 사용해서 적에게 손상을 입혔고, 불화살을 쏘아 상대 진영의 건물과 물건들을 불태웠다. 개인 무기였던 화살은 단체를 공격하기 위한 무기인 다연발 화살로 진보했다. 동시에 여러 개의 화살을 장전해서 쏘는 다연발 화살은 전장에서 놀라운 힘을 발휘했다. 이 무기에 의해 많은 병사들이 사망하자 전쟁 후에 관련국의 외무장관들이 만나 대책을 논의했다.

"다연발 화살은 너무 잔혹한 살상무기입니다. 그런 무기를 사용해서는 안됩니다. 국제협약을 맺어서 사용을 제한합시다."

다연발 화살

전쟁에서도 상대방을 배려하는 규칙이 있다. 예를 들어, 사람의 뒤에서 총을 쏘는 행위, 잔혹한 무기 사용에 의해 너무 많은 사람들이 사망하는 행위, 포로로 잡힌 자들을 학대하는 행위, 부녀자와 아동을 살해하는 반인륜적인 행위는 하지 않아야 한다. 미국 남북전쟁에서의 병사들의 전투를 생각해 보자. 군복을 입은 병사들. 군복의 색이 피아를 구분해 준다. 양 진영이 일정한 대열을 만들어 상대방을 향해 전진한다. 사정거리가 되면 소총에 탄알을 장전한다.

"병사들 탄알 장전. 거총."

병사들은 총을 상대방에 겨누고 지휘관의 신호를 기다린다.

"발사!"

양 진영의 병사들이 상대방을 향해 총을 쏜다. 병사들은 숨어서 총을 쏘지 않았다.

정정당당하고 신사적으로 승부를 보았다. 국가 간 전쟁이 잦아지자 대량학살에 대한 우려에도 불구하고 무기는 상대방을 더욱 효과적으로 제압할 수 있는 강력한 형태로 발전했다.

무기는 화약의 발견으로 한 번 더 비약적으로 발전한다. 화약은 12세기경 중국 북송(北宋)시대에 전장에서 처음 사용되었다. 근대에 와서 1866년 노벨(Nobel)에 의해 손쉽게 사용할 수 있는 고체형 다이너마이트(Dynamite, 니트로글리세린이 7% 함유된 폭약의 총칭)가 발명되었다. 화약의 강력한 폭발력을 추진력으로 사용하는 진보된 화살의 이름은 총(Gun)이다. 총이 개발된 이후에 수류탄, 박격포, 대포, 미사일같이 파괴력이 큰 무기들이 속속 출현했다. 공격성이 강한 무기들은 인류 전체에게 큰 상처를 입혔다. 전쟁 무기에 의해 큰 손상을 입은 대표적인 예가 세계 제1, 2차 대전이다. 장기간의 전쟁에서 병사들의 손에 쥐어진 개인화기인 소총과 공영화기인 기관총과 박격포, 원거리 대량살상이 가능한 장거리포와 이동 가능한 형태의 중거리 포인 탱크, 그리고 하늘에서 떨어진 수만 개의 포탄에 의해 수천만 명의 군인과 민간인이 사망했다. 인간을 대량으로 살상한 무기들은 모두 운동에너지 법칙이 적용된 무기들이었다.

과학기술의 가치

운동에너지 법칙은 특별한 법칙이 아니다. 힘 혹은 에너지가 있는 곳에서 작용하는 과학 원리 중의 하나일 뿐이다. 원리라는 것은 어떤 현상이 일어나는 방식이다.

"왜 물은 위에서 아래로 흐릅니까?"

"중력 때문에 그렇지요. 지구가 물을 잡아당기잖아요."

"중력은 왜 생기지요?"

"질량이 있으니까요. 질량이 있는 물질은 서로 잡아당깁니다. 만유인력이라고도 하지요."

"질량이 있으면 왜 잡아당기지요."

"그건……, 글쎄, 과학자들이 그 원리를 찾고 있기는 하지만 잘 모르겠습니다."

왜냐고 물을 때 시원스럽게 대답을 해 줄 수 있으면 좋겠지만 인간의 지식에는 분명한 한계가 있다. 우리는 "우주, 자연의 운행 원리(Principle)"를 공부하는 학문을 과학(Science)이라고 부른다. 과학은 이 세상이 어떻게 이루어졌고, 어떻게 움직이는가를 연구하는 학문이다. 그렇기 때문에 원리에는 선악이 없다. 어떤 원리가 좋은 원리

M18A 대인 지뢰 크레이모아

냐, 어떤 원리가 나쁜 원리냐를 묻는 것은 어리석은 질문이다. 태양이 동쪽에서 떠서 서쪽으로 지는 것이 선하고, 반대인 경우는 악하다 할 수 없는 논리와 같다. 따라서 "원리"는 가치중립(Value-neutral, 어떤 가치관이나 태도에도 치우치지 않음)이라 할 수 있다. 인간들은 "원리"를 이용해서 여러 가지 도구나 장치를 만든다. 도구를 만드는 솜씨를 "기술(Technology)"이라고 한다. 강을 건너기 위해서는 다리가, 거친 자연환경으로부터 보호를 받으려면 집(주택)과 같은 보호막이, 먼 곳을 가려면 마차와 같은 이동 수단이 필요하다. 이런 것들에는 인간의 생각이 들어간다. 기술을 연구하는 학문을 공학(Engineering)이라고 한다. 과학자들은 세상이 만들어진 원리를 연구하고 공학자(기술자)들은 과학적 원리를 이용하여 도구를 만들어 낸다.

"인간이 만들어 낸 물건들은 도대체 어떤 것들이며 그것들이 가지는 가치는 무엇인가? 인간이 만든 것들은 모두 인류에게 유익한 것인가, 아니면 어떤 것은 좋은 것이고, 어떤 것들은 그렇지 못한 것인가? 그리고 좋고 나쁨을 어떻게 판단하는가?"

그것은 기술의 가치(Value)에 대한 문제이다. 운동에너지 법칙을 이용해서 새총을 만들고 화살로 수렵을 해서 인간의 기본적인 식량자원을 구하는 행위는 정당하다.

하지만 총을 만들어 인간 자신에게 겨누는 행위는 정당하지 않다. 물론 능동적인 행위가 아니라 방어적이고 자위적으로 총을 사용했다면 어느 정도 수용 가능한 부분도 있다. 하지만 개인의 욕심을 채우고자 기술을 인간에게 무분별적으로 사용하는 행위는 정당하지 않다. 기술이 인간에게 유익함을 줄 수 있을 때 비로써 기술이 기술로서의 가치를 가질 수 있다.

우리나라 휴전선에 많이 설치된 크레이모아(M18A Claymore, 대인지뢰)라는 무기를 생각해 보자. 이 무기는 한 번의 폭발로 통 안에 들어 있는 쇠 구슬들이 빠른 속도로 날아가도록 설계되었다. 운동에너지에 의한 인간의 살상을 목적으로 제작되었다. 빠른 속도로 비행하는 작은 구슬들은 구슬의 운동 방향에 있는 목적물에 심각한 손상을 입힌다. 폭발 시 반경 200-300m 안은 초토화된다.

"과연 이런 형태의 무기를 고안한 사람의 의도는 무엇일까?"

운동에너지 법칙의 효과를 극대화하기 위해, 한 번의 폭발로 많은 사람들을 살상하고자 이런 무기를 만들었을 것이다. 크레이모아는 중세의 다연발 화살을 현대화한 무기라 할 수 있다.

우리는 무기의 작동원리로부터 무기를 만든 사람의 생각을 엿볼 수 있다. 크레이모아와 유사한 무기로 폭풍지뢰(M14지뢰)가 있다. 일명 발목지뢰라고 부르기도 한다. 지뢰를 밟는 순간 발목이 날아가기 때문에 붙여진 이름이다. 몇 년 전에 휴전선 GP(Guard post, 최전선에서 적을 관측하는 경계초소)에서 한 병사가 북한이 설치한 발목지뢰를 밟아서 다쳤다는 신문 보도가 있었다.

이런 상황을 생각해 보자. 군대는 분대 단위로 전투를 한다. 분대가 대형을 이루면서 정찰을 하거나 전투를 한다. 여러 명의 분대원들이 주변을 경계하면서 이동할 때 한 병사가 지뢰를 밟는다. "쾅"하는 폭발음과 함께 병사는 공중으로 솟구친 다음 땅으로 떨어진다. 지뢰를 밟았던 병사는 외마디의 비명을 지른다. 작은 먼지 폭풍이 지나가고 병사들은 상황을 파악하기 위해 주변을 살핀다. 병사들은 지뢰를 밟았던 병사를 응시한다. 병사들은 자신들의 동료가 발목을 잃을 것을 발견하고 모두 겁에 질리게 된다. 이 상황을 분석하면 폭풍 지뢰를 만든 사람의 의도를 이해할 수 있다. 이 무기는 인간을 죽이기보다는 신체의 부분적 손상을 목적으로 개발되었다. 폭발로 인해 한 병사의 신체 일부가 손상되고 이 상황이 동료에게 전달되게 한다. 병사들은 극한 공포감으로 전쟁을 수행할 의욕을 잃는다. 인간은 선할 수도 악할 수도 있다. 인간의 선한 마음이 첨단기술과 결합하면 인류에 유익한 도구가 만들어지고, 반대인 경우에는 인간에게 해가 되는 도구가 만들어진다. 이 경우 악함의 동기가 인간의 생각에서 나온 것이므로 그 책임은 그것을 고안한 사람과 사용하는 사람에게 있다.

다시 야구장으로 돌아가 운동에너지 이야기를 마무리해 보자. 오늘은 야간 경기가 있는 날이다. 스코어는 3:4. 9회 말에 주자는 1루와 2루 두 곳에 있다. 지고 있는 팀의 4번 타자가 타석에 들어서려 하고 있다. 그는 야구방망이 손잡이 부근에 송진 스프레이(Spray)를 잔뜩 뿌렸다. 타자가 타석에 들어섰고, 투수는 타자를 노려보다 힘차게 공을 던졌다. "스트라이크!" 타자는 스트라이크 두 개를 흘려보냈다. 세 번째 공이 투수의 손에서 출발했다. 타자가 작심을 한 듯 방망이를 크게 돌려 공을 외야 펜스 너머로 보냈다. "홈런!" 전광판에 홈런이란 글씨가 크게 떴다. 커다란 홈런에 관중들은 환호성을 터트렸다. 점수는 6:4. 홈런 한 방으로 전세가 역전되었다. 승리한 팀은 환호를, 진 팀은 다음을 기약하며 운동장에 운집한 관중에게 인사를 하고 구단 버스에 올라탔다. 홈 팀이나 원정팀 관중들은 운동경기를 즐기면서 한 주 동안 쌓였던 스트레스를 해소했다. 운동 에너지 게임이 주는 즐거움이다. 한편, 지구의 다른 쪽 아랍의 한 회교국의 골목에서 자살 폭탄 테러가 발생해서 많은 사람이 사망했다는 슬픈 소식이 텔레비전 뉴스를 타고 들려온다. 악한 마음이 담긴 운동에너지 탄이 만든 비극이다. 야구장에서의 터져 나오는 기쁨의 환호성과 회교국 좁은 골목에서 울리는 슬픔의 통곡 소리는 모두 동일한 법칙의 결과이다.

새로운 질병들이 나타난다

인류는 선사시대부터 가축을 키워왔다. 인간이 키우는 가축으로 소, 말, 돼지, 닭과 개가 있다. 소는 농사일을 돕거나 인간에게 우유와 고기를 제공하고, 돼지나 닭은 고기나 달걀을 제공하고, 말은 운송수단으로 사용되고, 개는 사냥을 돕거나 외부의 침입자를 감시하는 역할을 해왔다. 가축이 사육의 대상이기는 하지만 어떤 경우에는 인간 활동의 동반자적인 위치(사람과 감정을 주고받거나 위험에 처한 사람을 구하는 일 등)에 있기도 했다. 인간은 가축들을 너른 들판에 풀어 키웠고, 저녁이 되면 외양간이나 마구간에서 넣어 휴식을 취하게 했다. 자연환경 속에서 적당히 운동하고, 신선한 공기를 호흡하고, 들판의 풀을 먹고 성장한 가축들은 면역력이 좋아서 병에 걸리는 일이 적었다. 그런데 최근 들어 가축을 사육하는 방식에 큰 변화가 일어났다. 인구가 급속히 증가하자 많은 식량(고기)이 필요하게 되었고, 이를 해결하고자 "생산성 증대"를 목적으로 한 새로운 사육방식이 고안되었다. "생산성 증대"란 최소의 투자로 짧은 시간에 많은 것을 얻음을 말한다.

"어떻게 하면 단기간에 많은 식량을 만들어 낼 수 있는가?"

여러 가지 혁신적인 방식이 있겠지만 인간이 고안한 "생산성 증대 방안"은 적은 면적의 사육장에 많은 가축을 가두어 넣고 식량을 제공해서 단기간에 몸을 키우는 방식을 말한다. 가축을 제한된 장소에 가두어 놓은 이 방식을 공장형 농장(Factory farm)이라고 부른다. 집단으로 소를 키우는 곳은 소 공장농장, 닭을 키우는 곳은 닭 공장농장이라 부른다. 모든 농장에서 이런 방식을 선택하는 것은 아니지만 생산성

방목

증대를 원하는 사람들은 이 방식을 선호한다. 인간과 가축이 함께 하는 친자연적 가축 사육방식을 포기하고 기계화 공정에 의존하는 대량생산 방식을 도입한 배경에는 "인간의 욕심"이 있다. 그것은 더 많은 것(재화)을 얻고자 원하는 욕심을 말한다. 인간은 자신이 추구하는 목적을 달성하기 위해 자연법칙에 역행하는 방식을 선택했다. 사육 형태가 자연법칙에 적합한가에 대한 진지한 논의 없이 생산성을 중시해 고안한 가축 사육방식은 예상하지 못한 문제들을 만나게 된다.

인간이 자연법칙에 순응하지 않을 때 발생하는 문제를 살펴보자. 자연에 존재하는 모든 생물에는 남자(수)와 여자(암)가 있다. 일부 생물체 중에 암수가 함께 있는 개체도 있지만 일반적으로 동식물에는 오직 두 가지 성(Sex)만이 존재한다. 암컷과 수컷이, 여자가 남자를 만나서 자손을 생산하는 행위에는 자연스러움이 있다. 그렇기에 남녀 간의 사랑에는 언제나 아름다움이 있다. 남녀가 두 손을 잡고 노을이 진 해변가를 걸어가는 모습은 언제 보아도 자연스럽고 아름답다.

인간에게는 동물과 다른 한 가지 특별한 능력이 있다. 그것은 어떤 사안에 대해 스스로 판단하고 결정하는 능력이다. 동물들은 본능에 따라 배가 고프면 먹고, 배가 부

공장형 소 농장

르면 누워 자지만 인간은 그렇지 않다. 인간은 배가 고파도 자신이 원하지 않는다면 먹지 않는다. 인간이 어떤 상황에 대해 스스로 생각해서 결단을 내리는 능력을 "자율의지(自律意志)"라 부른다. 인간이 "자율의지"를 발휘한 첫 번째 사례가 성경(Bible)에서 기록되어 있다. 조물주가 먹지 말라고 한 선악과를 따 먹은 행위가 그것이다.

수천 년 전에 존재했다고 알려져 있는 도시인 "소돔과 고모라(Sodom and Gomorrah, 인간의 성적 방종과 도덕적 타락으로 신의 저주를 받아 멸망한 도시)"에 동성연애가 등장한다. 롯(Loth, 성경에 나오는 인물로 아브라함의 조카)이라는 사람의 집에 천사(남자)가 와서 머물고 있었다. 어두운 밤이 되자 동네 청년들이 롯의 집에 찾아와서 천사를 자신들에게 보내 달라고 요청했다. 롯은 이들이 왜 천사를 달라고 하는지를 잘알고 있었다. 타락한 도시에서는 남자가 남자를 사랑하는 일은 특별한 일이 아니었다. 그는 천사 대신 자신의 딸들을 대신 주겠다고 했다. 청년들은 롯의 제안을 거부하고 계속 천사를 달라고 했다. 천사를 데리고 가서 자신들이 좋아하는 방식(동성애)대로 놀아보려고 했던 것이었다. 천사가 일어나서 동네 청년들을 바라보자 청년들은 눈이 멀었고, 타락한 도시 소돔과 고모라는 유황불의 심판으로 멸망했다.

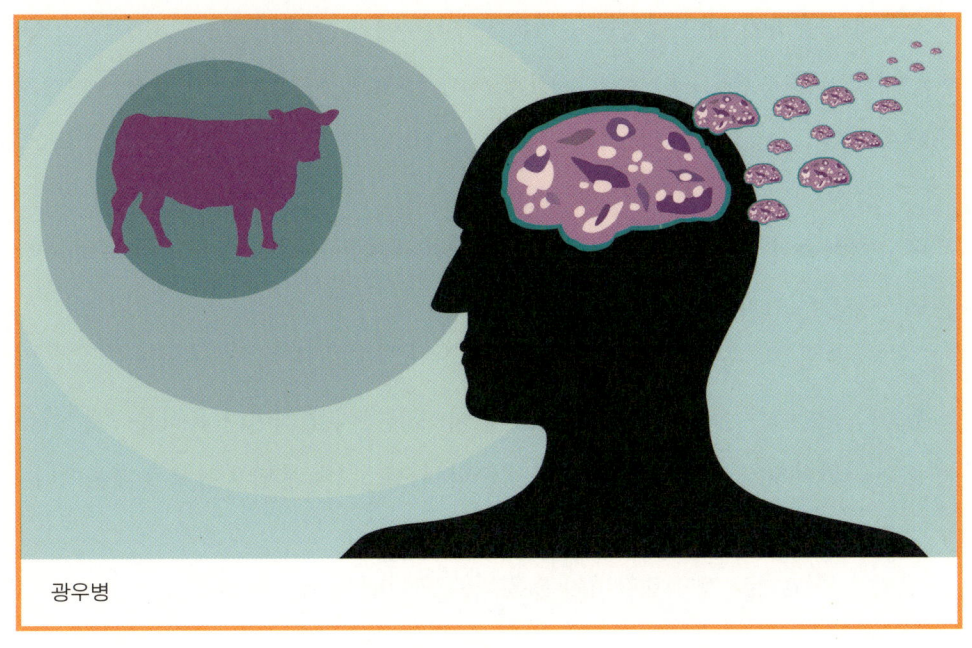

광우병

　다시 공장형 소 농장 이야기로 돌아가 보자. 소나 닭과 같은 가축을 제한된 공간에서 대량으로 사육하는 방식은 자연의 원리를 역행한다. 인간이 인간답게 살아야 하듯이, 가축들도 적절한 환경에서 길러져야 한다. 인간이 가축으로부터 필요한 식량을 얻고 있다고 해서 가축을 단순한 고깃덩어리로 생각할 수는 없다. 가축들도 자연계를 구성하는 개체 중의 하나이다. 자연계의 구성원에게 적합한 성장환경이 가축들에게 제공되어야 한다. 공장형 농장에서 집단으로 사육되는 가축들은 사육환경에서 오는 스트레스로 인해 병에 대한 면역력이 낮다. 집단사육장에서는 가축들이 쉽게 병에 걸리고, 병이 발생하면 빠른 속도로 집단 전체로 확산된다. 2000년대에 들어와서 여러 국가에서 동시다발적으로 발생하고 있는 조류독감(鳥類毒感, 닭, 오리, 야생 조류에서 조류 인플루엔자 바이러스(Avian influenza virus)에 의해 발생하는 급성 바이러스성 전염병)이나 구제역(口蹄疫, Foot-and-mouth disease 구제역 바이러스에 의한 급성전염병) 같은 병들이 집단으로 사육되는 가축들을 크게 위협하고 있다. 2010년에 우리나라에서 발생한 구제역으로 인한 가축의 피해액은 1조 원 이상으로, 국가적인 재앙이라고 할 수 있을 정도로 그 피해액은 엄청났다. 한 가지 주목해야 할 점은 방목(放牧)으로 키운 가축들은 구제역의 피해가 상대적으로 적었다는 점이다. 자연에 풀어서 기른 가축들이 병에 대한 면역력이 상대적으로 높다는 것을 입증한다.

자연에 순응하지 않아 발생한 질병의 또 다른 예가 "광우병(狂牛病, 4~5세의 소에서 주로 발생하는 병으로 감염된 소는 미친 소처럼 행동하다가 죽는다)"이다. 자연의 법칙은 이렇게 정해져 있다.

"소, 말, 사슴과 같은 초식동물은 풀을, 사람과 돼지는 잡식을, 호랑이나 늑대와 같은 육식동물은 고기를 먹는다."

초등학생도 아는 아주 단순한 지식이다. 이 개체들이 초식이나 육식을 하는 이유는 훈련을 받아서가 아니다. 각 종들이 생물학적으로 그렇게 만들어졌기 때문이다.

"만약 소가 고기를 먹고 호랑이가 풀을 먹으면 어떤 일이 일어날까?"

자연(自然, Nature)은 인간의 영향이 미치지 않는 현상이나 물질을 말한다. 자연은 인간의 영역에 속하지 않는다. 자연에는 인간이 거스를 수 없는 도도한 법칙이 있다. 육식동물이 풀을 먹는다거나 초식동물이 고기를 먹는 실험을 인간에게 허락하지 않고 있다. 하지만 인간들의 욕심은 소의 생육 기간을 단축하고자 자연법칙을 거스르는 실험(소에게 육식을 시도)을 했다. 사람들은 부패한 고기들을 사료들과 섞어서 소의 여물로 사용했다. 폐기되는 소뼈나 내장을 사료로 사용하여 소의 생육을 촉진하고자 했다. 소 공장에서 사육하는 소들에게 단백질 사료를 공급한 다음 얼마가 지나서 일부 소들이 비정상적인 행동을 보이기 시작했다. 소가 미쳐 날뛰는 일이 발생했고, 소고기를 섭취한 인간에게도 유사한 증상이 나타났다. 소가 미치고 인간도 미쳤다. 사람들은 이 병을 광우병이라 불렀다. 사람들은 병의 원인을 찾기 위해 부단한 노력을 기울였다. 그 결과, 병의 원인이 소의 먹이인 사료(부패한 동물성 단백질)에 있다는 것을 알게 되었다. 사람들은 서둘러 광우병의 위험 가능성이 있는 소들을 처분했고, 소의 먹이로 동물성 사료의 사용을 금지시켰다.

한국에서도 광우병 가능성이 있는 미국산 소고기 수입에 대한 논란이 있었다. 2008년 정부가 미국과 소고기 수입 협상 과정에서 연령 제한을 철폐하기로 합의하자 그해 4월부터 4개월여에 걸쳐 대규모 시위가 벌어지는 등 사회적으로 큰 파장이 있었다.

"미국산 광우병 소고기의 수입을 중지하라! 국민을 기만하는 현 정권은 퇴진하라!"

동물학자나 환경학자들이 지속적으로 가축의 집단 사육에 대한 문제에 대해 지적하고 있지만 "생산성 향상"을 외치는 축산업자들은 수익을 높이려고 아직도 공장형 농장에서 소를 키우고 있다. 물론 호주와 같은 나라는 소를 들에 풀어 키우는 방목을 채택하고 있다. 방목은 생산성이 낮지만 부가가치가 크다. 소에 대한 투자비가 크기 때문에 호주산 소고기의 가격이 미국산 소고기보다 높은 것은 당연하다. 공장형 농장사육방식은 집단 발병, 동물 학대, 대량의 축산폐수 발생 등의 환경문제를 야기한다. 이런 문제점들을 모르는 바는 아니지만 사람들이 계속 공장형 농장을 고집하는 이유는 공장형 농장의 단 한 가지의 장점인 높은 생산성에 있다. 인간의 과도한 욕심이 공장형 농장의 중심에 있는 것이다. 인간이 인간답게 살아야 하듯, 가축들도 적합한 환경에서 사육되어야 한다.

광우병의 공포가 가라앉고 있던 시점인 2002년 중국을 중심으로 폐렴과 유사한 괴질이 발생했다. 세계보건기구는 이 병의 이름을 '사스'(SARS, Severe acute respiratory syndrome, 중증급성호흡기증후군) 라고 명명했다. 이 병은 인류가 기존에 경험해 본 적이 없는 새로운 질병이었다. 조류나 야생 포유류를 취급하는 시장에서 사스의 병원균이 발생한 것으로 추정되었다. 중국사람의 말이다.

"박쥐를 먹으면 복이 옵니다. 저는 야생박쥐탕을 즐겨 먹습니다."

야생동물을 식용으로 사용한 문제에 대한 우려가 있다. 질병관리성에서의 주의사항을 이야기한다.

"동물에게는 각 종들에게만 발병하는 병이 있습니다. 동물에게 걸리는 병은 사람에게 옮겨지지 않습니다. 그런데 산속에 있는 야생동물을 잡아 불결한 시장 바닥에 오래 두면서 이상한 변종 바이러스가 생기는 것 같다는 우려가 있습니다. 동물에 걸리는 병이 사람에게 옮겨 가고, 다시 그 병이 다른 동물에게 옮겨진다면 심각한 사태가 일어날 수 있습니다. 야생동물을 먹는 문화를 바꾸어야 합니다"

자연법칙을 거스를 때 발생하는 새로운 질병들. 야생동물은 인간으로부터 멀리 떨어진 야생에서 살아야 한다. 인간과 동물이 시장과 같이 비좁고 사람이 많이 왕래하는 공간에 오랜 시간 함께함으로써 변종 바이러스가 만들어지고 있다는 지적이다.

박쥐에 있는 코로나바이러스(Corona virus, 감기를 일으키는 바이러스 중 하나)가 시장에서 판매되는 사양 고양이의 몸에서 변종을 만들고 이 바이러스가 인간의 몸에 침입했다. 조니 첸이라는 중국계 미국인 사업가가 홍콩에 가까운 광둥(廣東) 지방을 다녀간 뒤 사스에 감염되었고, 베트남에 머무는 동안 발병하여 홍콩의 병원으로 옮겨졌다. 그와 함께 비행기에 탑승했던 사람들, 같은 호텔에 묵었던 사람들과 그를 치료했던 의료진들이 사스에 감염되었다. 병의 전염속도는 매우 빨랐다. 약 7개월 동안 32개국에서 8,000여 명의 환자가 나타났다. 사스에 감염된 홍콩인 1천 750명 가운데 299명이 사망했다. 중국 본토에서는 5천 300여 명이 감염돼 349명이 숨졌다. 현대에 와서 질병의 전파속도가 빨라지고 있다. 사스가 공기를 통해 감염되고 많은 사람들이 비행기를 타고 세계 곳곳을 자유롭게 여행하기 때문이다.

다시 사스의 공포가 잊혀질 즈음인 2020년에 중국 우한(Wuhan, 武漢, 중국 양쯔강(揚子江)과 한수이강(漢水江)이 합쳐지는 곳에 있는 도시. 후베이성(湖北省)의 성도(省都))에서 사스와 유사한 폐렴이 발생했다. 우한의 수산시장에서는 박쥐 및 불법 야생 동물을 거래하고 있었다. 박쥐는 전염병의 창고라 부를 만큼 병원균 매개의 중심에 있는 동물이다. 세계보건기구는 최초 환자가 박쥐를 통해 발생했다고 의심하고 있었다. 중국 당국은 야생동물 거래 금지를 발표하고 우한시를 뒤늦게 봉쇄했으나. 이미 바이러스는

중국 우한

한국, 일본, 대만 등 인접국에서도 퍼졌다. 봉쇄된 우한시에는 물자 부족으로 도시를 탈출하는 사람이 증가했다. 중국 당국 발표에 따르면, 확진 환자만 수천 명이고, 이 중 초기 사망자가 수백 명이나 되었다. 변종 코로나 바이러스에 대한 치료제가 없어서 사망자가 빠르게 늘어났다.

"병의 확산속도가 사스보다도 빠릅니다. 그리고 발병하지 않은 사람들로부터도 병이 옮겨지고 있는 것 같다는 보도가 있습니다. 춘절(春節, Chinese new year, 매년 음력 1월 1일을 중심으로 치르는 중국 문화권의 새해맞이 명절) 기간에 많은 사람들이 우한시를 떠나 고향으로 갔습니다. 이러다가는 중국 전 지역으로 바이러스가 확산될 수 있습니다. 게다가 일 년이 지나야 신종 바이러스의 백신을 만들 수 있다고 합니다."

세계보건기구(WHO, World Health Organization, 보건 · 위생 분야의 국제적인 협력을 위하여 설립한 UN전문기구)에서는 신종 코로나바이러스 감염증인 우한 폐렴에 대해 국제적 공중보건 비상사태를 선포했다.

"지난 몇 주 동안 우리는 이전에 알지 못했던 병원체의 출현을 목격했고, 그것은 전례가 없는 발병으로 확대했습니다. 현재까지 신종 코로나바이러스 감염 확진자는 전 세계적으로 7,834명으로 집계됐으며, 이 가운데 중국 내 확진자는 7,736명입니다. 중국 이외 지역에서는 18개국에서 감염사례가 98건 발생했으며, 이 가운데는 독일, 일본, 베트남, 미국 등 4개국에서 8건의 사람 간 전염 사례가 나왔습니다. 이 바이러스가 보건 시스템이 취약한 국가로 퍼진다면 어떤 피해를 볼지 모릅니다."

우한 주민들은 공포에 떨었다. 거리에는 정막이 흘렀다. 필수품을 사기 위해서 어쩔 수 없이 거리에 나갈 경우에는 사람들을 마주치지 않게 조심했다. 미국, 한국, 프랑스 등 각 국에서는 전세기를 띄워서 자국민을 본국으로 이송했다.

"외국 사람들이 중국을 탈출하고 있습니다. 국가 비상사태입니다. 이러다간 국가 경제에 문제가 생기겠습니다. 이번 폐렴을 일으킨 바이러스도 박쥐 몸에 있는 바이러스와 동일하다고 합니다. 지난번 사스 때 코로나 바이러스가 박쥐에서 왔다고 보건성이 발표했는데 왜 시장에서 박쥐 고기의 판매를 허용하는지 모르겠습니다. 박쥐고기를 파는 시장 사람들이 문제이지만 전염병의 원천을 통제하지 못하는 정부에도 책임이 있습니다."

사스나 우한의 변종 폐렴은 자연의 법칙에 반하는 비정상적인 행위의 결과가 인간을 공격한 대표적 사례로 기억될 것이다. 하지만 시간이 지나면 사람들은 새로운 질병에 대한 공포를 잊고 또다시 유사한 실수를 범하게 될 것이다.

너무 빠른 기차

　복잡한 도심의 일상을 뒤로하고 야외로 떠나는 기차여행에는 언제나 가슴 설렘이 있다. 철로 위에서 기차 바퀴가 만들어 내는 규칙적인 소리가 정겹다. "칙칙폭폭~" 증기를 내뿜으며 시골 기차역 플랫폼(Platform)으로 들어오는 증기기관차(1899년에 경인선 철도 개통과 함께 도입. 현재는 운행 중단)의 모습에서 우리는 아련한 유년의 추억을 발견한다. 완행열차와 함께 한 많은 추억들. 서울 외곽으로 떠나는 교외선(郊外線, 2004년 4월에 정기 여객 열차 운행이 중단, 현재는 화물 열차와 군인 환자 수송용 열차만 운행) 열차에는 청춘의 추억이 있었다. 완행열차는 시골에서 수확한 농산물을 도시나 읍내 시장에 팔러 가는 아낙들의 유일한 교통수단이기도 했다. 청년들은 교외선 기차를 타고 서울을 빠져나가 내와 숲이 있는 자연 속에서 낭만의 시간을 즐겼다. 기차 유리창을 통해 산과 나무, 강둑을 걷는 아이들이 빠르게 지나간다. 아인슈타인의 상대성이론이 생각났다. 달리는 기차에서 생각하는 시공의 물리학. 아인슈타인은 시간과 공간은 변하고 오직 빛의 속도만 일정하다고 했다. 기차가 목적지에 도달하자 청년들은 기차에서 내려 강가에 짐을 풀었다. 땅거미가 내리자 청년들은 모래사장에 캠프파이어 불을 피우고 불 주위에 삼삼오오 모여서 기타를 치면서 젊음을 노래했다.

　"과학기술(Science and Technology)"이란 이름의 고속열차가 있다. 현대문명은 과학기술에 의해 만들어져서 발전하고 있다. 현대를 살아가는 사람들은 모두 이 열차에 타고 있다. 누군가 자신은 아니라고 부정할지 모르지만, 손에 휴대전화가 쥐어져 있고, 일상을 노트북 컴퓨터로 관리하고, 고속철도나 비행기를 타고 업무를 보고 있다면 모두 "과학기술"이란 이름의 고속열차에 탑승하고 있는 것이다. 그런데 한 가지

추억의 증기 기관차

흥미로운 사실은 누구도 이 고속열차의 행선지를 아는 사람이 없다는 것이다. 열차의 속도는 적당한지, 얼마나 가야 하는지, 과연 열차의 종착역은 어디인지 누구도 이야기해 주지 않았다. 다시 말하자면, 정말 인류의 생존 활동에 휴대전화와 같은 개인 통신기기가 절실히 필요한 것인지, 인터넷 통신으로 연결된 지구 경제, 산업 네트워크가 바람직한 것인지, 과학기술로 만들어 가는 현대문명이 인류가 궁극적으로 추구하는 미래인지 누구도 진지하게 토론해 보지 않았다.

기차의 역사에 대해 이야기해보자. 철도는 16세기 중반에 출현했던 말이 끄는 광산용 수레에서 비롯되었다고 한다. 사실상 철도 기술(Rail technology)이 탄생된 시기는 19세기 초로 보아야 한다. 영국의 발명가 리처드 트레비식(Richard Trevithick)은 1804년에 증기압을 동력으로 사용하는 최초의 기관차를 제작하였다. 1830년경에는 승객을 운송하는 증기 기관차가 세계 최초로 운행되었다. 이 증기 기관차는 승객들을 태우고 잉글랜드의 리버풀에서 맨체스터까지 45km의 거리를 달렸다. 철도기술이 미국으로 전해진 1830년대에 160km 길이의 철도가 건설되었으며, 19세기 중반에는 미시시피 동쪽의 모든 주에서 철도가 운행되었다.

과학기술이란 이름의 고속열차

기차가 현대화 되면서 증기 기관차는 전기 기차로 대체되었다. 기차의 속도는 빨라졌다. 기차의 나라 일본은 1964년 시속 250km로 달리는 신칸센(新幹線, 일본의 고속철도 체계)이란 이름의 고속열차를 세계 최초로 개발했다. 뒤를 이어 프랑스와 독일은 각각 1981년과 1990년대에 시속 300km의 고속열차를 개발해서 운행하고 있다. 그 중 프랑스 TGV(Train a Grande Vitesse, High speed train)는 한국에서 수입되어서 KTX(Korea Train eXpress)로 발전하였다. 중국은 외국 기술을 도입해서 2010년에 시속 350km의 고속열차(中國鐵路高速, China railway high-speed, CRH)를 개발하여 시험 운행 중이다. 시험 운행 중에 사고가 발생해서 중국의 자존심을 구겼지만 이 고속열차가 중국의 북부와 남부의 경제권을 통합해 주었다.

레일 위에 기차 바퀴가 구르는 방식으로 기차가 낼 수 있는 최고속도는 400km 정도라고 한다. 바퀴 구름 형 기차는 바퀴와 레일의 마찰을 통해서 차량을 전진시키기 때문에 속도가 빨라질 경우 바퀴가 레일에 밀착되지 않고 공전할 수 있어서 그보다 더 빠른 속도로 달리면 기차가 탈선한다. 현재 개발되고 있는 기차 중에 가장 빠른 기차는 자기부상열차(磁氣浮上列車, Maglev, Magnetic levitation train)다. 자기부상열차는 자기력으로 기차를 레일 위에 띄워서 차량을 추진 시켜 달리는 열차를 말한다. 이 열차에는 바퀴가 없다. 대신 기차를 띄우는 자석(주로 전자석)이 기차 내부와 레일에 설치되어 있다. 기차가 레일 위에서 떠서 움직이기 때문에 기차와 레일 사이의 마찰이 없다. 이 방식으로 낼 수 있는 최고속도는 시속 650km이다. 일본은 자기부상열차를 동경에서 오사카까지 구간에 운행하고자 레일을 건설하고 있다. 우리나라에서도 자기부상열차에 대한 관심이 있지만 국토면적이 작기 때문에 자기부상열차의 건설에 대한 논의가 활발하지 않다. 남북통일이 되고 중국과 시베리아 대륙으로 기차가 달릴 수 있다면 고속열차에 대한 관심이 커질 것이다.

KTX 고속열차가 생기기 전에 가장 빠른 기차는 새마을 열차였다. 새마을 열차를 이용하면 서울에서 부산까지 5시간에 갈 수 있었다. KTX 고속열차는 같은 구간을 2시간 반에 달릴 수 있다.

"5시간이 걸리는 곳을 그 반 정도의 시간으로 가면 인간의 삶에 어떤 변화가 있는가?"

시간이 반으로 절약된다. 좋은 일이다. 절약한 시간을 어떻게 활용하지? 절약된 시간을 휴식과 같은 목적에 활용할 수 있다면 좋지만 시간 절약이 회사원에게는 반드시 휴식을 의미하지 않는다. 일을 빨리 마치고 회사로 돌아오면 책상 위에는 또 다른 일이 그를 기다리고 있다. 열차를 타고 가는 2시간 반의 시간은 어떤 의미가 있는가? 새마을 열차를 이용했던 시절에는 인터넷이 지금과 같이 발달하지 않았다. 기차를 탑승할 때 업무 가방에 서류와 수첩, 필기도구를 지참했었다. 열차 안에서는 출장지에서 할 일을 잠시 보거나 창밖을 보며 상념에 잠기거나 휴식의 시간을 가졌었다. 이에 비해서 KTX 고속열차에 탑승한 오늘날의 비즈니스맨의 가방에는 노트북 컴퓨터와 스마트폰과 같은 첨단 인터넷 사무기기들이 들어있다. 달리는 기차에서는 탑승객에게 와이파이(Wi-Fi, Wireless Fidelity의 약자로, 무선접속장치(AP: Access Point)가 설치된 곳에 무선 인터넷이 가능하도록 해 주는 근거리 통신망 기술) 서비스를 제공한다. 기차에 탑승한 비즈니스맨에게 상사로부터 업무가 하달된다.

기차에 탑승해서 업무를 처리해야 하는 현대인

"오 대리, 지난번 회의 때 작성해 준다고 했던 계약서 오늘 3시까지 만들어서 내
이메일로 보내 줘."

비즈니스맨은 노트북을 꺼내 서류를 작성해서 인터넷을 통해 작성한 파일을 보
낸다. 기차 안에서까지 일을 하고 있는 현대인. 현대인들에게는 항상 "더 빨리, 더 많
이"가 요구된다. 그러자면 시간을 단축해야 한다.

"아! 일이 끝이 없구나. 이러다가 어떻게 되는 거 아니야?"

현대문명기기의 도움으로 시간을 단축할수록 우리의 삶은 더욱더 바빠진다. 업
무과중으로 긴장과 스트레스가 늘어난다. 성공적인 기업 활동을 위해서는 휴일에
도 직장에 나와서 일을 해야 한다. 과중한 업무 스트레스로 인해 정상적인 가정생활
이 어려운 사람들이 늘고 있다. 이들 중의 일부는 가정이 해체되는 불행한 사태를 경
험한다. 도시생활에 지친 사람들 중에 일부는 새로운 삶의 방식을 찾아 도심을 떠난
다.

혁신가와 동조자

　'과학기술'이란 이름의 고속열차에 어떤 사람들이 탑승해 있는지 기차 안을 둘러 보자. 기차 안에는 세 종류의 사람들이 탑승해 있다. 첫 번째는 기관사다. 기관사는 기차를 조정해서 종착역까지 인도하는 사람이다. 기관사에게는 기차를 빨리, 또는 느리게 운전할 수 있는 권한이 있다. 또 긴급한 경우에는 기차를 정지시킬 수도 있 다. 일상적인 경우에 기관사는 정해 놓은 시간에 목적지까지 갈 수 있도록 기차의 여 정을 준비한다.

　"현대인 중에 기관사에 해당하는 사람은 어떤 사람들인가?"

　과학기술 사회를 선도하는 마이크로소프트(Microsoft Corporation, 1975년에 설립된 세 계 최대의 다국적 소프트웨어 및 하드웨어 기업)의 빌게이츠(Bil Gates)나 애플(Apple Computer, Inc., 1976년에 설립된 컴퓨터 회사)의 스티브 잡스(Stive Jabs)와 같은 사람들이 기차의 기관 사와 같은 사람이다. 이들은 혁신가(Innovator)이다. 혁신가는 인간의 미래(삶의 형태) 를 바꿀 수 있는 혁신적인 제품을 구상하고 그것을 현실화한다. 스티브 잡스는 애플 컴퓨터를 통해 개인용 컴퓨터를 대중화했다. 또한 마우스(Mouse, 컴퓨터 그래픽 환경에 서 사용되는 입력장치)의 가능성을 처음으로 내다보고 개인 컴퓨터(Personal computer, PC) 에 이 기술을 도입하였다. 2007년 아이폰(i-Phone)을 출시해서 스마트폰 시장을 바 꾸어 놓았고, 2010년에는 태블릿(Tablet) 컴퓨터인 아이패드(iPad)를 출시함으로써 포스트 PC 시대를 열었다.

혁신가 스티브 잡스(Steve Jabs)

스티브 잡스는 세상에 없는 새로운 것을 만드는 일에 몰두했던 사람이다. PC가 출현하기 전의 진공관식 컴퓨터가 차지하는 부피는 큰 사무실 방 하나보다도 컸다. 기술이 발달해서 진공관을 대체하는 반도체가 생산되면서 컴퓨터의 크기를 축소할 수 있었다. 반도체의 발명은 방 크기만 한 컴퓨터를 개인 책상 위에 올려놓겠다는 스티브 잡스의 발상을 현실로 만들었다. 그의 혁신적인 사고는 개인용 PC의 발명에서 멈추지 않았다. PC를 발명한 그는 책상 위의 PC를 손안으로 옮기고자 했고, 결국 현대인의 필수품이 된 스마트폰을 만들었다.

"그의 생각은 세상을 바꾸는 혁신적인 제품을 만드는 일에 집중되어 있었어요. 그는 이미 시장에 나와 있는 제품의 성능을 높이는 일에는 관심이 없었어요. 우리 회사 제품을 모방하는 카피캣(Copycat, 잘 나가는 제품을 그대로 따라 하는 회사나 제품을 지칭한다. 2012년 3월, 애플의 최고경영자였던 스티브 잡스가 아이패드 신제품 발표장에서 삼성전자, 구글, 모토로라를 '카피캣'이라고 비난)인 다른 회사에 대해 불만을 토로할 때가 많았어요."

두 번째는 승객이다. 승객은 혁신가들이 만든 제품을 구매하는 소비자다. 승객은 기관사를 믿고 따른다. 기차가 주는 서비스와 기차의 움직이는 속도에 거부감이 없다면 승객들은 불평 없이 기차여행을 즐길 것이다. 이런 경우 승객은 혁신가의 동조자(Supporter)가 된다. 스마트폰 신제품 출시 때마다 런던, 뉴욕, 동경의 스마트폰 매

개인용 컴퓨터와 마우스

장에는 새벽부터 마니아(Mania)들이 줄을 선다. 그들은 신제품 출시에 환호한다.

"이번에 출시된 제품은 내가 첫 번째로 받았어. 이틀 밤을 꼬박 기다린 보람이 있어."

이들이 없다면 아무리 좋은 제품을 만들어도 생산자는 이윤을 얻을 수 없고, 다음 제품을 출시할 계획을 세울 수 없다.

승객들 중에는 단순 동조자와는 다른 생각을 가진 사람들이 있다. 이들은 기차의 속도가 너무 빠르다고 생각되면 기관사를 찾아가서 속도를 줄이자고 할 것이다.

"이 기차 너무 빠른 것 아닙니까? 그리고 종착역이 어디인지 잘 모르겠어요. 설명 좀 해 보세요."

이들은 과학기술의 조정자(Coordinator)의 역할을 하는 사람들로서, 아이폰과 같은 혁신적인 상품의 구매에 그다지 적극적이지 않을 뿐더러 비판적인 경우도 있다. 조정자가 기관사에게 의견을 제시하면 기관사는 조정자의 권고를 받아들일지, 아닐지를 결정한다. 만일 기관사가 조정자의 권고를 받아들이면 기차는 속도를 줄이게

스마트 폰 신제품 출시

된다. 기관사가 조종자의 권고를 받아들이지 않는다면 조정자는 자신의 생각을 양보하고 자리로 돌아가거나 더 이상 기차에 머무르지 않고 다음 정차 역에서 내리는 두 가지 선택을 할 수 있다.

기차에서 뛰어내린 사람들 – 아미쉬

과학기술을 거부한 사람들이 있다. 그들은 아미쉬(Ameshi)란 이름의 독일계 기독교도들이다. 이들은 16세기 급진적인 종교 개혁 운동에 의해 로마 가톨릭(Catholic)에서 분리된 개신교 지파 중의 하나인 재세례파(Anabaptist) 사람들이다. 미국 중서부 여러 주와 캐나다 온타리오(Ontario)에 걸쳐 18만 명의 아미쉬가 살고 있다. 미국 내에서는 최초의 이민자들이 정착한 펜실베니아(Pensylvania) 주의 랭카스터(Lancaster), 인디애나(Indiana)주와 오하이오(Ohio)주에 아미쉬 공동체가 있다.

아미쉬는 기독교 초대 교회 사람들과 같이 재산을 공유하며 종교 지침서의 규율을 따라 생활한다. 그들의 종교 지침서에는 신자들이 지켜야 할 규범, 의복의 형태, 언어, 교통수단(마차)의 색깔까지 명시되어 있다. 아미쉬 남성의 상징은 검은 모자, 검정 양복, 길게 늘어뜨린 턱수염이다. 여자들은 머리에 하얀색 두건을 두르고 검은색이나 짙은 자주색 긴 원피스를 즐겨 입는다.

아미쉬는 공동체의 생활방식과 구성원 간의 관계를 중시한다. 공동체의 건강성이 외부의 요건(과학기술)에 의해 침해받는 것을 경계한다. 아미쉬 공동체는 전기, 전화, 컴퓨터, 라디오와 냉장고 등의 기기를 사용하지 않는다.

"우리는 공동체 구성원들의 관계를 가장 중요하게 생각해야 합니다. 교회에서 예배를 드리고, 함께 모여 농사를 짓고, 모임을 갖고 공동체가 나아가야 할 방향에 대해 논의하는 데 시간을 사용해야 합니다. 라디오나 텔레비전은 공동체 구성원 간의

아미쉬와 아미쉬의 교통 수단인 마차

만남의 시간을 방해합니다. 이런 과학기술 기기의 사용에 반대합니다."

주택의 난방은 전기기기 대신 나무를 넣어 태우는 철제 스토브(Stove)를 사용한다. 아미쉬는 주로 농업을 하고 살아간다. 성경에 나와 있는 대로 땅에서 나오는 소출(所出)로 생활을 해야 한다고 믿는다. 추수한 곡식은 곡간에 저장한다. 운송수단으로 말이 끄는 마차를 사용한다. 비행기를 타야 하는 원거리 여행을 하지 않는다. 전기를 사용하지 않지만 비상시에 필요한 건전지 정도는 허용한다. 국가로부터 받는 혜택이 없기 때문에 국가에 세금을 내지 않는다.

교육은 중학교 정도의 학습이면 충분하다고 믿는다. 아미쉬 아이들은 공동체가 세운, 학년 전체가 한 교실에 모여 교육을 받는 아주 작은 학교라 할 수 있는 교회를 다닌다. 공동체 학교에서는 1학년에서 8학년까지의 교과과정을 배운다. 12학년(고등학교)까지 있는 미국의 정규교육과 비교하면 아미쉬의 교육은 초, 중등교육에 해당한다. 미국에서는 고등학교까지가 의무교육이기 때문에 아미쉬의 교육은 미국 교육법에 대치된다. 아미쉬 공동체는 미국의 고등학교 교육을 거부했고, 이는 사회적 문제가 되었다. 아미쉬의 고등학교 교육 거부에 대한 법률논쟁이 있었다.

아미쉬가 변론을 했다.

"우리는 하나님을 믿는 사람들입니다. 우리의 신앙 신조에 따라 삶의 방식을 결정합니다. 저희는 자연법칙을 존중하며, 마차를 타고, 땅에서 농사를 짓고 살아가고 있습니다. 밭에 씨를 뿌리고 곡물을 기르는 일(농업)은 중학 교육 정도면 충분히 수행할 수 있다고 생각합니다."

1972년 미 대법원은 종교의 자유와 교육의 의무 중에서 종교의 자유가 우선한다는 판결을 내렸다. 이후 아미쉬 공동체는 교육 문제에서 자유롭게 되었다.

아미쉬 공동체는 자녀들에게 아미쉬 방식의 삶을 강요하지 않는다. 자녀들이 성장해서 성년이 되면 스스로 삶의 방식을 선택하게 한다. 아미쉬의 삶을 선택하면 공동체에 남고, 다른 삶을 선택하면 공동체를 떠난다.

'과학기술'이란 이름의 고속열차에서 뛰어내린 아미쉬는 '과학기술'을 거부하고 독자적인 삶의 방식을 선택했다. 현대인에게 아미쉬의 삶이 극단적으로 보일 수도 있다. 하지만 그들의 삶은 200-300년 전의 인류의 삶과 그다지 다르지 않다. 우리나라에도 삭막한 도시를 떠나 귀농하거나 제한된 지역에서 독자적인 규율을 만들어 살아가는 사람들이 늘고 있다. 모든 사람들이 이런 방식의 삶을 살아갈 수는 없지만 자연과 조화를 이루려는 사람이 늘어난다는 것은 긍정적인 신호이다. 인간의 문명과 자연이 조화를 이룰 때 지속 가능한 인류의 미래는 가능할 것이기 때문이다.

6부

작은 것을
찾아가는
기술

← 작은 화분

사과로 생각해 보는 경제

  사과 하나에 세상(삶, 경제와 철학)을 담아보자. 사과는 마을이나 산업, 경제 또는 지구촌을 의미한다. 두 종류의 사과 묶음이 있다. 하나는 작은 사과 여러 개의 묶음이고, 다른 하나는 커다란 사과 하나이다. 두 가지 그림을 보여 주고 사람들에게 물었다.

  "어느 사과를 갖고 싶습니까?"

  사람들은 조금 망설이다가 큰 사과를 갖고 싶다는 사람과 여러 개의 작은 사과를 갖고 싶다는 사람으로 나뉘었다. 먼저 큰 사과를 선택한 사람이 말했다.

  "큰 사과가 좋습니다. 큰 사과는 힘이 있고 멋있습니다. 맛도 좋을 것 같습니다."

  작은 사과를 선택한 사람의 의견이다.

  "저는 여러 개의 작은 사과 묶음을 선택했습니다. 사과의 크기는 작지만 숫자가 많아 여러 사람이 나누어 가질 수 있어서 좋습니다."

  사람들이 선택한 두 사과 묶음의 차이는 이러하다. 두 개의 서로 다른 사과의 묶음은 우리가 살아가는 삶의 방식(경제)의 차이를 표현한다. 큰 사과는 큰 산업, 큰 경제, 큰 기술에 해당한다. 커다란 사과는 오늘의 지구촌이 지향하는 모습이다. 전 세계의

작은 사과 여러 개의 묶음과 큰 사과 하나

경제와 정보는 인터넷과 거대 첨단산업으로 서로 연결되어 있다. 거대 기업은 자국에서 디자인을 하고 인건비가 낮은 나라에 공장을 세워 제품을 생산한다. 원자재를 멀리 다른 나라에서 사오고, 또 다른 나라에서 부품을 조립해서 제품을 생산한다. 정보는 인터넷으로 연결되어 있다. 인터넷 쇼핑몰을 만들어 전 세계 소비자에게 제품을 홍보하고 항공 택배서비스를 통해 제품을 전달한다. 큰 사과는 힘이 있다. 그 힘은 높은 생산성과 효율, 그리고 편리함이다. 단점은 사과에 문제가 생기면 사과 전체의 문제가 된다는 점이다. 반도체와 같은 원자재를 확보 못 하면 부품산업이 정지한다. 부품이 공급되지 못하면 제품을 만들 수 없고 기업을 타격을 받는다. 큰 사과 하나의 경제는 한 곳의 문제가 전체에 영향을 미치는 구조다.

"현재 인류는 어떤 사과를 선택해서 살고 있는 것일까?"

사람들은 힘이 있는 것을 좋아한다. 힘으로 상대방을 제압하고 지배하려 한다. 사람들이 모여 함께 일해서 어떤 것을 만들기보다는 공장에서 커다란 기계를 돌려 한꺼번에 많은 양을 생산하고자 한다. 이 모습은 산업혁명 이후 인간이 추구해 온 삶의 방식이다. "거대한 사과 하나"가 바로 오늘날 인류가 추구하고 있는 삶의 방식이다. 아시아와 미국과 유럽을 하나로 묶는 거대한 경제 공동체, 자동화 설비로 움직이는 거대기업의 산업시설, 원자력이나 화력 발전과 스타워즈 프로젝트(Star wars project, 냉

사과에 문제가 생기면…

전의 최절정기인 80년대 초에 미국의 대통령이었던 레이건의 주도로 계획된 핵무기 탑재 장거리 대륙
간탄도탄의 방어를 위한 미사일 방어체제 구축 프로그램)같은 거대기술이 바로 그것이다. 큰
사과 하나의 경제는 힘과 생산성에 의존한다. 단점은 부와 권력이 소수 특권층에게
집중되고, 기계에 의존하는 생산이기 때문에 산업이 커져도 사람을 많이 필요로 하
지 않는다. 경기가 좋지 않을 경우에는 구조적인 대량 실업이 발생해서 많은 사람들
이 일자리를 잃는다.

"저희 삼촌이 직장에서 나오셨어요. 고민이 됩니다."

"혹시 직장에서 무슨 문제라도 있었나요? 일 잘하고 있다고 들었는데."

"맞아요. 일 잘 한다고 회사에서 인정받고 있습니다. 기능장 자격증도 있고 열심
히 살아오셨어요. 다른 동료들도 열심히 일을 했다고 합니다. 본사가 경영을 잘 못
해서 회사 경영이 악화되었다고 합니다. 이번에 회사에서 명예퇴직(정년 이전에 근로자
가 스스로 직장을 퇴직) 신청을 권고받았는데 앞으로 전망을 생각해서 다른 직종으로 이
직하려고 퇴직하셨어요."

현재와 같은 거대 경제구조에서는 열심히 일을 해도 구조적인 문제로 인해 직장

에서 퇴출당하는 일이 발생한다.

"많은 사람이 밀집해서 사는 대도시의 삶은 어떠한가?"

사람들이 도시를 건설해서 그곳에 모여 산다. 도시에는 부를 획득할 수 있는 기회가 있다. 기회를 얻기 위해 많은 사람들이 농촌의 일자리를 포기하고 도시로 몰려든다. 도시는 확대된다. 도시가 지나치게 커지면 많은 문제가 발생한다. 우선 일자리를 찾지 못한 사람들은 도시 빈민이 되기 쉽다. 가진 자와 못 가진 자의 격차가 커지고 일부는 범죄자로 전락한다. 대도시의 건설은 산업의 거대화를 가져온다. 건물과 부대시설이 들어서면 넓은 지역의 자연환경이 파괴된다. 식수가 부족하고 산업 폐기물이 발생한다. 도시 지역의 산업이 커짐으로써 생산속도가 빨라지고 과도한 생산으로 원료로 사용되는 지구자원이 고갈된다. 지구환경은 기후변화로 고통받는다. 지속적인 자원의 소모는 파괴된 자연환경이 회복될 시간을 주지 않는다.

거대 경제의 한 곳에서 문제가 발생하면 문제는 촘촘한 네트워크를 통해 전체로 확산된다. 미국 월가(Wall street, 뉴욕 증권거래소를 포함한 미국의 금융가)의 재정 파탄이 일본 도쿄와 한국의 서울의 증시에 문제를 야기한다. 그리스나 이탈리아의 재정 문제가 전 세계의 경제문제가 된다. 전 세계의 경제가 하나의 네트워크로 연결이 되어 있기 때문이다. 거대산업도 마찬가지다. 2011년 3월에 발생한 후쿠시마의 원전 사고가 대표적인 사례이다. 일본 동북부 작은 마을에서 발생한 사고는 일본의 문제로 제한되지 않았다. 원전에서 발생한 방사성 물질이 편서풍을 타고 지구의 대기를, 원전 냉각수에 포함된 방사능 오염물질이 바다에 흘러들어 전 세계의 해양을 오염시켰다.

"작은 사과 여러 개로 분산된 사회는 어떠한가?"

작은 사과는 작은 경제, 나눔의 공동체, 환경을 생각하는 기술이다. 종업원 수가 200-300명으로 기업의 규모가 작다. 수만 명의 사람들이 전 세계 일터에서 일하는 글로벌 거대 기업과 비교된다. 거대 경제는 많은 자본을 필요로 하지만 작은 경제는 자본보다는 인간의 노동력을 필요로 한다. 농사를 지어 식량을 해결하고 사람들이 모여 노동력을 사용해서 물건을 만든다. 만들어진 물건은 마을에서 판매하고 남는 것은 이웃 마을 시장에 전달한다. 작은 사과 묶음의 경제는 생산성이 낮고 효율이 떨어지지만 여러 사람이 나눌 수 있어서 좋다. 사과 하나에 문제가 생겨도 문제가 전체로 확산되지 않는다. 여러 개의 작은 사과 묶음은 사고에 대한 위험이 적고 오랫동안 지속적으로 유지할 수 있는 경제구조이다.

일을 하는 사람들. 노동은 일의 가치를 의미한다. 일하지 않는 인간은 건강하지 않다. 인간이 인간답게 살기 위해서는 일을 해야 한다. 그것을 노동의 가치라고 한다. 그런데 자본집약적인 거대경제는 인간의 일할 권리를 빼앗아간다. 노동이 있을 때 일에 대한 가치가 창출되고 사회는 건강해 진다. 경제의 규모를 작게 하고, 그 지역에서 산업에 필요한 식량과 원료를 생산하고, 사람들이 함께 일하고 호흡할 수 있는 환경을 만들어야 한다. 힘이 없어 보이는 "작은 사과"의 경제에 지구환경과 인류생존의 지속 가능성이 있다. 하지만 그것을 실현하는 것은 쉽지 않아 보인다. 인간이 추구하는 높은 생산성에는 욕심이 깊이 개입하고 있기 때문이다.

친환경이라도 규모가 거대하면

　작은 사과 여러 개와 큰 사과 하나는 규모의 차이에서 출발한다. 인간이 만들어가는 친환경 에너지산업의 규모로부터 그 차이를 알아보자. 풍력이나 태양광과 같이 자연으로부터 얻어지는 에너지를 활용한 발전은 친환경 산업이다. 화석 연료 없이 발전이 가능하므로 공해를 유발하지 않는다. 엄밀히 평가하자면 태양광 패널과 부수 장비를 만들 때 생성되는 이산화탄소의 양과 사용되는 여러 화학물질의 유해성을 고려해야겠지만 발전 자체에서 공해가 유발되지 않는다는 점만을 생각한다면 친환경 기술이라 할 수 있다. 사람들은 친환경 기술과 적정기술을 동일시하는 경향이 있다. 요즘 2018년부터 정부에서 원자력 에너지 사용을 줄이고 대신 태양광발전을 장려한다고 한다. 태양광 발전을 하는 방식을 작은 사과 여러 개와 큰 사과 하나로 이해해 보자. 태양광 발전소를 넓은 부지 위에 세울 수도 있고(큰 사과 하나), 마을 주택의 지붕 위에 작은 발전기 형태로 설치할 수도 있다(작은 사과 여러 개). 거대 태양광 발전소의 경우에는 수많은 태양광판을 깔아야 하므로 넓은 부지가 필요하다. 태양광 발전소를 건설하려면 일반 발전소의 일곱 배에서 열 배 정도의 부지가 필요하다고 한다.

　대부분의 태양광 발전 프로젝트는 거대하다. 캘리포니아의 사막이나 중국-몽골 국경 지역의 고비사막 등에 거대 태양광 발전소를 건설할 계획을 발표하고 있다. 미국 정부는 세계에서 가장 큰 태양광 발전 건설 프로젝트(Blythe Solar Power Project)를 승인했다. 남부 캘리포니아의 사막 지역의 4개 발전소 건설에 1조 달러가 투입될 예정이다. 모하비 사막에 건설될 예정인 태양광 발전 프로젝트는 1개의 전력량이

대규모 태양광 발전

250MW로 대단히 크다. 4개의 발전소가 건설되면 1,000MW의 전력이 생산되고 이 전력은 75만 미국 주택에 공급된다. 이 프로젝트로 세계에서 가장 큰 태양광 발전설비가 건설된다. 총 발전량은 원자력발전이나 큰 규모의 석탄발전설비와 같다. 이 태양광 발전 프로젝트로 인해 약 1,000개의 새로운 직업들이 창출될 것으로 예상된다. 거대한 부지가 필요하고 유지 및 관리를 위해 필요한 것들이 많다. 이런 거대한 태양광 발전소는 못 쓰는 사막과 같은 땅이 많은 미국, 중국, 스페인과 같은 나라에 적합하다.

우리나라와 같이 땅이 부족하고 산이 많은 나라에서는 거대 태양광 발전소를 건설할만한 부지를 찾기 어렵고, 찾더라도 부지 비용이 너무 많이 들어간다. 넓은 부지 사용이 불가능해지자 호수와 바다, 산비탈에 태양광 시설이 무분별하게 설치하게 되었다. 지역의 생태계와 환경에 문제가 생기자 지역 주민들의 항의가 빗발치고 있다.

"왜 우리와 상의를 하지 않고 마을 호수에 태양광 발전소를 설치하는 것입니까?

물 위에 설치된 태양광 발전소

우리 마을은 생계를 위해 호수에서 물고기를 잡고 있습니다. 호수에 햇빛이 침투하지 못해서 생물들이 성장하지 못하고 물고기도 줄어들고 있습니다."

다른 마을에서도 비슷한 항의가 있었다.

"태양광 사업을 한다고 산비탈을 이렇게 다 파헤쳐 놓으면 어떻게 합니까? 경사가 심한 산비탈에 설치한 태양광 패널들이 지난번 비에 모두 쓸려가 버렸습니다. 그리고 우리나라의 산림이 어떤 산림입니까? 한국전쟁 후에 나무 하나 없던 산을 국민들이 한 그루, 두 그루 심어서 지금과 같은 산림을 만들었습니다. 경제와 산업이 중요하다고 하지만 이렇게 산림을 함부로 파헤쳐서는 안 됩니다."

햇빛 자체는 깨끗한 청정 에너지이지만 거대 발전소 건설은 산림과 호수 생태계를 파괴한다.

거대 태양광 발전소의 운영 문제를 생각해 보자. 발전소에서는 단시간에 많은 전기를 생산한다. 한 번에 많은 에너지를 생산하려면 발전소 장치들을 잘 관리해야 한다. 발전기 한 곳에 문제가 생기면 그 영향이 전체 발전에 영향을 미친다. 태양광이 깨끗한 에너지이기는 하지만 태양광판의 소재인 실리콘 판을 제작하는 작업은 그다지 친환경적이지 않다. 고순도의 실리콘 소재를 얻으려면 독성이 매우 강한 불산(수소(H)와 불소(F)가 합쳐진 불화수소(HF)를 물에 녹인 액체를 말한다. 무색의 자극적 냄새가 나는 휘발성 액체다. 석유 정제, 알루미늄과 우라늄을 비롯한 광물의 제련 등에 쓰인다. 특히 반도체 실리콘 정제에 탁월한 효과가 있다)을 사용한다. 태양광 패널의 수명이 10-15년 정도라고 하는데 수많은 패널을 사용한 다음에 폐기되는 쓰레기를 어떻게 처리해야 할지도 생각해야 한다. 2019년 한국과 일본의 경제-정치 대립 중에 일본은 자국이 생산하는 불화수소의 한국으로의 수출을 제한했다.

"한국의 반도체 생산에 사용되는 불화수소가 다른 목적으로 사용되고 있다는 의심이 있습니다. 용도에 맞게 사용되고 있는지 확인하는 작업이 필요합니다."

"정치의 문제를 경제에 연관시키는 것은 옳지 않습니다. 한국은 독자적으로 불화수소를 국산화하는 방안을 모색하겠습니다."

또 다른 친환경 기술인 풍력발전도 예외는 아니다. 거대한 발전단지 형태로 풍력발전기를 설치하면 동일한 문제를 야기할 수 있다. 발전소 건설을 위해서 산이나 바다에서 넓은 부지를 확보해야 한다. 풍력발전기를 돌릴 때 수십 m 길이의 거대한 바람개비에서 발생하는 소음으로 인해 발전설비 주변의 생태환경은 심각하게 파괴될 것이다. 물론 석유나 석탄 같은 화석 에너지를 사용하지 않기 때문에 대기 환경이 개선되는 장점을 갖고 있기는 하지만 근본적으로 거대한 시설의 설치, 운영과 환경에 대한 영향 등의 문제를 고려한다면 이 기술들을 인류의 미래를 위한 지속 가능한 기술이라고 할 수 없다. 이 기술들이 적정한 기술이 되려면 각 지역의 특성에 맞게 작은 단위로 제작되어 그 지역에 분산하여 운영되어야 한다.

이번에는 마을 주택의 지붕에 설치된 작은 용량의 태양광 발전을 생각해 보자. 작

주택용 태양광

은 용량의 발전기들이 마을 주택의 각 지붕에 분산된 형태다. 주택용 태양광 발전에는 별도의 부지가 필요 없고 각 주택의 사용전력에 해당하는 태양광 발전기가 설치된다. 사용 중에 문제가 생기더라도 그 영향이 적다. 즉 '분산'이라는 말은 큰 발전소를 건설하지 않고 작은 규모의 발전기를 여러 곳에 나누어 설치한다는 말이다. 가정에서 마을에서 소규모 태양광 발전기를 주택의 전기로 사용하다 고장나면 고치고, 수명이 다하면 폐기한다.

"저희 마을은 전선으로 공급되는 전기와 태양광에서 나오는 전기를 함께 사용합니다. 이렇게 생각하시면 쉽게 이해가 되겠네요. 하이브리드(Hybrid, 동물이나 식물의 잡종, 혼성체, 혼합물이란 뜻) 자동차 아시지요. 배터리에 저장된 전기와 휘발유를 함께 사용하는 자동차를 말하지요. 휘발유를 적게 사용하니까 환경 손상이 적고 사용자에게는 기름값이 적게 들어 좋습니다."

"태양광이 전기를 생산하니까 전기 사용료가 적게 드는 것과 같다는 말이지요? 설치비가 제법 든다고 하는 데 그 비용은 어떻습니까?"

"설치비가 들기는 하지만 가격이 점점 내려가고 있습니다. 그리고 잘 관리하면 15년 정도 사용할 수 있으니까 전체적으로 환경과 비용 모든 면에서 권장할만 합니다."

"운영과 관리는 어떻습니까?"

"태양광 발전기가 다른 집에 연결되어 있지 않고 독립적으로 설치되어 있습니다. 거대 태양광 발전의 경우는 전체 태양광을 한꺼번에 설치하고 관리하기 때문에 태양과 교체 시기에 엄청난 폐기물이 생기지만 마을 태양광은 용량과 설치 시기가 집집마다 다르고 관리를 각 집에서 독립적으로 하기 때문에 설치에서 폐기까지 전체 운영과정에서 큰 문제가 발생하지 않습니다."

작은 사과 여러 개의 묶음. 가정이나 마을 단위에서 사용하는 태양광 발전기는 작은 사과들의 분산형 경제라고 할 수 있다. 거대 중앙집중식과 소규모 분산형 기술 중 어떤 기술이 인류의 미래에 지속 가능한지는 그 기술을 사용함으로써 발생하는 여러 문제(환경, 생태계, 자원)와 기술의 사용방식(거대하게, 또는 작게)에 의해 결정된다 할 수 있다. 바람, 물, 태양과 같이 자연에는 지구환경과 생태계와 조화를 이루는 에너지가 많다. 이들 에너지는 자연에서 나오는 고갈되지 않는 자연의 에너지다. 친환경, 자연에너지는 에너지를 짧은 시간에 과도하게 사용하지 않으면 아무런 문제가 생기지 않는다. 자연의 에너지는 대기와 물을 오염시키지 않을뿐더러 사람들이 살고 있는 가까운 곳에서 얻을 수 있다. 자연에서 나오는 에너지의 사용은 인류가 겪고 있는 환경, 대기, 자원, 쓰레기 문제를 해결할 수 있다. 지구자원과 기술의 과도한 사용으로 인해 지구의 환경을 되돌릴 수 없는 상태에 도달했다는 미래학자들이 경고에 귀를 기울여야 할 때이다.

인간-자연-기술의 공존

　현대 과학기술 문명은 기술이 중심이 되어 산업과 경제를 만들어 간다. 기술 중심적 산업은 사람을 많이 필요로 하지 않는다. 사람이 있던 자리를 자동화 설비들이 차지하고 있다. 자동차 제조공장에서 로봇들이 자동차의 용접을 담당한다. 기계에 의한 생산이 사람을 고용하는 생산에 비해 더 경제적이고 비용이 덜 들기 때문이다. 기술이 인간의 노동력 대체하는 속도가 너무 빨라서 사람이 설 자리가 줄어들고 있다. 기계문명의 발달속도와 그 수준이 위험 수준에 도달했다고 걱정하는 사람들은 인간이 왜 이런 방식으로 살아야 하는지를 묻는다.

　"왜 인간들은 이다지도 기술에 의존해서 살아가려 하는지 모르겠습니다. 이제까지는 인간이 기술을 사용해서 문명을 발전시켰지만 지금은 오히려 인간이 기술에 목이 매여 끌려가고 있는 형국입니다. 기술이 지금과 같이 발달하지 않았던 때에는 세계 어디에 가든지 밤하늘에서 아름다운 은하수를 쉽게 볼 수 있었어요. 이제는 하늘에 큰 별 몇 개만이 보일 뿐입니다. 세상의 하늘이 미세먼지로 뒤덮이고 있습니다. 자제할 수 있어야 합니다."

　"그래도 기술의 발달로 인류는 지금과 같은 안락함을 누리고 있습니다. 100세 시대가 된 것도 전기와 의료기술의 발전 때문입니다. 냉장고가 없던 시절에는 상한 음식을 먹었습니다. 또한 식량 혁명으로 많은 사람들을 빈곤에서 벗어나게 하였고요. 환경을 생각하자고 하면 기술이 낙후된 옛날로 돌아가자는 이야기인데, 그것이 가능합니까? 달리는 기차를 어떻게 세워서 후진하게 합니까? 그것은 이상적이고 나

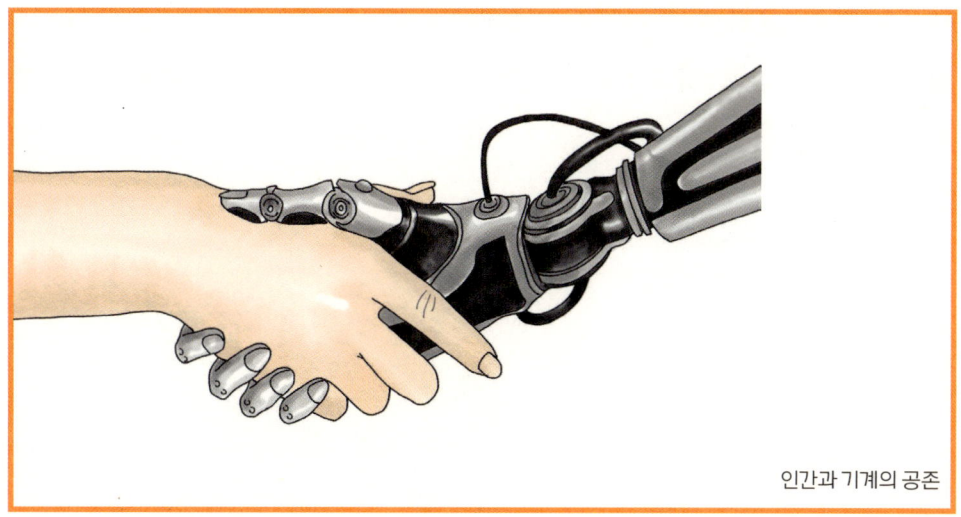

인간과 기계의 공존

약한 사람들이나 하는 이야기입니다."

환경에 조화되어 땅에서 나는 것과 사람의 노동력을 사용해서 살아가도 아무런 문제가 없는데 인간은 이다지도 기술에 의존해서 살아가고 있는 것일까. 아무리 기술이 발전해도 자연이 만들어 주는 벼 한 톨이나 작은 생명도 만들 수 없음을 알고 있음에도 사람들은 기술의 발전속도를 늦추지 않고 있다. 과도한 기술발전에 대한 우려에 많은 사람들이 동의하고 있지만 기술의 발전은 그것을 주도하는 사람들의 이익과 밀접한 관련이 있어서 통제하기가 어렵다. 세계 곳곳에서 기술을 선점하려 극단의 경쟁을 하고 있다. 기술의 선점이 곧 경제력 우위로 연결되기 때문이다.

지금보다 산업을 작게 만들어 보자. 물건을 만들 때 필요한 재료를 가까운 곳에서 구하자. 그 지역에서 쉽게 구할 수 있는 친환경 재료를 이용해서 지역에 필요한 에너 지원이나 생산품을 만든다. 원료로 사용된 재료들은 사용 후에 토양으로 되돌아가서 자연의 일부분이 된다. 현대 과학기술문명은 인간이 추구하는 이상적이고 지속가능한 인류의 삶과는 거리가 멀다. 삶의 방식이 지금보다 단순해져야 한다. 미래 지향적인 기술이 만들어가는 사회는 고도의 지식이 필요하지 않다. 일상의 생활은 고도로 발달된 자동화 기술보다는 노동력에 의존한다. 마을 농장에서 생산된 식량과 제품으로 마을을 운영한다면 비행기를 타고 지구의 먼 곳으로 이동해서 비즈니스를 하고 원자재를 다른 대륙으로부터 운반하고, 제품을 만들어 전 세계의 도시로 운송하는 시간과 재정의 낭비를 줄일 수 있다. 자원의 사용과 쓰레기 배출량을 줄일 수 있다. 인간과 자연, 그리고 기계가 공존하며 조화를 만들어 가는 삶에 지속 가능성이 있다.

적정기술의 시작 – 간디의 물레

솜이나 털 따위의 섬유를 자아서 실을 만드는 "물레(Spinning wheel)"라는 도구가 있다. 물레가 언제, 누구에 의해 만들어졌는지는 알 수 없지만 오래전부터 인류의 삶과 함께해 온 것은 분명하다. 11세기경에 중국과 아랍에서 물레가 사용되었다는 기록이 있다. 13세기경에 물레가 이란에서 인도에 전해졌다고 한다. 인도의 물레는 차르카(Charkha)라고 부른다. 차르카는 인도의 독립을 상징하는 단어이다. 인도의 간디(Mahatma Gandhi, 1869-1948)는 민족 독립운동에 실을 짜는 기계인 "물레"를 활용하였다.

간디가 물레를 언급한 시기는 영국에서 산업혁명이 시작되어 방직공업으로 대량의 의복을 생산하던 시대이다. 기계를 이용해서 옷을 대량으로 만들 수 있는 방식은 편리함과 생산성 측면에서 높이 평가되었다. 영국은 인도에 대량생산된 옷을 판매했다. 의복의 대량생산과 보급으로 시간과 노동이 많이 드는 물레를 돌릴 필요가 없어졌다. 그런 상황에서 간디는 방직산업의 대량생산으로 인해 사람들이 직장을 잃을 수 있음을 발견했다. 그는 기계에 의존하는 대량생산 산업기술을 전적으로 부정하지는 않았다. 기계공업과 소도시나 농촌의 수공업이 함께 공존하기를 바랐지만 실제로 산업화가 농촌의 산업을 파괴해 가는 것을 목격했다.

간디는 인도사람들에게 말했다.

"여러분 저와 함께 물레를 돌립시다. 물레를 돌리면 힘과 시간이 많이 듭니다. 하

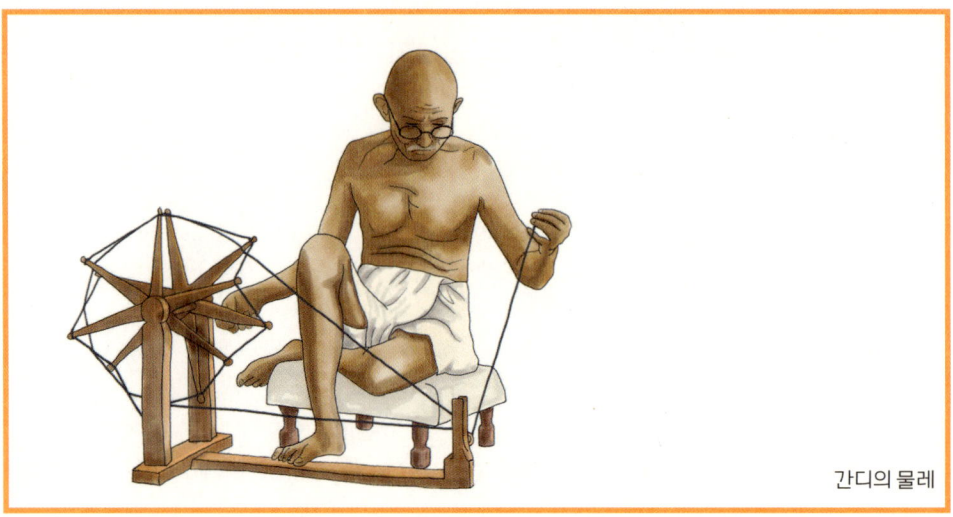

간디의 물레

지만 물레를 돌려야 우리가 오랫동안 안정적으로 생활할 수 있습니다."

물레는 일종의 물산장려 운동과 같은 민족 저항운동의 상징적인 도구가 되었다. 간디는 고전적인 생산방식인 물레가 시간이 많이 들고 생산성이 낮지만 이 방식에 민족(인류) 생존의 지속 가능성(Sustainability, 인간과 자연환경이 지속적으로 균형을 이루면서 살아감)이 있음을 발견했다. 실제로 간디는 그를 지지하는 사람들과 함께 물레를 돌렸다. 물레를 돌리면서 사람들은 시간과 일을 공유했고, 노동으로 인해 창출된 수익을 서로 나누었다.

사람들은 "적정기술(Appropriate Technology, AT)"을 이야기하면서 그 원류에 대해서 "간디의 물레"를 언급한다. 간디가 직접 적정기술이란 단어를 사용한 것은 아니지만 간디의 비폭력 저항운동의 저변에 적정기술의 개념이 있었기 때문이다.

슈마허 선생과의 대화

　슈마허(E. F. Schumacher, 1911-1977) 선생은 1911년 독일 본에서 태어났다. 경제학을 전공하던 그는 1930년대 초 영국으로 건너가 옥스퍼드 대학에서 수학하였다. 20년 동안 국가석탄위원회의 수석경제고문을 맡는 등 영국 정부의 경제관료로 재직하면서 농업경영에 깊은 관심을 가지게 되었다. 1955년 미얀마를 다녀온 후, 가난한 나라에 선진국에 발전된 기술을 적용하면 생산성은 좋아지지만 노동력의 사용이 적어져서 고용이 감소됨을 알게 되었다.

　그는 과학기술이 발전하지 않은 개발도상국에는 선진기술이 아닌 중간 수준의 기술이 필요하다고 주장하였다. 1966년 개발도상국에 적합한 기술을 개발하기 위해 '중간기술개발 그룹(the Intermediate Technology Development Group)'이라는 단체를 만들어서 중간기술이라는 개념을 확산시켰다. 대표 저서로는 1973년에 출판된 "작은 것이 아름답다'(Small is beautiful)가 있다.

　그는 또한 산업혁명 이후의 과도한 경제 발전과 그로 인한 지구자원의 과도한 소모를 비판해 왔다. 슈마허 선생은 이윤과 성장 중심의 경제발전으로 인하여 거대 조직이 만들어지면 경제체제의 능률이 떨어지고 환경오염과 노동조건의 비인간화를 낳았다고 지적했다. 슈마허 선생은 사람들과 경제에 대한 논쟁을 벌이는 것을 좋아했다. 오늘은 강의 후에 제자들과 인류에게 적합한 경제의 규모(크기)를 주제로 토론이 예정되어 있는 날이다.

에른스트 슈마허

"선생님, 오늘의 토론 주제에 대해서 말씀해 주시지요."

"그래요. 오늘의 주제는 경제의 크기인데, 제가 늘 관심을 가져왔던 주제입니다."

"크기라면 어떤 의미의 크기를 말씀하시는 것입니까?"

"사람들이 살아가는 마을의 크기일 수 있고, 경제 또는 산업체의 크기라고도 할 수 있습니다."

"선생님이 생각하는 경제가 현재의 경제와 많이 다릅니까?"

"네, 많이 다릅니다."

"설명을 부탁드려도 될까요?"

"네, 그러지요. 현대사회가 만들어 가는 경제는 너무 큽니다. 큰 도시에는 천만 명 이상이 살고 있고, 산업은 너무 거대해서 지구자원을 너무 많이 사용하고 있습니다. 게다가 원료의 수급에서 생산까지 전 세계가 연결되어 있고, 제품의 생산을 기계에 과도하게 의존하고 있어요. 무엇보다도 현재와 같은 속도로 경제가 발전한다면 지구의 환경이 감당하기 어렵습니다."

"지구의 자원고갈에 대한 이야기지요?"

"네, 그렇습니다. 지구 지원은 무한하지 않습니다. 자원의 양은 일정한데 사람들이 단시간에 과도하게 자원을 소모하고 있습니다. 기술이 발전하면서 경제가 발전했습니다. 모든 나라들이 선진국의 발전 모델을 생각하면서 산업을 발전시키려 하고 있습니다. 급속한 산업발달로 자원이 고갈되고 환경과 생태계가 파괴되고 있습니다. 통제 불능 상태라는 지적이 있습니다."

"선생님이 지향하는 경제의 개념에는 과도한 기술발달에 의한 거대 경제출현에 대해 우려하고 있는 것으로 압니다. 제안하시는 경제의 개념은 어떤 것입니까?"

"제가 생각하는 경제는 기술의 발전속도를 생각하는 경제입니다. 지금과 같은 발전속도는 너무 빠릅니다. 인류가 감당할 수 없는 수준입니다. 사람(구매력)이 많은 곳에 무수히 많은 거대한 산업이 경쟁적으로 만들어지고 있습니다. 이 거대 경제는 지구의 자원을 급속도로 소비합니다. 자원의 소비에 따라 환경과 생태계가 파괴되는 것은 당연합니다. 왜 이렇게 사람들이 빨리 달려가는지 모르겠습니다. 기계의 과도한 사용은 인간을 일터에서 쫓아냅니다. 자동화 설비가 제품을 만들고, 컴퓨터가 공장 운영의 중심에 있습니다. 사람들이 있었던 작업공간에서 기계가 일을 하고 있습니다."

"과학기술의 발전 속도에 대해 우려하는 사람들이 동일한 이야기를 하는 것을 알고 있습니다. 선생님이 주장하는 경제는 작은 경제라고 하는 데 어떤 경제를 말하는지요?"

"제가 주장하는 경제는 지구의 자원과 환경을 생각하는 경제, 노동력을 중요하게 생각하는 경제, 서로간 관계가 적은 경제를 말합니다. 이상적이라고 말하는 사람들이 있지만 이런 작고 아름다운 경제를 실현하기 위해서는 나눔과 배려, 기다림이 필요합니다. 제가 "작은 것은 아름답다(Small is beautiful)"란 제목의 책에서 경제단위를 이야기한 적이 있습니다. "작은 것은 아름답다"에서 '작은'은 작은 기술과 작은 규모의 경제를 말합니다. 지금과 같은 글로벌한 큰 경제는 힘이 있을지 모르지만 아름답지는 않습니다. 몇몇 기업과 자산가들이 대부분의 재화를 소유하고 있고 나머지 사람들은 이들 밑에서 일하는 작업자일 뿐입니다. 이에 반해서"작은 경제"는 "인간 친화적"인 경제라 할 수 있습니다. 인간 친화적이라는 말은 산업생산이 기계보다는 인간의 노동에 의해 이루어진다는 말입니다. 노동력을 이용한 생산방식은 많은 사람들이 작업에 참여하기 때문에 노동의 혜택이 다수에게 돌아갑니다. 다만 많은 사람이 수익을 나누어야 하기 때문에 각자에게 돌아가는 수익은 적습니다.

"왜 사람들이 선생님의 경제관을 이상적이라고 하는지 이해가 됩니다. 인간의 지나친 열망이나 욕심을 억제해야 이룰 수 있는 경제라는 생각입니다."

"그렇게 말하는 사람들이 있습니다. 하지만 실현이 불가능하지는 않습니다. 모두가 함께 노력하면 다수에게 이익이 되는 경제를 이룩할 수 있습니다. 마지막으로 작은 경제가 "아름답다'라는 말은 작은 경제가 자연 친화적이고 지속 가능하다는 의미를 포함하고 있습니다. '자연 친화적'이란 말은 자연에서 얻어지는 자원을 사용하여 소규모로 생산을 하다는 의미입니다. 소규모 생산은 부산물로 배출되는 쓰레기의 양이 적습니다. 또한 그것들이 자연으로 돌아갈 수 있는 충분한 시간을 줍니다. 자연환경이나 생태계 파괴가 적기 때문에 지속 가능한 지구환경을 만들어 갈 수 있습니다."

"'지속 가능하다'라는 말이 제게는 조금 어렵습니다. 좀 더 쉽게 설명해 주실 수 있으신가요?"

"네, '지속 가능하다(Sustainable)'라는 말은 '늘 한결같다', 또는 '변함없다'라는 의미입니다. 좋은 환경이 지속되어야 현재 사는 사람이나 후손들이 지구촌에서 살 수 있습니다. 인류의 생활 터전인 지구환경을 오랫동안 건강하게 유지할 수 있다는 말입니다. 산업혁명이 있기 전에 인류는 농업이나 축산을 하면서 살았습니다. 그 때에는 지금과 같은 환경이나 생태계 파괴가 없었습니다. 삶의 환경이 언제나 일정했지요. 산업혁명 후에 석탄과 같은 화석연료를 과도하게 사용하면 환경이 손상되기 시작했습니다. 이후에 석유와 가스도 개발되었지요. 새로운 에너지의 발견으로 산업발전에 속도가 붙었습니다. 산업발전을 인류의 생활이 풍족해졌지만 인간이 살아가야 할 지구환경은 손상되었습니다."

"그렇다면, 선생님은 과학기술에 의존하는 현대문명을 반대합니까?"

"아닙니다. 저는 과학기술에 의한 문명의 발전에 반대하지 않습니다. 과학기술은 인간에게 유익한 것입니다. 강물 위에 다리를 놓고, 사람을 보호하는 주택을 만들고, 인간에게 식량을 제공해 줍니다. 기술의 본질은 인간에게 유익을 주는 것입니다. 제가 반대하는 것은 기술의 과도한 사용입니다. 기술이 너무 급속하게 발전하거나 나쁜 의도를 갖는 사람들에 의해 원래의 취지와 다른 목적에 사용될 때 유익하지 못한 일이 발생합니다. 조금 본질적인 이야기지만 기술의 사용은 돈을 벌기 위함이 아닙니다. 인간의 불편을 해소해 주던 기술이 이제는 돈을 버는 수단으로 전락한 것 같습니다. 잘 살기 위해 지구자원을 과도하게 사용해서 지금과 같이 지구의 환경과 생태계가 파괴되면 지구환경에 지속 가능성을 보장할 수 없게 됩니다. 현대에 들어와서 기후변화에 의한 태풍이나 홍수, 가뭄 등으로 인류가 고통을 받고 있습니다. 전에도 이런 자연재해가 있었지만 지금처럼 인간이 대처하지 못할 수준은 아니었습니다."

"선생님은 인도 간디 선생의 촌락 운동(Village movement, 자급 자족적 촌락경제 운동)에 감명을 받은 것으로 알고 있는데요?"

"네, 그렇습니다. 간디 선생님의 촌락 운동은 민족을 살리기 위한 저항운동이지만 그 저변에 '작은 경제'의 개념이 담겨 있습니다. 영국의 산업혁명으로 방직산업이 발전했고, 그 결과 옷이 대량으로 생산되었습니다. 전에는 사람들이 실을 짜서 손으로 직접 옷을 만들었었는데 산업혁명으로 기계에 의한 대량생산이 가능해진 것이지요. 얼마나 좋습니까? 옷을 만들려면 사람들의 시간과 노동이 많이 듭니다. 하지만 기계로 만들면 생산성이 높기 때문에 사람들이 일을 하지 않아도 됩니다. 얼핏 좋을 것 같은데 장기적으로 이 방식에는 문제가 있습니다. 간디 선생은 기계에 의한 생산방식이 공장을 경영하는 자에게는 부를 가져다주지만 노동자들은 일자리를 잃게 된다는 사실을 간파한 것입니다. 그래서 그는 여러 사람이 모여 물레를 돌려서 실을 짜자고 역설했습니다. 간디 선생님의 생각은 제가 추구하는 경제의 개념과 일치합니다."

"아, 잘 알겠습니다. 간디 선생님의 정신운동에 인간의 노동에 의한 작은 경제의 의미가 담겨 있군요. 슈마허 선생님이 작은 경제모델을 주창하면서 '적정기술'이란 단어를 사용하신 것으로 알고 있는데 어떤 의미인지요?"

"그렇지요. 작은 경제를 만들고 가난한 나라를 돕는 기술로 적정기술을 이야기했었습니다. 하지만 제가 처음에는 '중간기술(Intermediate Technology)'이란 말을 사용했습니다. 중간기술이란 말이 적정기술로 바뀌게 되는데 그것은 나중에 다시 설명하겠습니다. 지속 가능한 세상을 만들어 가는 데는 첨단기술보다는 첨단기술과 토착기술의 중간 수준의 기술이면 충분하다는 생각에서 이 단어를 사용했습니다. 이제껏 인류가 사용해 온 기술의 대부분은 그런 기술이었습니다. 수동 커피 분쇄기가 그런 기계 중의 하나일 것입니다. 커피 알갱이를 용기에 넣고 사람의 손으로 핸들을 돌려 커피를 분쇄하는 커피 분쇄기에는 사람과 기계가 일을 함께 합니다. 사람 한 명의 노동력과 한 대의 기계가 있으면 커피 분쇄를 하는 작업장을 만들 수 있지요. 기계와 인간의 공존이란 표현이 적합할 것 같습니다."

"중간수준의 기술에 지속 가능성이 있다는 말이군요. 현재는 과학기술이 더욱 발전해서 세상을 급속도로 바꾸고 있는데 선생님의 생각은 어떻습니까?"

중간수준 기술-수동 커피분쇄기

"증기압과 같은 에너지를 발견한 산업혁명 이후 거대한 공장들을 중심으로 산업 사회가 만들어졌고, 그에 따라서 기술이 급속히 발전했습니다. 기술이 주는 편리함이 있지만 급속한 발전에 의한 따른 폐해도 큽니다. 인간은 자연의 정복자가 아니라 관리자입니다. 반복되는 이야기지만 지구의 자원은 무한하지 않습니다. 자원의 사용에 절제함이 있어야 합니다. 지하자원과 자연을 관리하면서 일부를 제한적으로 사용해야 합니다. 또한 과도한 자원의 소모로 지구환경과 생태계가 손상되었다면 그것이 다시 회복할 수 있도록 충분히 기다려 주어야 합니다. 그러지 않는다면 지구의 자원과 환경을 지속적으로 지켜낼 수 없습니다. 지구는 한 민족, 한 국가만이 사는 공간이 아닙니다. 후손에게 좋은 환경을 물려 줄 책임이 현대를 살아가는 우리에게 있습니다."

"선생님의 작은 경제 개념과 적정기술을 확산시킬 방안은 무엇입니까"

"외부의 도움 없이도 자체적으로 운영이 가능한 중간 규모의 작은 경제체제가 필요합니다. 마을 공동체를 생각해 볼 수 있습니다. 마을 주변에서 생산되는 원자재를 사용해서 작은 공장을 운영합니다. 제품의 생산에는 풍력, 태양에너지, 수력 등의 친환경적인 자연 에너지를 사용합니다. 그리고 가능하면 기계를 사용하기보다는 노동력을 사용해서 물건을 만듭니다. 인간의 노동에 의존하는 생산체계이지요. 생산성은 떨어지지만 많은 사람들이 생산에 참여하기 때문에 여러 사람들이 수익을 나눌 수 있습니다. 생산에 필요한 원자재를 마을이나 인근에서 얻을 수 있기 때문에 외부에 대한 영향을 줄일 수 있습니다. 지역에서 만들 수 있는 특화된 제품을 만들어서 파는 형태입니다. 이런 자급자족 형태의 경제에 지속 가능성이 있습니다."

"선생님이 구상한 경제방식을 실행한 경험을 이야기해 주시겠습니까?"

"네, 제가 직접 중간개발그룹(Intermediate Technology Development Group, ITDG)이란 단체를 만들어서 개발도상국인 미얀마에서 기술을 전수하는 활동을 했습니다. 과학기술이 발전하지 않은 가난한 나라에는 첨단기술이 필요하지 않습니다. 기계를 운용하는 것보다 노동력이 더 저렴합니다. 저희 활동에 긍정적인 결과가 있었습니다. 저는 이렇게 생각합니다. 인간의 행복은 자본(재산)의 양과는 크게 비례하지 않습니다. 개발도상국 국민들은 부자들이 아닙니다. 하지만 그들의 해맑은 얼굴에서 저는 인간의 행복과 삶의 가치를 발견했습니다. 제가 제안하는 경제구조가 개발도상국의 발전에 적절하다는 것을 알게 되었습니다."

"중간기술이란 단어가 적정기술로 바뀐 이유는 무엇입니까?"

"중간기술을 사용하여 개도국에서 지역사회개발 운동을 해 왔습니다. 그 결과, 기술보급이 효과를 얻으려면 그 지역의 사회, 문화, 경제, 윤리 등의 여러 요소들과 조화를 이루어야 한다는 것을 알게 되었습니다. 예를 들어, 선진국들이 가난한 나라를 돕겠다고 여러 기술을 아프리카나 아시아에 보급해 주었습니다. 대부분이 그 지역의 문화나 관습에 맞지 않는 것이었고, 고장이 나면 부품이 없거나 수리할 수 있는 사람들이 없어서 많은 장치들이 쓰레기가 되었습니다. 발로 물을 이송하는 장치인 발 펌프처럼 그 지역 사람들이 살만큼 값이 싸고 현지인들이 쉽게 배워서 쓸 수 있는 장치들은 지역사회에 잘 정착되었습니다. 그래서 위에서 언급한 여러 요소에 '적정(Appropriate)'하다는 의미를 담고 있는 '적정기술'이 중간기술이란 말보다 좀 더 적절한 단어라고 생각해서 이 단어를 사용하게 되었습니다."

"사람들은 현대 과학기술에 심취되어 기술의 발전을 즐기다가 거대 산업사회의 단점이 노출될 때마다 적정기술을 이야기합니다. 과연 적정기술이 자원고갈과 환경파괴로 신음하는 지구를 살리는 대안이 될 수 있을까요?"

"궁극적으로는 그럴 것으로 봅니다. 인류의 출현부터 근대까지 인간의 삶을 지탱해 온 기술은 대부분 적정기술 수준의 기술들이었습니다. 최근 200-300년 동안에 첨단 산업기술이 경제, 사회, 문화 모든 영역의 모습을 바꾸어 놓았습니다. 얼핏 좋은 것 같지만 위험요소가 많습니다. 사람들은 자원을 너무 빨리 소모해 버렸습니다. 그래서 오일쇼크 같은 사태가 발생했습니다. 지구 전체 자원 조달의 문제가 생겼을 때 사람들은 현대의 거대경제에 대한 의구심을 제기합니다. 과도한 경제 네트워크에 의한 유럽과 미국의 금융위기나 지구 전체의 해수와 대기를 오염시킨 원자력 사고도 거대 산업에 의한 사고입니다. 그럴 때마다 사람들은 대안으로 적정기술을 이야기합니다. 후쿠시마 원자력 사고 후에 일본 정부는 원자력 발전을 중지하겠다고 했습니다. 그러나 이후 다른 에너지의 낮은 경제성을 이유로 다시 원자력발전을 하고 있습니다. 사람들이 쉽게 아픔이나 고통을 잊고 다시 유사한 시행착오를 하는 것이 안타깝습니다."

"아, 그렇군요. 과학기술의 발전은 끝이 없는 것 같습니다. 어디까지가 인간과 기술의 타협점일까요?"

"글쎄요. 지금과 같아서는 타협을 할 수 없는 것 같습니다. 기술이 인간을 앞서가기 시작했으니까요. 더 중요한 것은 급속하게 발전하는 현대 과학기술 사회의 종착역이 어디인지 아무도 모른다는 사실입니다. 만약 과학기술의 과도한 발전으로 지구의 환경이 치명적으로 손상된다면 문제는 커집니다. 그렇게 되기 전에 우리는 발전 속도를 줄이든지 삶의 방식을 바꾸어야 합니다."

"선생님의 이런 생각을 급진적이라고 말하는 사람들이 있던데요."

"저도 그런 말을 들은 적이 있습니다. 급진적이란 말은 제가 제안하는 경제체제가 현재의 주류 경제학자들이 추진하는 경제와 아주 달라서 하는 말이겠지요. 하지만 수공업이나 재래식 농업이 경제의 중심이었던 200년 전에는 제 생각이 주류의 경제였습니다. 그때라면 지금과 같은 과학기술을 중심으로 만들어 가는 거대 경제를 급진적인 모델이라고 했겠지요. 생각하기 나름입니다."

"그 말에도 일리가 있습니다. 앞으로 인류의 지속 가능한 미래를 위한 조언을 해 주신다면……."

"우선 경제의 크기를 상호 의존성이 적은 구조로 만들어야 합니다. 대도시보다는 작은 마을 공동체에 지속 가능성이 있습니다. 도시에 상주하는 인구가 50만 명이 넘으면 공해와 빈민 등 많은 문제가 생깁니다. 새로운 질병에 속수무책으로 당할 수 있습니다. 따라서 경제 규모를 줄이고 경제활동의 속도를 줄일 필요가 있습니다. 효율과 생산성이 높아진다고 인간의 삶의 질이 향상되지 않습니다. 그리고 돈을 많이 버는 산업이라 해도 이것으로 인해 지구환경에 문제를 초래한다면 신중하게 생각하고 실행해야겠지요. 인간이 만든 물건 중에 자연에 조화로운 것은 별로 없습니다. 자연에서 얻어지는 것이 지구환경에 가장 적합합니다."

"그런데 현대사회가 적정기술에 대해 어느 정도 관심이 있는지 잘 모르겠습니다."

"자원의 문제가 불거지면 사람들은 대안 에너지를 생각하게 되었습니다. 1990년대의 오일 파동 이후에 미국은 적정기술을 담당하는 에너지 부서를 만들어서 태양광과 풍력 등의 자연 에너지의 활용에 대한 연구를 진행했습니다. 태양광이나 풍력 같은 친환경 에너지로 에너지 자립을 하는 마을을 시범으로 운영해 보았습니다. 적정기술이 잘 정착하는가 했는데, 미국과 소련의 냉전 시대가 도래하면서 적정기술이 사람들의 관심에서 멀어져 갔습니다. 미-소간 군비경쟁에서 우위를 점할 수 있는 첨단 기술들이 각광받게 되었습니다. 원자력 발전이나 스타워즈 프로젝트가 거대기술의 대표적인 예이지요. 힘의 논리가 경제에 도입되면서 이상주의적인 적정기술이 배척된 것이지요."

"잊혀졌던 적정기술이 요즈음에 다시 부활하고 있지 않습니까?"

"지구 온난화 같은 환경문제가 이슈(Issue)가 되자 사람들이 다시 적정기술에 관심을 갖게 되었습니다. 좋은 현상이지요. 지구환경이 손상되면서 많은 사람들이 자연과 환경의 중요성을 인식하고 있기 때문에 적정기술에 더욱 관심을 가질 것입니다."

"오늘 여러 가지 좋은 말씀 많이 들었습니다. 적정기술에 대한 공부가 많이 되었습니다. 다음에 다시 선생님의 작은 경제에 대한 이야기를 들을 수 있으면 좋겠습니다."

대화의 요약

"작은 것이 아름답다"란 말이 있다. 영어로는 "Small is beautiful"이다. "작다"라는 표현은 인간이 경영하는 공동체(마을의 경제, 산업, 도시 등의 인간의 삶의 방식과 관계가 되는 것들)의 규모에 대한 것이다. 어느 정도가 큰 것이고 어느 정도가 작은 것인지에 대해서 명확한 기준은 없지만 단위를 이루는 공동체의 성격으로부터 그 크기를 결정할 수 있다.

"작은 것"은 인간의 삶의 방식을 규정하는 철학적 의미를 담고 있다. 우리 스스로에게 "어떤 방식으로 사는 것이 지속 가능한가?"를 묻고 있는 것이다. "작은 것은 아름답다"란 말은 영국의 경제학자 슈마허가 한 말이다. 그는 인간다운 삶의 모습과 그것의 지속 가능성에 대해 고민했다. 슈마허는 인도의 간디가 주창한 촌락 운동에 큰 감명을 받았다. 인도의 정치 지도자요, 독립운동가 겸 법률가인 간디가 처음 '작은 것'을 이야기했다. 그는 당시 인도를 지배하고 있던 영국에 대한 비폭력 저항 운동으로 촌락 운동을 전개했다. '작은 것'의 중요성을 담은 이 운동은 저소득 계층의 경제적 자립을 위해 시작되었다. 당시 인도는 영국으로부터 직물을 수입하고 있었다. 간디는 수입된 직물들이 인도 사람들의 삶(의복)의 질을 개선시키는 것 같지만, 실제로는 그것으로 인해 인도의 재래 섬유산업이 황폐화되고 있음을 깨닫게 되었다. 그는 영국에 대한 경제적 종속에 저항하여 물레를 돌려 실을 만들어 천을 짜는 운동을 시작하였다. 인도의 전통적인 물레기술이 영국의 대량생산 방직 기술보다 상대적으로 낙후된 기술이지만 그것이 인도 국민들의 삶에 궁극적으로 더 많은 도움을 줄 수 있을 것으로 보았다.

작은 것이 아름답다 - Small is beautiful

　슈마허는 거대한 조직 중심의 사회가 인간의 행복한 삶에는 그다지 큰 도움을 줄 수 없다고 생각했다. 그는 스스로 가난한 나라(미얀마)의 사람들이 서구적 관점에서는 빈곤이나 다름없는 매우 낮은 소득만으로 행복하고 만족스런 삶을 살고 있는 상황을 목격했다. 그는 자신의 경험을 토대로 1973년에 발간된 그의 저서에서 작은 것을 실행하는 기술인 중간기술이 필요하다고 역설하였다. 슈마허는 제2차 세계대전 이후 선진국들이 후진국에 대해 실시한 대량 원조사업이 후진국 국민들의 삶의 질을 오히려 황폐화시켰음을 지적하였다. 그는 대안으로 대단위 자본과 기술 집약에 기반을 둔 대형 경제체제보다 개개인의 삶에 구체적으로 관심을 가져줄 수 있는 경제단위를 제안하였다. 중간규모의 경제를 꾸려나가기에 적절한 기술이 인류의 삶의 질 향상에 더 큰 도움을 줄 수 있다고 주장하고 이를 '중간기술'이라고 정의하였다. 슈마허는 중간기술을 실천하기 위해 1965년 '중간기술개발그룹'이라는 단체를 설립해서 활동을 전개해 나갔다. 실제적인 활동 후에 여러 단계의 논의를 거친 후에 중간기술은 '적정기술'로 다시 정의되었다.

녹색 에너지 마을, 윤데(Jühnde)

축산물을 이용해서 에너지를 얻고 퇴비를 만들어 농업을 하는 친환경 에너지 마을이 있다. 이 마을은 독일 중부에 위치한 괴팅겐(Göttingen, 니더작센주(州)에 위치한 도시)에서 15km 떨어진 곳에 위치한 윤데다. 이 마을에 사는 사람은 그다지 많지 않다. 200여 가구의 700명 남짓한 사람들이 모여서 농사를 지으며 살아가고 있다. 그런데 이 작은 시골 마을이 에너지를 자립한 녹색 마을로 전 세계에 알려졌다. 이 마을은 가축의 배설물과 식물자원으로부터 에너지를 얻고 부산물로 얻는 퇴비를 이용해 농사를 짓는 방식을 도입했다. 어떻게 에너지를 자립해서 살아가는지 마을을 방문해 보았다. 마을 입구에는 윤데라는 마을 표시판이 있었다. 이 마을을 보기 위해 방문하는 외부 사람들이 많아서 마을에서는 방문자에게 마을을 소개하는 탐방 프로그램을 운영하고 있었다. 마을 소개를 맡은 담당자가 외부 탐방객을 맞이한다.

"윤데 마을에 오신 것을 환영합니다. 저희 마을은 에너지를 자립한 녹색 마을 (Green village)입니다."

"네, 윤데 마을이 자연생태를 이용해서 에너지를 자립한 마을로 전 세계에 알려져 있어서 마을 운영방식을 배울까 방문했습니다. 저는 한국에서 왔습니다."

"아, 비티에스(BTS, 방탄소년단, 한국의 남성 아이돌 그룹)의 나라 코리아에서 오셨군요. 환영합니다. 저희 아이들이 비티에스를 엄청 좋아합니다. 한국에서 저희 마을을 자주 방문합니다. 한국의 지방정부에서 저희 마을과 같은 에너지 자립마을을 만들려

에너지 자립마을 윤데

는 노력을 하고 있다고 들었습니다.”

"네, 그렇습니다. 농촌 지역에서 친환경 에너지 마을을 만들려고 노력 중입니다. 이 마을은 어떻게 에너지를 자립하게 되었는지 알고 싶습니다.”

"네, 저희 마을의 에너지원은 소나 돼지의 분뇨입니다.”

"가축의 배설물을 에너지원으로 사용하신다고요?”

"네, 그렇습니다. 소나 돼지는 풀이나 곡물을 먹습니다. 그래서 배설물도 풀이나 곡물과 성분이 유사합니다.”

"가축의 배설물에서 어떻게 에너지를 얻을 수 있나요?”

"가축분뇨에 버리는 농산물 자원인 옥수숫대나 볏짚을 넣고 발효하면 메탄(CH_4) 가스가 나옵니다. 메탄가스를 태워서 발전기를 돌려서 전기를 생산합니다. 열병합 발전소라고 들어 보았나요?”

"네, 들어 보았습니다. 쓰레기를 태워서 전기나 난방을 하는 시설이지요."

"네, 그와 유사합니다. 이 방식으로 에너지를 얻게 되면 석탄이나 석유와 같은 화석연료(Fossil fuel, 化石燃料, 땅속에 묻힌 동식물의 유해가 오랜 세월에 걸쳐 화석화하여 만들어진 연료) 사용을 저감할 수 있지요. 저희가 생산한 전기의 반 정도만 마을에서 사용하고 나머지는 연방정부에 팔아서 수입을 얻습니다. 게다가 축산배설물과 농업-임업 폐기물을 섞어서 퇴비를 만들기 때문에 퇴비의 질이 우수합니다. 저희는 이 퇴비를 다시 농사에 이용합니다. 자연환경을 보존하는 일석이조의 에너지-농업 방식이라고 할 수 있지요. 이런 에너지를 바이오 에너지라고 합니다."

"어떻게 이런 친환경 방식을 활용할 생각을 하게 되었나요?"

"잘 생각해 보면 과학기술이 지금처럼 발전하기 전에는 모두 이런 방식으로 만든 퇴비를 사용했었습니다. 사람의 분변과 농업 부자재를 섞어서 퇴비를 만들었죠. 저희는 고전적인 방식을 체계화한 것뿐입니다."

"아, 생각해 보니 그렇군요. 저희도 시골 마을에서도 유사한 방식으로 퇴비를 만들었던 기억이 있습니다. 그때는 사람의 변과 소변을 볏 집단에 뿌려서 발효시켰던 것 같습니다. 그런데 제가 이 마을에 서 보니까 가축 배설물을 발효시키는 시설이 제법 규모가 크던데 시설을 만드는 데 드는 많은 자금은 어떻게 조달하셨는지요?"

"시설을 보셨군요. 저기 보이는 흰색의 돔 모양의 저장조 시설이 에너지를 생산하는 시설입니다. 시설을 어떻게 갖추는가가 중요하지만 그 보다 더 중요한 것은 마을 주민들의 의견을 통일하는 것입니다. 마을 주민 모두가 동의하면 발전시설을 만드는 자금을 정부에서 받아올 수 있습니다. 모든 자금을 정부가 제공하는 것은 아니고 마을 주민들도 가구마다 적당한 재정을 부담합니다. 은행에서 융자를 받는 부분도 있습니다. 돈이란 참 그 속성이 묘해서 크든 작든 사람들이 돈 이야기만 하면 고개를 젓습니다. 마을 공동체를 위한 일이고, 자신의 생활을 개선하는 일이며, 장기적으로

윤데 마을의 에너지
생산시설

마을 경제에 도움이 된다고 주민들을 설득했습니다. 지금도 저희 마을은 모든 사안을 주민 회의에서 결정합니다. 재정보다는 마을 주민들의 목소리를 하나로 만든 것이 훨씬 중요하지요."

"그렇군요. 한국에서도 농촌에 에너지 공동체 마을을 만들려고 하는데 그것이 그다지 쉽지 않았습니다. 저마다 목소리가 달라서요."

"그래서 저희는 마을 주민 모두가 참여해서 운영하는 협동조합을 만들었습니다. 협동조합을 통해 시설을 운영하고 수익을 나눕니다. 수익의 분배가 공정하도록 노력하고 있습니다."

"협동조합을 운영한다고 하니까 적정기술을 주창한 영국의 경제학자 슈마허 선생이 생각납니다. 혹시 슈마허 선생을 아시는지요?"

"알지요. 슈마허란 이름을 생각해 보십시오. 그는 영국사람이 아니라 독일계 사람입니다. 독일의 본에서 태어났지요. 영국에서 공부하고 활동을 했을 뿐입니다. 독일에서는 슈마허 선생의 이론을 실천하는 기관이나 사람이 많습니다. 독일에는 적정기술연구소도 있습니다. 저희가 운영하는 방식이 적정기술을 적용한 방식이라고

인간과 자연중심의 경제

할 수 있습니다. 지역에서 생산되는 자원을 활용하고, 기계에 많이 의존하지 않고, 부산물을 퇴비로 사용하니 자연에서 온 자원을 다시 자연으로 돌려보내게 됩니다. 자원의 순환과정에서 나오는 폐기물이 적습니다. 그리고 협동조합이란 작은 공동체 기업을 만들어 운영하니까 마을 주민들과의 수익의 나눔이 공정합니다."

"저보다 더 많이 알고 계시네요. 오늘 이곳에 와서 많이 배웁니다. 독일에는 윤데 마을과 같은 방식으로 에너지를 자급하는 마을이 많이 있는지요?"

"독일 정부는 자연에서 얻을 수 있는 에너지 활용을 권장합니다. 윤데 마을이 모델이 된 후에 에너지를 자급하려는 마을이 이백여 군데나 됩니다. 서두에서 말씀드린 바와 같이 사람이 먹는 모두 식량은 땅에서 납니다. 땅을 떠나서는 인간은 살 수 없습니다. 자연에서 얻은 것을 자연으로 돌려주면 다시 자연은 인간에게 유익한 것을 제공합니다. 이런 자연 친화적이고 순환적인 삶이 인간이 추구해야 할 궁극적인 삶의 방식이라고 생각합니다. 이와 같은 단순한 진리에서 인간의 삶의 방식을 찾아야 합니다. 궁극적으로 그것은 지속 가능한 농업이 될 것입니다."

"정부가 에너지 마을의 발전을 돕고 있다고 하지만 이 일을 진행하면서 어려움은 없으신지요?"

"여러 어려움이 있었습니다. 요즘은 바이오 에너지 발전보다 풍력이나 태양광 발전의 단가가 쌉니다. 차액을 국가가 보상해 주고 있지만 저희 자체적으로 에너지 효율을 높이려는 노력을 하고 있습니다. 분뇨 처리시설을 확대하고 전기를 생산하는 발전 모터의 성능도 높이고 있습니다. 저희는 이 프로그램을 윤데2.0이라 부르고 있습니다. 에너지 효율의 향상과 더불어 이 지역을 관광지로 만들려는 노력도 하고 있습니다. 저희 에너지 마을을 보러 세계 각지에서 방문하고 있기 때문에 자원봉사단을 만들어 자립마을 탐방을 관광상품으로 개발하고 있습니다. 앞으로 자연 에너지 사업을 더욱 확대해서 녹색 기적이 이루어지도록 노력하겠습니다."

"장시간 자세한 설명 감사합니다. 제가 한국에 돌아가면 윤데 마을의 친환경 에너지 생산방식을 소개하도록 하겠습니다."

| 적정기술, 현대문명에 길을 묻다

7부

가난한 나라를
돕는 적정기술

← 캄보디아 쁘리뱅의 태양광 전기 발전장치

바야르의 난로

    열한 살 바야르는 아홉 살 동생과 할머니와 함께 살고 있다. 그의 집은 몽골의 가난한 동네 칭킬태 천막촌에 있다. 집이라고는 하지만 달랑 천막 하나가 전부이다. '게르'(Ger, 몽골족[蒙古族]의 이동식 집)라고 불리는 이동식 전통 천막 주택이 바야르의 집이다. 바야르의 가족은 오래전부터 몽골의 초원에서 양과 염소를 키우며 살아왔다. 유목민은 한곳에 머무르지 않는다. 바야르의 가족도 계절이 바뀌면 가축의 먹이가 있는 곳을 따라 이동한다. 매년 반복적으로 이동하는 생활을 해왔기 때문에 계절에 따라 어느 곳으로 이동해야 하는지 잘 알고 있다. 게르는 몽골의 환경에 적합하게 만들어진 이동식 주택이다. 게르는 분해와 조립이 쉬워 유목민들의 이동식 주택으로 적합하다. 이동성이 높은 게르가 없었다면 칭기즈 칸(Genghis Khan, 세계 역사상 가장 넓은 대륙을 점유한 몽골 제국의 창업자)의 몽골 대제국도 존재하지 않았을 것이라고 한다. 게르는 병사들의 이동에 적합하게 설계된 전투용 막사인 셈이다.

    사회주의 국가인 러시아에 오랜 보호를 받아 온 몽골이 개방되자 많은 서방의 투자자들이 몽골의 지하자원을 선점하기 위해서 몽골로 들어왔다. 30만이 살 수 있는 도시로 계획된 수도 울란바토르(Ulaanbaatar)에 이제는 150만이 넘는 사람이 살고 있다. 전통적으로 유목을 하던 사람들이 돈을 벌 수 있다는 희망을 품고 도시로 몰려왔다. 바야르의 가족들도 그런 도시 이주자 유목민 중의 하나이다. 가난한 유목민들이 모여 도시 외곽에 천막촌 마을을 만들었다. 경제적으로 어느 정도 기반이 있는 사람들은 판자로 만든 주택에서 살고 가난한 사람들은 게르에서 산다.

쓰레기를 줍는 바야르와 그의 동생

몽골은 1년 중의 8-9개월이 겨울이다. 그중 3-4개월은 영하 30도가 넘는 추운 날이다. 추운 겨울을 지내려면 난로의 불을 잘 지펴야 한다. 게르에서는 천막 중앙에 설치한 난로를 사용해서 주택의 난방과 조리를 한다.

"바야르와 동생은 이번 겨울을 잘 지낼 수 있을까?"

밥을 먹지 못해도 며칠을 지낼 수 있지만 난로의 불이 꺼지면 얼어 죽을 수 있다. 어둠이 가시지 않은 새벽에 바야르는 일어나서 난로의 불을 살폈다. 난로에 불씨가 죽어가고 있음을 확인하고 바야르는 밖으로 나갔다. 한참을 걸어 도착한 곳은 쓰레기 처리장. 그는 동생과 함께 쓰레기장에 버려진 페트(Pet)병과 같은 쓸 만한 쓰레기를 주었다. 가난한 바야르는 공부보다 동생을 돌보는 법을 먼저 배웠다. 바야르에게 물었다.

"일주일에 몇 번이나 나오냐?"

"거의 매일 나와요."

몽골 유목민의 주택, 게르

바야르는 쓰레기장에서 얼어붙은 빵으로 허기를 채웠다. 바야르는 동생과 함께 모은 쓰레기를 쓰레기 수집상에 가져가서 1,200원 정도를 받고 그 돈으로 갈탄과 나무를 샀다.

"그 정도면 충분하냐?"

"아니에요. 많이 부족해요."

바야르는 하룻밤의 추위를 견디기에 턱없이 부족한 양의 연료를 받아 들고 집으로 향했다.

몽골의 난로는 쇠로 만들어져서 빠르게 달구어지고 빠르게 식는다. 열을 저장하는 시간이 짧아서 하룻밤을 견디려면 난로에 연료를 여러 번 집어넣어야 한다. 효율이 높지 않은 조그마한 난로에 의지해서 겨울을 나야 하기 때문에 한 달 생활비 중 연료비가 차지하는 비중이 반을 넘는다. 비싼 연료비 때문에 어떤 사람들은 도시 맨

굿네이버스 사회적기업에서의 지세이버 제작

홀 밑의 어두운 지하도의 온수관을 의지해서 지내다 심각한 화상이나 동상에 걸려 고통을 받기도 한다.

"몽골의 난로를 개선하자."

코이카(KOICA, Korea International Cooperation Agency, 한국 국제협력기구) 국제개발 전문가로 몽골에 파견된 김 선생은 몽골 천막 주택의 난로를 고쳐 주기로 했다. 몽골은 난방뿐 아니라 갈탄을 태울 때 나오는 연기로 대기가 심각하게 오염되었다. 대기 오염으로 방문을 열면 매캐한 냄새가 코를 찌른다. 유엔 환경 계획처에서는 울란바토르를 세계 최악의 대기 오염 도시로 지정했다. 김 선생은 한국에서 환경 관련 기관에서 일한 경험이 있었다. 그 경험을 바탕으로 난로에 열을 모아 오래 동안 지속시켜 주는 축열기([蓄熱器], Regenerator, 열을 보존해 주는 장치)를 만들기로 했다.

김 선생은 한국의 전통 온돌에서 열을 저장하는 힌트를 얻었다. 온돌과 같이 난로 중간에 돌을 집어넣으면 돌이 열을 흡수하기 때문에 오랫동안 보온이 되고 열 방출 속도가 느리다. 그는 몽골에서 쉽게 구할 수 있는 맥반석과 진흙, 철을 포함한 돌들을 구해서 금속 틀 안에 순차적으로 쌓았다. 여러 번 실험을 반복해서 가장 열효율이 좋은 조건을 찾아냈다. 정확한 데이터를 얻기 위해 한국의 과학자들에게 자문을 구했다. 나중에 안 사실이지만 이 장치는 열을 잘 모아 줄 수 있을 뿐만 아니라 연료가 탈 때 나오는 연기도 잡아주는 역할도 했다. 보온과 공해방지를 할 수 있는 일석이조의 효과를 갖는 장치가 개발된 것이었다.

난방비를 절약하면 먹을 것과 입을 것을 더 확보할 수 있다. 생활 조건이 더 나아지면 바야르와 같은 어린아이들이 쓰레기를 줍지 않고 학교에 다닐 수 있다. 민간구호단체인 굿네이버스(Good Neighbors)는 김 선생이 개발한 열 모으는 장치인 지세이버(G-saver)를 대량으로 만들어 몽골에 보급하기로 했다. 수익을 얻기보다는 사회의 약한 사람들을 생각하는 사회적 기업을 만들어 천막 주택의 생활을 개선하는 데 그 목적이 있었다. 지세이버가 천막의 난방비를 반으로 줄이고 주민들의 생활환경을 개선시켜 줄 것이라 기대했다. 굿네이버스는 몽골에 직접 공장을 설립해서 가난한 가정을 대상으로 지세이버를 일 년에 1-2만 대를 보급해서 판매 수익을 빈민구제에 사용하기로 했다(2020년 현재 10만 대 보급). 공장에서 생산된 열저장 축열기 지세이버는 게르에서 난로를 이용하는 가정에 우선적으로 보급되었다. 주민들에게 사용 방법을 가르치고 장기간 사용 시에 발생하는 문제점들을 보완해 갔다. 난로에 축열기를 달고부터는 난로에 연료를 집어넣는 횟수가 줄었다. 몽골 정부에서도 이 장치에 관심을 갖기 시작했고 굿네이버스는 보급을 확대하고 있다. 한국의 온돌에서 아이디어를 얻어서 만든 열 보온장치인 지세이버는 한국인이 개발한 최초의 적정기술 제품이 되었다. 공해를 방지하고 생활을 개선해 주는 한국형 적정기술 제품인 지세이버에 거는 기대가 크다.

* 지세이버(G-saver)

지세이버는 최초의 한국형 적정기술 제품으로, 개발자는 김만갑 선생이다. G-saver란 이름은 굿네이버스에서 지었다. "G"는 몽골 천막 주택인 "Ger", 좋은 친

게르 내 난로 위에 설치된 G-saver

구란 뜻의 "Good neighbors", 친환경 녹색인 "Green"을 의미한다. "Saver"는 열을 저장한다는 뜻이다. 김만갑 선생은 한국의 환경 관련 기관에서 일한 경험을 살려 몽골에 적합한 적정기술 제품인 지세이버를 개발했다.

 * 사회적 기업(Social enterprise)

  사회적으로 약한 사람들을 배려하는 마음으로 만든 회사가 사회적 기업이다. 세상에는 경제적으로 부유한 사람이 있지만 그렇지 못한 사람들도 있다. 어느 경우나 다 사회의 구성원이다. 사회적으로 취약한 계층에게 일자리를 제공해서 그들의 삶을 개선한다. 물건의 생산, 판매, 서비스 등의 영업활동을 해서 생긴 수익은 다시 사회에 환원한다. 사회문제인 환경에 대안을 제시하는 기업도 사회적 기업에 속한다.

생명의 빛 태양광

전 세계 성인 다섯 명 중 한 명은 글을 읽을 줄 모른다. 가난한 나라일수록 글을 모르는 사람들이 많다. 서아프리카 농촌의 문맹률은 75%나 된다.

"가난한 사람들 중에 왜 글을 모르는 사람이 많을까?"

학교에 가서 공부를 할 기회를 갖지 못해서이다. 가난하기 때문에 아이들은 낮에는 밖에 나가서 일을 하고 땅거미가 어둑한 저녁이 되어서야 집으로 돌아온다. 글을 모르니까 그들이 할 수 있는 일은 단순 노동뿐이다. 육체노동으로 버는 돈은 많지 않다. 글을 알면 좀 더 나은 일자리를 얻을 수 있고, 그것을 통해 가난에서 벗어날 수 있는 기회를 얻는다.

"사람이 글을 알게 되면 무엇이 달라질까?"

아이 엄마가 식품이나 약품의 유통기간을 알게 된다. 농부들은 화학비료의 설명서를 읽어 사용 방법과 독성에 대한 지식을 얻을 수 있다. 농약의 독성을 몰라 과수원에 농약을 치고 나서 몇 날을 누워 있다가 사망하는 사고가 종종 발생한다. 글을 알면 여성들이 사회적 활동에 참여해서 정치적인 문제 등에 자신의 의사를 표현할 수 있다.

몇 년 전에 필자는 캄보디아 프놈펜(Phnom Penh, 캄보디아의 수도)의 한 대학에서 열

유니세프가 지어 준 캄보디아 초등학교 내부

린 세미나에 참석한 적이 있었다. 한국의 대학에서 온 교수 한 분과 프놈펜의 호텔 방을 같이 썼었다. 세미나를 참석하고 호텔 방으로 돌아와서 방에서 그 교수와 담소를 나누었다.

"교수님, 저는 이곳 캄보디아가 처음입니다. 와 보니 생각보다 한국 사람들이 많습니다."

"예, 저는 여러 번 왔습니다. 이곳에 제 제자가 컴퓨터 학교를 하고 있습니다."

"학교가 프놈펜에 있습니까?"

"아니요. 여기서 좀 떨어진 쁘리뱅(Preveng)이란 농촌마을에 있습니다. 차를 타고 가다가 배를 타고 강을 건너 조금 더 가면 됩니다. 제가 내일 그곳에 들어가 보려고 합니다."

"아, 그러십니까? 컴퓨터 학교가 인기가 있나요?"

"네, 이곳 사람들에게 인기가 많습니다. 아시다시피 여기 캄보디아는 전쟁으로 인해 많은 지식인들이 목숨을 잃었습니다. 킬링필드(Killing fields)란 영화를 통해 캄보디아의 전쟁 비극이 잘 알려져 있지요. 1975~1979년 5년 동안 폴 포트(Pol Pot, 1925~1998)가 이끄는 크메르 루즈(Khmer Rouge, 캄보디아 공산당)라는 무장단체가 학살을 자행했습니다. 3년 7개월간 전체 인구 700만 명 중 1/3에 해당하는 200만 명에 가까운 국민들이 학살되었습니다. 전쟁이 끝나고 나서 유니세프나 선진 각국에서 캄보디아를 지원하면서 학교를 많이 지어 주었습니다. 하지만 안타깝게도 전쟁 중에 사회주의 정권에 의해 학교 선생이나 의사 등 지식인이 처형되어 학생을 가르칠 선생님들이 없습니다."

"그러면 누가 학생들을 가르치나요?"

"외국에서 들어 온 많은 자원자(自願者, Volunteer)들이 있습니다. 그 사람들이 학생들을 가르치고 있습니다. 우리나라 사람들도 많습니다."

"내일 그곳에 들어가서 어떤 일을 하십니까?"

"학교의 전기 문제를 해결해야 하는데, 제가 좀 알아보려고 합니다. 아시다시피 이곳 캄보디아는 전기 보급률이 40%정도입니다. 나아지고는 있지만 대부분의 농촌 지역에는 전기가 들어오지 않습니다. 그래서 디젤 기름으로 발전기를 돌려 전기를 잠시 사용합니다. 그곳에 있는 선생님들이 전기가 없어서 생활이 어렵다고 합니다."

"그렇군요. 좋은 일을 하시는데 저도 동참할 수 있으면 좋겠습니다."

"그러면 좋지요. 혹시 내일 시간이 되시면 저와 함께 쁘리뱅에 들어가 보시지요."

"아, 그래도 괜찮겠습니다."

캄보디아 쁘리뱅 농촌마을

"물론입니다."

캄보디아의 수도 프놈펜에서 차를 타고 남서쪽으로 2-3시간을 가면 농촌 지역인 쁘리뱅이 있다. 이곳은 전형적인 농촌 마을로 소를 이용해서 논을 간다. 우기가 되어 메콩강에 홍수가 나면 마을이 물에 잠긴다. 관개수로가 없어서 물이 있는 곳에서만 농사를 짓고 그렇지 못한 땅은 그대로 방치된다. 아이들은 거의 대부분 맨발로 걸어다닌다. 1970년대 한국의 농촌 모습을 보는 것 같다. 당시 한국에는 검정 고무신이라도 있었지만 이곳에는 그마저도 없다. 가난하지만 그들의 얼굴에는 해맑은 웃음이 있다. 외지에서 온 자신들과는 다른 모습의 이방인에게 마음 문을 쉽게 열고 스스럼없이 이야기를 나눈다. 행복지수가 선진국 사람들보다 많이 높아 보인다. 가난한 사람들은 과학기술의 혜택으로부터 소외된 90%에 해당하는 사람들이다. 이들은 오염된 물을 먹고, 화장실이 없고, 교육을 받지 못해 문자를 모른다.

쁘리뱅에서 컴퓨터 학교를 하고 있는 김 선생. 그는 캄보디아를 돕기 위해 한국에서 파견된 공학도다. 그는 대학 시절부터 가난한 나라를 돕는 일에 관심을 가지고 있었다. 한국에서 전자공학을 전공하고 결혼을 해서 이 마을에 왔다. 수도 프놈펜에서 거주하며 여러 지역을 살펴보다가 이곳 쁘리뱅에 오게 되었다고 한다. 쁘리뱅은 전형적인 캄보디아의 농촌 마을이다. 김 선생은 이 마을에 정착해서 아이들에게 컴퓨터를 가르치는 일을 하고 있었다.

"김 선생님, 안녕하십니까?"

"네, 만나서 반갑습니다.

"이 마을을 둘러보았는데 전기가 없는 것 같습니다?"

"네, 맞습니다. 7시만 되면 칠흑 같은 어둠입니다."

"전기가 없는데 생활은 됩니까?"

"전기가 전혀 없는 것은 아닙니다. 자동차 폐배터리를 이용해서 가정 전기등 하나는 켭니다. TV 시청도 가능합니다. 물론, 매일 배터리를 충전해야 하는 번거로움이 있습니다."

"배터리 전기로 야학을 운영할 수 있습니까?"

"야학을 운영할 정도는 안 됩니다. 발전기를 돌리면 전기를 사용할 수 있지만 요즘 기름값이 여간 비싸야지요. 그리고 발전기를 계속 돌리면 소음 때문에 수업을 진행하기 어렵습니다."

"이곳의 사람들의 상황은 어떤가요?"

"여러 가지로 상황이 좋지 않습니다. 물이 오염되어 있고, 화장실이 없습니다. 식수로 지하수를 사용하는데 그대로 먹을 수 없어서 지역 NGO(Non-Governmental Or-

폐배터리 충전소

ganization, 정부 기관이나 정부와 관련된 단체가 아닌 순수한 민간조직의 총칭)가 준 소독약을 타서 사용합니다."

"제가 돕고 싶은데 한국에 돌아가서 도울 방법을 생각해 보겠습니다."

필자는 한국에 돌아와서 과학자들과 함께 캄보디아 농촌 마을을 도울 방안을 알아보았다. 이런 일에 관심이 많은 과학기술자 친구들이 좋은 아이디어를 주었다.

"캄보디아는 열대지역이라서 계절이 여름 하나입니다. 여름은 우기와 건기로 나누어집니다. 우기에는 비가 많고 건기는 건조하지요. 태양이 강하다고 들었습니다. 이런 환경에는 태양광 발전이 적합합니다."

"좋은 생각이네요. 그런데 태양광은 가격이 비싸잖아요?"

"태양광 패널와 설치비가 제법 들지만 한 번 설치하면 15년 이상 쓸 수 있습니다."

"태양광은 가격이 만만치 않은데 자금확보가 가능할지 모르겠습니다.:

"글쎄요. 모금을 통해 설치자금을 모아보면 어떨까요?"

"쉽지는 않지만 한 번 해봅시다."

　모금을 시작하기로 하고 과학자들이 스스로 기금을 조성하고 주변의 뜻있는 사람들에게 도움을 요청했다. 컴퓨터 학교 지원 단체와 대덕연구단지 과학자들이 모금에 참여했고, 멀리 미국에서도 지원을 해 주었다.

　전기를 만드는 장치인 태양광 부품을 한국에서 구입해서 비행기에 실어 캄보디아로 보냈다. 현지에서도 부품을 구할 수는 있지만 직접 조립해 보는 것이 의미가 있고, 앞으로도 이와 유사한 일들이 반복적으로 있을 것 같아서였다. 태양광 부품은 태양에너지를 흡수해서 광 에너지를 전기에너지로 바꾸는 태양광 패널(Panel), 전기를 저장하는 배터리와 직류-교류 전기용량을 결정해 주는 변환기(Inverter)로 구성된다.

　"이 정도 용량이면 컴퓨터 학교 건물의 전구 여러 개와 선풍기, 냉장고를 가동할 수 있을 거야."

　프놈펜 공항에 도착해서 태양광 부품을 찾으러 공항 세관에 갔을 때 일행은 난감한 일을 만났다. 세관원이 태양광 발전기 통관에 과도한 세금을 부과했기 때문이다. 우리가 내야 하는 세금은 발전기 가격과 맞먹는 액수였다. 나중에 알게 되었지만 이런 일은 개도국에서 흔하게 일어나는 일이라고 한다. 가난한 나라들은 국가재정의 일부를 세관에서의 통관세에 의존한다. 그래서 잘 모르는 물건에 대해 과도한 세금을 부과한다. 일행은 현지 한국인들의 도움을 받아 세금을 대폭 줄여 통관세를 내고 태양광 발전기 부품을 비행기에서 내릴 수 있었다. 태양광 부품들을 미리 대기해 놓은 차에 실었다. 차로 몇 시간을 이동한 다음 메콩강(Mekong river, 동남아시아 최대의 강)을 건너기 위해 배를 탔다. 배를 타지 않고 육로로 쁘리뱅까지 들어가는 방법은 없다

쁘리뱅의 태양광 전기 발전장치

고 했다. 쁘리뱅 마을에 도착하자 태양광 발전기 조립을 도와줄 사람들이 기다리고 있었다. 건물 위에 기둥을 세우고, 그 위에 태양광 패널을 올려놓고, 전선을 연결해서 태양광 전력 공급 장치를 완성했다. 설치를 마치고 나서 전문가들과 태양광 장치에 대한 의견을 나누었다.

"우기 때 비가 많이 오면 태양광이 가동을 멈추지는 않을까 걱정입니다."

"괜찮습니다. 여기는 비가 하루 종일 오지 않습니다. 스콜(Squall)성 비처럼 잠시 오다가 다시 해가 납니다. 패널이 너무 뜨거우면 효율이 떨어지는데 비가 오면 패널을 식혀주기 때문에 오히려 더 좋습니다. 이곳 캄보디아는 일사량이 높고 일사시간이 길어서 태양광 설치에 적지입니다."

전기를 충전하기 위해 태양광을 발전기를 하루 동안 가동했다. 충전된 전기를 건물의 전기시설에 연결을 했다. 어두컴컴한 저녁에 학교와 주택에 전기가 들어오자 이를 지켜보던 김 선생과 마을주민들은 기쁨의 환호성을 질렀다.

"야, 전기가 들어온다!"

"우리 다 같이 박수를 한 번 칩시다!"

"짝 짝 짝."

"김 선생님, 이런 기술을 적정기술이라고 합니다. 어느 마을의 문제를 해결해 주어서 그곳의 생활환경을 개선해 주고 마을을 건강하게 만드는 기술이지요. 이 태양광으로 인해 이제 이 마을은 야학을 해서 아이들에게 글을 가르치고 원하시는 컴퓨터 교육을 할 수 있습니다. 모두가 함께하는 공동체를 만드는데 이 장치가 큰 역할을 하게 될 겁니다. 캄보디아 정부가 태양광으로 농촌 지역의 전력 문제를 해결하겠다는 계획을 발표했다고 들었습니다. 캄보디아에는 화력이나 수력발전소가 없지 않습니까? 전기를 북쪽의 라오스나 베트남에서 사 오는 것으로 알고 있습니다. 태양광은 캄보디아 농촌 지역의 독립전원으로 가장 적절합니다."

"그렇겠군요. 이제는 저도 적정기술에 관심을 갖도록 하겠습니다. 제가 공학이 전공이라서 마을에 도움이 되는 기술을 찾는 일에 관심이 많습니다. 이곳은 화장실도 문제입니다. 마을에 화장실이 없습니다. 논두렁에서 변을 보기 때문에 그로 인해 위생에 많은 문제가 발생하고 있습니다. 최근에는 먹는 물을 오염시켜서 식수 관리에 비상이 걸렸습니다. 퇴비를 사용하는 친환경 화장실을 만들어서 마을에 보급했으면 좋겠습니다."

"김 선생님. 기술을 이용해서 문제를 해결하는 것이 중요하지만 실제로 더 중요한 것은 관리하고 운영하는 것입니다. 이 태양광 장치에는 전기를 저장하는 배터리가 있는데 수명이 3년 정도입니다. 3년이 지나 교체해주지 않으면 이 장치는 무용지물이 됩니다. 기술이 지속 가능하게 하려면 유지 관리가 필요합니다. 그러기 위해서는 주민들을 교육해야 합니다."

"아, 그 점은 걱정하지 않으셔도 됩니다. 제가 공학을 전공했으니까 기본적인 전기 지식이 있습니다. 이 마을 청년들에게 이 시설을 관리하는 법을 가르쳐 주어 오래 동안 사용하는 데 문제가 없게 하겠습니다."

김 선생은 태양광 전력을 이용해서 마을의 공동체와 학교를 잘 운영하겠다며 태양광을 설치해 준 한국의 과학자들에게 감사의 마음을 전했다. 자신도 앞으로 적정 기술을 이용 마을 공동체 사업을 생각해 보겠다면 환송 인사를 했다. 그리고 2년이 지나서 마을에 전기가 들어왔다. 하지만 농촌 지역의 전기료가 도시지역에 비해 상대적으로 비싸서 많은 사람들은 차량용 배터리를 여전히 사용하고 있다. 쁘리뱅 컴퓨터 학교는 전력회사가 보내 주는 전기와 태양광 발전기에서 나오는 전기를 함께 사용하고 있다.

캄보디아 시골 마을인 쁘리뱅에 태양광 발전기를 설치하고 한국에 돌아와 며칠이 지나서 태양광 발전기 설치 프로그램에 참여했던 한 분으로부터 전화가 왔다.

"김 박사님, 안녕하세요? 저 윤입니다."

"아, 윤 선생님 안녕하세요. 캄보디아 다녀 오셔서 피곤하시지 않으신가요? 무슨 일로 전화를 주셨는지요?"

"캄보디아 다녀와서 탈수 현상이 있습니다. 며칠 병원에 입원해서 치료를 받고 있는데 잘 낫지를 않습니다."

"저런, 캄보디아에 계실 때 배가 아프다고 하셨는데 아직도 불편하시군요."

"그렇습니다. 제 동생이 내과 의사인데 여러 항생제를 써 보아도 별 차도가 없습니다. 혹시나 해서 캄보디아에 전화해서 어떤 약을 사용해야 하는지 물어봐 주십시오."

"네, NGO 단체가 사용하는 하얀색 알약이 있었던 것을 기억합니다. 제가 한 번 물어봐 드리겠습니다."

필자가 캄보디아에 전화를 걸어 그곳에서 사용하는 약 이름을 알려주고 나서야 윤 선생의 탈수 현상은 멈추었다. 열대지방에 가면 그곳만의 풍토병이 있다. 대부분의 물이 작은 벌레나 세균에 오염이 되어 있는데 그곳의 병원균의 무엇인지 알아야 병을 치료할 수 있다. 그래서 아프리카나 동남아시아의 가난한 나라에 가서 병에 걸리면 그곳에서 치료해야 한다고 한다. 가난한 나라의 문제해결에는 그 나라의 문화나 경제에 적합한 적정기술이 있듯이, 치료에는 그 나라의 풍토에 적합한 적정 의료가 있다.

버려지는 옥수숫대로 만든 연료

사탕수수밭에서 흑인 노예들이 일을 하고 있었다. 이들은 서아프리카 콩고와 세네갈 등지에서 잡혀 온 노예들로, 폭염 속에서 사탕수수를 꺾어서 잘게 으깨는 작업을 하고 있었다. 한나절 일을 해도 넓디넓은 사탕수수밭은 줄어들지 않았다. 잘게 잘린 사탕수수 대를 솥에 넣고 즙이 나올 때까지 오랜 시간 끓였다. 사탕수수로부터 설탕을 얻는 과정은 너무나 고통스러운 작업이다. 사탕수수밭의 독충에 물리고 극심한 노동에 시달리어 노예들은 쓰러져 갔다. 그들은 고된 노동의 고통 속에 목청을 높여 구슬프게 노래를 불렀다.

"쿰바야 마이 로드, 쿰바야(Kumbaya my Lord, Kumbaya)."

노예들은 자신들의 고통을 신에게 고하는 있었다.

"신이시여, 정녕 신이 이 세상에 있다면 우리의 고통을 보시고 우리에게 오시옵소서. 그리고 이 고통을 물리쳐 주시옵소서."

그들은 영어로 "Come by here(이곳으로 오소서)"라고 외치고 있었다. 서방 세계는 열대의 식민지에서 설탕을 얻기 위해 나무를 자르고 그 자리에 사탕수수를 심었다. 노동력이 모자라자 아프리카에서 노예들을 잡아 중앙아메리카 카리브해 부근의 사탕수수밭으로 이주시켰다. 많은 노예들이 사탕수수밭에서 일하다 쓰러져 갔다. 중남미 사탕수수밭에는 숨져간 아프리카 노예들의 영혼이 깃들어 있다.

쿠바의 사탕수수밭

전 세계 인구의 50%가 하루 2달러 이하로 생활하고 있다. 25억 명은 나무, 석탄과 동물의 배설물로 음식을 조리하고 난방을 한다. 연료인 나무를 얻기 위해 산림을 무차별로 벌목하여 산은 황폐되었다. 산에 나무가 없어 물을 저장할 수 없기 때문에 비가 오면 물이 급속히 불어서 홍수가 발생해서 많은 사람이 죽었다. 아프리카의 최빈국 중의 하나인 차드(Chad) 공화국에서는 산림의 황폐화를 막고자 벌목을 금지시켰다. 사람들은 먹을 것을 끓일 연료가 필요했다. 그들은 나무가 있는 곳으로 가서 나무의 껍질을 벗기거나 땅을 파서 뿌리의 일부를 잘랐다.

"아니, 이렇게 하면 어떻게 합니까? 껍질과 뿌리를 벗기면 나무가 죽지 않나요?"

"저희들은 그런 것은 몰라요. 나라에서는 나무를 베지 말라고 했어요. 우리는 나무를 베지는 않아요. 껍질과 뿌리만 조금 가져갈 뿐이에요. 이것이라도 없으면 우리는 굶어 죽어요."

국가 재정의 70%를 해외원조에 의존하는 아프리카 최빈국 차드의 현실이다. 민간 구호단체인 "굿네이버스"와 과학자 단체인 "나눔과기술(Sharing and Technology, Inc.)"에서 차드의 연료 문제를 해결해 보기로 했다.

조리용으로
사용되는 나무껍질

"차드에는 벌목으로 나무들이 사라지고 사막이 된 곳이 많습니다. 산림지역이던 곳에서 이제는 모래 폭풍이 불고 있습니다. 나무를 더 자르기 전에 이곳 사람들에게 적합한 대체 연료를 만들어 줄 필요가 있습니다. 나무를 태울 때 나오는 연기에 나쁜 성분이 많습니다. 연기에 장기간 노출되어 호흡기 질환으로 죽는 아이들이 많습니다."

"대체 연료를 어떻게 만들지요?"

"오래전에 이 나라는 프랑스의 식민지였습니다. 그래서 사탕수수밭이 많습니다. 사탕수수를 이용하면 연료를 만들 수 있을 겁니다."

사탕수수로 만든 탄. 전에 어디에서 들은 듯한 이야기이다. 사탕수수나 옥수수 껍질을 활용하여 숯을 제작하는 기술은 중앙아메리카 서인도 제도 국가인 아이티(Hai-ti)를 대상으로 미국 MIT(Massachusetts Institute of Technology)의 한 연구실에서 개발된 기술이다. 아이티는 나무를 연료로 사용했기 때문에 산림의 90%가 벌목으로 사라졌다. 나무를 태울 때에 발생하는 유독가스인 일산화탄소, 포름알데히드, 벤젠, 이산화질소 등은 급성 호흡기 질환, 만성 폐 질환, 폐결핵 등을 일으킨다. 중남미 카리브해 연안국에서 설탕 생산용으로 사탕수수가 대량으로 재배되기 때문에 탄의 원료를 쉽게 구할 수 있다. 아이티와 차드의 외적 상황은 매우 유사하다. 아프리카 차드 지역에서도 사탕수수를 많이 재배하므로 현지에서의 원료 확보는 어렵지 않다. 또한 차드도 벌목으로 인한 산림 훼손이 문제가 되고 있어 대체연료의 개발이 필요한 상황이었다.

"그럼 이곳에서도 적정기술을 이용해서 사탕수수를 이용해서 탄을 만들어 봅시다. 적정기술의 기본은 현지에서 나는 원료의 사용과 현지 주민들과의 협력입니다."

"그럽시다. 우선 나무를 태울 가마가 필요한데, 이곳에는 그런 가마를 세울 수 없으니까 길거리에 돌아다니는 폐드럼통을 사용하기로 합시다."

사람들이 모여 논의를 한 다음에 폐드럼통에 구멍을 뚫어 공기 출입구와 공기를 차단해서 숯을 만들 수 있도록 뚜껑을 만들었다. 사탕수수 대를 사용하기 전에 이곳에서 흔하게 얻을 수 있는 옥수숫대를 사용해서 드럼통의 성능을 시험해 보았다.

"어, 꽤 괜찮은데. 일단 잘 타고 있습니다. 이제 뚜껑을 달아 공기의 출입을 막아야 할 시점입니다."

옥수숫대의 불완전 연소를 위해 연기가 나는 폐드럼 가마의 뚜껑을 닫았다. 시간이 지나서 다시 뚜껑을 열어서 드럼통 내부에 만들어진 숯을 꺼내었다.

"음. 이 정도면 탄의 연료로 쓸 만한데요. 다음에는 가열 시간을 조절해서 양질의 숯을 많이 얻어 봅시다."

"숯만 있다고 탄을 만들 수 있는 것은 아니지 않습니까? 숯가루를 연결할 수 있는 풀 같은 물질이 필요한데요."

옥수숫대 숯 만들기

"그건 걱정하지 않아도 됩니다. 이곳에 고구마 같은 식물이 있는데, 이름이 카사바(Cassava)라고, 열대지방에서는 흔한 식물입니다. 가루로 과자를 만들어 먹기도 하고 물고기의 사료로도 사용합니다. 이것을 가루로 만들어 물에 넣고 적당히 끓여 주면 숯 알갱이들을 붙이는 접착물질로 사용할 수 있습니다."

숯을 만드는 공정은 어느 정도 완성이 되어 가는 것 같았다. 한 가지 부족한 부분은 숯과 카사바 풀을 섞어서 탄 형태로 찍는 과정이었다.

"아. 그 부분은 제가 알고 있는 과학기술자 그룹에게 성형탄 프레스(Press)를 만들 수 있는지를 알아보겠습니다."

굿네이버스 직원이 한국의 과학기술자들에게 연락을 취해 탄을 찍을 수 있는 성형기의 제작을 요청했다. 과학기술자 그룹은 장치의 설계와 제작에 대한 논의를 거쳐 아프리카 차드에서 사용하기에 적합한 탄 프레스기를 만들어 보내주었다. 현장 직원들은 프레스를 사용해서 직접 성형탄을 찍어보았다.

"야, 이거 재미있네요. 프레스를 한번 누르면 탄이 찍히고 다시 한번 누르면 찍힌 탄이 빠져나옵니다. 반자동으로 여러 개의 탄을 찍을 수 있어요. 역시 과학자들의 머

옥수숫대 성형탄

리는 비상합니다."

현장 직원들은 마을 사람을 불러서 함께 옥수숫대로 탄을 만들어 보자고 했다. 마을 사람들이 옥수숫대를 모아 와서 폐드럼 가마에 직접 넣고 숯을 만들고 숯가루에 다시 카사바 녹말풀을 넣어 프레스 성형 틀에 넣어 탄을 찍어냈다. 사람들은 재미있는 듯 돌아가며 프레스를 한 번씩 찍어 보았다.

마지막 남은 작업은 프레스로 찍은 성형탄을 말리는 작업이었다.

"전기가 없어서 건조기를 사용할 수 없습니다. 그냥 그늘진 곳에 하루 이틀 놓아서 말리는 수밖에 없습니다."

"그렇게라도 해야지요. 현지의 사정을 고려해서 모든 작업을 하는 것이 적정기술의 개념이 아니겠습니까? 괜히 복잡하고 첨단의 기계를 가져다가 사용하다 보면 고장이 났을 때 부품이 없어서 고치지 못해 쓰레기가 되는 경우가 많습니다."

마을 사람들은 성형탄을 만드는 작업이 재미가 있었는지 하루 동안 많은 탄을 찍어 놓았다. 잘 말린 성형탄을 이 마을 이동식 화로인 '까눈'에 넣고 불을 피워보았다.

차드의 이동식 화덕
까눈

성형탄이 타자 까눈에서 고무가 타는 냄새가 났다.

"이것이 무엇이지요? 고무가 타는 냄새가 납니다."

"그렇지요. 까눈은 철사를 엮어서 만듭니다. 까눈에 사용되는 철사는 폐타이어에서 뽑아냅니다. 타이어 안에는 타이어를 강화하기 위해 철사를 넣는다고 합니다. 타이어에서 빼낸 철사라서 고무 타는 냄새가 나는 것입니다."

"그렇습니까? 냄새가 심하네요."

"차드에는 물자가 거의 없다고 보아야 합니다. 세계 최빈국 중의 하나이니까요."

고무 타는 냄새가 나는 불편함이 있기는 했지만 옥수수 숯은 까눈 안에서 잘 타고 있었다. 폐자원을 이용해 만든 숯이 마을에서 파는 나무 숯보다 화력이 좋지는 않았지만 화로 위에 라면을 끓일 정도는 되었다.

"이 정도면 괜찮은데요."

"그렇지요. 나무를 구하지 못해 식사를 못하는 경우가 있는데 이 정도면 성공적이라고 할 수 있지요. 옥수숫대는 이곳에서 흔히 구할 수 있으니까요."

현장 책임자가 이야기를 이어갔다.

"일단 대체 연료를 만드는 기술은 익혔지만 앞으로 할 일이 많습니다. 우리가 먼저 기술을 익히고, 이들이 직접 할 수 있도록 가르치고, 궁극적으로는 작은 회사를 만들어 일을 해서 돈을 벌 수 있어야 이 마을이 발전하고 건강해집니다."

"맞습니다. 어쨌든 가능성 있는 기술을 개발하고 현지에 적용하는 일이 중요하다는 것을 알게 되었습니다. 얼마나 지속적으로 이 일을 할 수 있는가에 성공 여부가 달려 있다고 할 수 있습니다. 적정기술과 함께하는 세상을 만들어봅시다."

굿네이버스와 과학자 그룹은 적정기술을 이용한 마을 개발 운동은 아프리카 차드에 인접한 나라인 말라위(Malawi)까지 적용할 수 있을 것으로 계획하고 지속적인 기술개발과 지역민 교육과 공동체 회사 설립 등의 일을 진행하고 있다.

서투른 기술 보급 - 플레이펌프

이 이야기는 적정기술로 잘 알려져 있는 플레이펌프(PlayPump) 사업에 대한 프론티어라인(FRONTLINE)의 기사이다. 플레이펌프는 아이들이 놀이기구인 메리-고-라운드(Merry-go-round)를 돌리면서 놀기만 하면 그것이 동력이 되어 지하수를 끌어올려 탱크에 물을 채우는 장치다. 이 간단한 아이디어 사업에 미국의 정치가와 기부자들이 동참했고, 수천만 달러의 기부금을 모아 남아프리카(Republic of South Africa)와 모잠비크(Republic of Mozambique)에 1,500대가 넘는 플레이펌프를 공급했다. 하지만 결론적으로 이 사업은 실패했고, 아무도 플레이펌프에 대해 더 이상 이야기하려 하지 않는다. 플레이펌프는 아프리카 물 문제에 대한 소박한 이야기, 열정적인 기업가와 기부재단의 일방적인 활동이 만들어 낸 적절하지 않은 기술 보급의 대표적인 사례다. 플레이펌프 보급 사업은 저개발국가의 빈곤의 문제를 경제적인 지원만으로 접근해서는 성공할 수 없음을 분명히 보여준다. 적정기술의 정의에 따르면, 기술은 현지인의 문화와 사회에 적합해야 한다. 또 현지인들이 참여하는 방식이 되어야 한다. 기술의 현지 적용 가능성에 대한 테스트도 없이 무리하게 보급된 플레이펌프는 대부분 폐기되었다. 현지인들은 말한다.

"언제 우리가 이런 것을 갔다 달라고 했나."

이 사례는 적정기술의 개발과 보급에 최선의 노력이 있어야 함을 시사한다.

「공식적으로 배포되지 않은, 모잠비크 정부가 의뢰한 플레이펌프에 대한 보고서

플레이펌프

는 플레이 펌프의 문제점들을 언급하고 있다. 여자들이 운전하기 힘들고, 많은 펌프가 최대 17개월 동안 가동하지 못한 채 있었고, 놀이기구인 메리-고-라운드에 대해서는 예상한 바와는 달리 아이들은 그것을 갖고 놀지 않았으며, 고장에 대한 수리는 그야말로 "재앙(Disaster)" 수준이었다고 보고하고 있다.」

에미 코스텔로(Amy Costello)는 5년 전에 '프론트라인/세계'(FRONTLINE/World)에 대한 이야기를 썼다. 그것은 아프리카에서 물을 구하는 도전적인 일과 플레이펌프라고 불리는 가능성 있는 새로운 기술에 대한 이야기였다. 아프리카의 어려운 상황을 수년간 취재해 온 그녀는 사람들에게 즐거움을 주는 이야기를 쓴다는 것이 기뻤다. 그것은 아이들이 운동장에서 놀이기구를 돌리기만 하면 펌프에서 물이 나오는 이야기였다. 이 이야기의 뒤에는 트레버 필드(Trevor Field)라는 이름의 사업가가 있었다. 필드는 광고 사업에 경험이 있는 사람이었지만 이 새로운 장치에 대한 이야기를 듣고 직접 회사를 차려 플레이펌프를 만들기 시작했다. 장치의 설치 후에 발생하는 고장 수리 비용은 물탱크 탑 상부에 광고판을 설치해서 얻는 수익으로 충당할 수 있다고 했다. 그가 말했다.

"플레이펌프가 수년 동안 아프리카 사람들의 고민거리였던 고전적인 손 펌프(Hand pump)를 넘어서는 큰 진전을 이룩할 것입니다."

필드는 '플레이펌프'의 공식적인 얼굴이자 열정적인 사업가로 인식되었다. 그가 놀이기구인 '메리-고-라운드'가 어떻게 작동하는지를 보여주면서 코스텔로에게 말했다.

"만약, 물 문제로 고통받는 아프리카 각 나라에 1,000개의 펌프를 제공할 수 있다면, 농촌에서의 물 공급에 혁신을 이룰 수 있습니다."

이 이야기는 2005년에 다시 방송으로 만들어져서 전 세계로 송출되었다. 그리고 몇 달이 지나 2006년 하반기에 코스텔로는 뉴욕의 한 행사에 초대를 받았는데, 그곳에서 플레이펌프는 전적으로 다른 차원의 일로 발전했다. 유명 연예인, 정치가, 주요 정부 인사, 기부자들이 "프론트라인 스토리" 동영상을 보면서 플레이펌프와 코스텔로에 대해 알게 되었다. 로라 부시(Laura Wel Buch, 미국 43대 대통령 조지 부시의 부인)가 단상에 나와 미국의 기부자들이 남아프리카 전역에 플레이펌프를 설치할 수 있도록 1,640만 달러를 지원하겠다고 발표했고, 필드는 이 소식을 남아프리카 자신의 사무실에서 보면서 놀라워했다. 필드가 말했다.

"우리는 텔레비전을 대여해서 생방송을 보고 있었지요. 로라의 발표를 듣고 우리는 정말로 흥분했어요."

미정부가 1,000만달러를, 나머지 500만달러는 "아메리카온라인 (America Online, Inc., 인터넷 서비스가 주력사업인 미국의 미디어 기업)"의 창시자인 스티브 케이스(Steve Case)와 그의 아내 진(Jean)이 운영하는 기금을 통해 보내 주기로 했다. 스티브 케이스는 플레이펌프의 아이디어는 아주 단순하지만 너무나 완벽해서 곧 "플레이펌프인터내셔널(PlayPump International)"이라는 새로운 비영리 재단을 만들어 의욕적인 마케팅 계획을 수립할 수 있을 것이라고 했다. 그의 아내 진 케이스가 코스텔로에 말했다.

"이번에 당신이 소개한 '프론티어라인 스토리'는 잠재적인 기부자들에게 보여준 첫 번째 행사일 뿐입니다. 다음에는 자선단체 웹사이트(Website)와 트위터(twitter), 페이스북(facebook) 등을 통해 기금마련 캠페인을 진행할 겁니다."

기금이 조성된다는 소식을 듣고 필드는 공장을 확장했고, 수 백 개의 플레이펌프 제작에 들어갔다. 기금마련에 가속도가 붙자 '플레이펌프인터내셔널'은 기부 관련자들을 TV 방송과 필드가 만든 모델 사이트에 초청해서 플레이펌프를 직접 작동해 보게 했고, 수익 창출을 위한 콘서트도 개최했다. 이 행사들은 2010년까지 6,000만 달러 이상의 기부를 받기 위한 행사의 일환이었다.

코스텔로의 플레이펌프에 대한 소박한 이야기가 거대한 사업으로 발전했다. 몇 달 후에 필드는 플레이펌프 프로그램을 이웃 나라인 모잠비크까지 확장했다. 그리고 "플레이펌프인터내셔널"은 필드의 펌프 사업이 아프리카 10개국으로 확장하도록 도와주었다.

코스텔로는 필드와 함께 모잠비크 인타카(Intaka) 초등학교에 가서 플레이펌프가 설치되는 현장을 보았다. 필드는 이 새로운 기술에 대해 확신을 갖고 있었고, 아이들은 놀이기구에 대해 재미있어하는 것 같았다. 펌프의 공급은 계속 확대되었고, 방송들은 이 이야기를 세계로 송출했다. CNN(Cable News Network), 내셔널지오그래피(National Geography)와 다른 방송사들은 필드의 새로운 물 펌프 장치는 아이들이 놀이터에서 노는 것만으로 지하에서 물을 끌어 올리는 동력을 만들어냈다고 기사를 썼다.

3년이 지나 코스텔로가 다시 모잠비크를 방문했을 때 그녀는 플레이펌프의 운영에 문제가 생기고 있다는 소식을 접했고, 과연 어떤 일이 벌어지고 있는지 듣고 싶어 했다. 그녀가 다시 인타카 초등학교에 가 보았을 때 메리-고-라운드 펌프는 여전히 그곳에 있었지만 아이들은 기구를 가지고 놀지 않고 그냥 옆에 서 있었다.

교감선생이 말했다.

고장 난 펌프와
운영되지 않는
광고판

"우리는 왜 더 이상 물탱크에 물이 저장되지 않는지 모르겠습니다. 펌프가 전처럼 작동하지 않아요."

코스텔로는 다른 곳의 플레이펌프 설치장소도 방문해 보았다. 모잠비크의 먼 시골에 있는 플레이펌프는 주위에 아예 아이들이 없었다. 여자들이 그녀에게 말했다.

"이 놀이기구는 여자들이 돌리기에는 너무 힘이 듭니다. 특히 나이가 든 사람은 다른 사람의 도움 없이는 돌릴 수 없어요. 예전에 사용하던 손 펌프가 훨씬 쉽지요. 그리고 펌프를 바꾸는 문제에 대해 왜 우리와 아무런 상의가 없었는지 몰라요. 그냥 이 펌프가 이곳에 왔어요."

여인들 중에서 레기나(Regina)란 여인이 코스텔로에게 말했다.

"플레이펌프가 6개월 동안 전혀 물을 공급하지 못했어요. 필드가 이야기한 고장 수리를 위한 수익 모델의 광고판 사업은 이곳에서 진행되지 않고 있어요. 우리가 수리를 해 달라고 요청하거나 편지를 보내도 아무런 회신이 없습니다."

코스텔로는 모잠비크 농촌 수자원 담당관인 조아킴 조지(Joaqim George)에게 무엇이 문제인지 물었다.

"펌프가 한번 고장이 나면 수리하는데 3개월 이상이 걸려요. 이곳 사람들은 더 이상 플레이펌프를 신뢰하지 않아요. 왜냐하면 모두 기분이 상했거든요."

공식적으로 배포되지 않은, 모잠비크 정부가 의뢰한 플레이펌프에 대한 보고서는 플레이펌프의 문제점들을 언급하고 있다. 여자들이 운전하기 힘들고, 많은 펌프가 최대 17개월 동안 가동하지 못한 채 있었고, 메리-고-라운드 놀이기구에 대해서는 예상한 바와는 달리 아이들은 그것을 갖고 놀지 않았으며, 고장에 대한 수리는 그야말로 "재앙" 수준이었다.

필드는 이 문제에 대해 이야기하고 싶지 않다고 했다. 코스텔로는 모잠비크의 수도에서 그라보우스키(Grabowski)란 사람을 만났다. 그가 속해 있는 단체인 "세이브더칠드런(Save the Children, 1919년에 설립된 세계 최대 규모의 아동 구호 NGO)은 모잠비크에서 필드와 함께 수십 개의 플레이펌프를 설치하는 작업을 진행했었다. 물론 이 일은 그라보우스키가 그룹 리더로 임명되기 전에 결정되어 진행된 일이었다. 그라보우스키가 말했다.

"2007년 12월에는 모든 펌프가 작동했었는데 지금은 단지 13대만 작동하고 있어요."

세이브더칠드런도 펌프 문제에 대해서 이야기하고 싶지 않다고 했다. 왜냐하면 이 사업은 그들이 부분적으로 관여했던 일이었고, 자신들이 선정한 장소들이 펌프를 설치하기에 적합하지 않은 장소임이 밝혀졌기 때문이다. 세이브더칠드런은 현장에서의 불평들을 서서히 해결해 가고 있는 중이었다.

"저희가 설치한 펌프 중에 작동하지 않는 것이 있다는 이야기를 들었습니다. 사실 저희 책임이 아닙니다. 지하에 물이 없는데 잘못된 정보를 제공한 사람들 때문에 문제가 생긴 것입니다."

모잠비크 정부 보고서는 세이브더칠드런이 플레이펌프를 설치하기 전에 펌프 설치 장소의 적합성과 그곳의 물의 품질에 대해 적절한 조사를 하지 않았다고 비난하고 있다. 세이브더칠드런은 플레이펌프에 대한 불평 사항을 계속 접수하고 있다.

코스텔로는 워싱턴 디시(Washington D. C.)로 돌아와서 워싱턴에 있는 플레이펌프인터내셔널에 인터뷰 요청을 해 왔다. 하지만 대변인은 책임자가 너무 바빠서 만날 수 없다는 말을 전했다. 6개월 넘게 계속 인터뷰 요청을 했지만 '케이스재단'이나 플레이펌프인터내셔널에서 아무도 그녀와 대화를 나누려고 하지 않았다. 그러던 중 작년 하반기에 주요 기부자들에게 회람된 유니세프(국제연합아동기금, United Nations Children's Fund, UNICEF, 1964년에 설립) 보고서를 얻을 수 있었다. 이 보고서는 플레이펌프와 그 운영에 많은 문제가 있다는 내용을 담고 있었다. 유니세프의 뉴욕본부에서 일하는 크라리사 브로클허스트(Clarissa Brocklehurst)는 코스텔로에게 플레이펌프에 대해 수행한 실험 결과를 말해 주었다. 수십 개의 플레이펌프를 설치해서 실험한 후 내린 결론은 이 시스템이 아프리카 농촌 마을에서 작동하기에는 지속 가능하지 않다는 것이었다. 블로클허스트가 기자들에게 말했다.

"누구든지 아주 멋지고 완벽한 펌프를 공급할 수 있습니다. 하지만 만약 고장이 나고 부품이 없다면 단지 6주나 6개월 정도 사용할 수 있을 뿐입니다."

플레이펌프에 운영에 대한 부정적인 보고에도 불구하고 플레이펌프인터내셔널은 더 많은 펌프를 남아프리카에 공급하고자 했다. 2010년까지 4,000개를 공급하려고 자금 조달을 서두르고 있었다.

크리스티나 구빅(Kristina Gubic)은 그녀가 플레이펌프 남아프리카의 통신관리자로 있을 때 100개 이상의 플레이펌프 설치장소를 방문했었다고 한다. 그녀는 이렇게 말했다

"현장에서 펌프가 작동하지 않는다는 것을 알게 되었어요. 그런데 그곳에서는 가능한 더 많은 펌프를 설치하려고 하는 기운이 팽배해 있었어요."

올해 초에 코스텔로는 이 모든 이야기의 중심에 있는 당사자인 트레버 필드와 다시 이야기를 나누려고 했다. 한 달간의 논의 끝에 마침내 트레버 필드는 인터뷰 요청에 응했다. 그녀는 남아프리카 공화국 요하네스버그(Johannesburg)에서 그를 만났는데, 그는 자신의 관점에서 플레이펌프 사업의 문제점에 대해 이야기했다. 그는 떨떠름한 표정으로 코스텔로에게 말했다.

"1백만 600달러를 투자해서 4,000개의 펌프를 공급하고 그것으로 사람들을 기쁘게 해주는 것이 이 사업의 목적입니다. 이것이 우리가 공장을 확장하고 많은 재정, 인력, 시간을 컴퓨터와 장비에 투자하는 이유입니다."

고장 수리와 펌프가 망가진 채로 6개월 동안 유지되는 지역에 대한 문제를 물었을 때 필드는 코스텔로에게 다음과 같이 말했다.

"모든 장치를 한꺼번에 수리할 수는 없습니다. 그리고 대부분의 펌프는 잘 작동하고 있습니다. 나머지는 곧 수리가 될 것입니다. 모잠비크에서 문제를 일으키고 있는 수십 대의 펌프에 대해서는 제 책임이 아닙니다. 세이브더칠드런이 장소를 잘못 선택했기 때문이지요. 우리도 고장 난 펌프를 수리하려고 노력하고 있습니다. 여러 번 수리 문제로 방문을 했었고, 플레이펌프인터내셔널과 모잠비크의 세이브더칠드런에 연락을 했지만 몇 달 동안 아무 답신이 없었습니다."

트레버 필드와 세이브더칠드런 모두 고장 난 펌프를 수리하는 비용을 플레이펌프인터내셔널에 요청했지만 비용을 지출할 수 없다는 답신이 왔다고 했다. 코스텔로가 필드에게 다시 물었다.

"그런데 1,500개의 펌프가 이미 설치되었고, 다른 것들도 설치 중인데. 당신은 정

아프리카의 손
펌프(Hand pump)

말 어린 아이들이 놀이터에서 노는 것만으로 물을 퍼 올릴 수 있다는 플레이펌프의
아이디어를 여전히 믿고 있습니까?"

필드가 말했다.

"사람들은 아이들이 놀이기구 장치에서 놀지 않는다, 탱크에는 물이 차 있지 않다
고 플레이펌프에 대해 쉽게 비난합니다. 하지만 우리의 정책은 아이들에게 매일매
일 부족하지 않을 정도의 충분한 물을 공급해주는 겁니다. 현재 펌프가 그 일을 하고
있고요."

비록 필드가 장치의 문제에 대해 더 많이 알아가고 있고, 기술개발도 하고 있지만,
그 자신도 플레이펌프가 큰 학교에서는 효과적이지만 처음에 약속한 것과 같이 모
든 곳에서 지속적으로 사용되기 어려울 것이라고 인정했다. 필드와 케이스 재단은
처음에는 수천 개의 플레이펌프를 아프리카 전역에 보급하기 원했지만 이 사업은
2011년 가을 조용히 막을 내렸다. 공식적인 표명은 웹사이트에 어떤 일이 있었는지
에 대해 간단한 편지 한 장을 작성해서 올린 것뿐이었다. 필드의 회사에서 이미 제작
되었지만 사용되지 않고 있는 플레이펌프는 제한된 환경에서 사용하려는 다른 자
선단체에 넘기기로 했다. 플레이펌프에 대한 보고서를 작성하자 플레이펌프인터내

셔널에서 모잠비크에서 작동이 되지 않고 있는 펌프의 문제를 본격적으로 다루기 시작했다는 소식이 들려왔다. 그리고 모잠비크 마을 사람들은 마침내 그들이 지속 적으로 요청해 온 그들의 물 문제에 간단한 답을 얻게 되었다. 그것은 플레이펌프를 포기하고 예전에 사용하던 손 펌프로 되돌아가는 것이었다.

| 적정기술, 현대문명에 길을 묻다

8부

현장을 말하다

← 우간다 교육생

청년의 꿈 – 메이드 인 방글라데시

    W 대학 강의실에서 인문학부 학생들을 대상으로 한 성공한 기업가 초청 강의가 있었다. 담당 교수가 오늘의 특강 강연자를 소개했다.

    "오늘 강연을 해 주실 강연자는 마더하우스(Motherhouse, 일본의 가방 제조업체)의 CEO인 에리코 야마구치 사장님입니다. 강연의 주제는 '사회적 기업가 정신'입니다. 강연을 경청하시고 자유롭게 질문하기 바랍니다."

    야마구치 사장의 강연이 시작되었다.

    "안녕하십니까? 초대해 주신 교수님께 감사드립니다. 저는 야마구치라고 합니다. 대학생 청년 여러분을 만나게 되어 반갑습니다. 오늘은 제가 청년 시절에 꾸었던 꿈에 대한 이야기와 지금 하고 있는 가방 사업에 대해 말씀드리고자 합니다. 저는 동경에 있는 게이오 대학(慶應義塾大學, Keio University, 일본 도쿄에 있는 사립 종합대학교로 와세다 대학과 함께 일본을 대표하는 사학 명문) 출신입니다. 저는 부유한 가정에서 태어나서 별 어려움이 없이 성장했습니다. 제가 세상에 대해 눈을 뜨게 된 시기는 대학생 때입니다. 배낭을 메고 세계 여러 나라를 여행하였는데, 여행을 통해 세상을 알아가는 일이 재미 있었습니다. 처음에는 주로 노르웨이, 스웨덴, 캐나다 같은 선진 유럽과 미주의 여러 나라로 여행을 다녔습니다. 유럽 여행에서 전통을 중요시하고, 한편으로는 자유로움이 넘치는 유럽의 문화를 배웠습니다. 저는 당시 큰 꿈을 가지고 세계여행을 한 것은 아니었습니다. 넓은 세상을 보는 것이 제 미래를 설계하는 데 좋겠다는 생각

방글라데시
특산섬유로 만든
마더하우스 가방

은 있었습니다. 선진 여러 나라를 여행한 다음에 친구들과 인도와 동남아시아 나라 들을 여행할 기회가 있었습니다. 인도와 방글라데시를 여행하면서 삶에 대한 문제 에 대해 좀 더 깊이 고민하기 시작했습니다. 현대 문명의 중심지인 일본 동경에서 태 어나 자란 저의 삶과 방글라데시에서 자란 청년의 삶이 너무나 다른 것에 충격을 받 았습니다. 제가 개도국 문제에 눈을 뜨게 된 시기는 대학 4학년 때였습니다. 경제에 관심이 있어서 라틴아메리카 원조를 담당하는 국제기구인 미주개발은행에서 인턴 으로 일할 기회가 있었습니다. 국제기구에서 일을 하면서 알게 된 것은 가난한 나라 를 돕는 기관의 직원들이 개도국의 현실에 대해 별로 관심도 없었다는 것이었습니 다. 무능한 정부와 부정부패가 가난한 나라를 더 가난하게 만들고 있었습니다. 그래 서 생각한 것이 제가 직접 이들을 도울 수 있는 길을 찾아보자는 것이었습니다. 저는 달랑 가방 하나를 들고 세계 최빈국인 방글라데시로 가는 비행기에 탑승했습니다."

강의 중에 한 학생이 손을 들어 질문을 했다.

"야마구치 사장님? 여대생의 신분으로 방글라데시로 여행을 간다고 했을 때 집에 서 반대하지 않았습니까?"

"당연히 반대를 했지요. 젊은 여자아이가 아시아에서도 가장 가난한 나라인 방글

주트로 만든 커피백

라데시에 간다고 하는데 어느 부모가 찬성하겠습니까? 부모님의 반대에도 불구하고 적극적으로 방글라데시 여행을 추진한 이유는 그 여행이 제 미래와 관계가 있다고 판단했기 때문입니다. 누구나 자신의 인생은 스스로 만들어 가야 합니다."

야마구치 사장의 강연이 계속되었다.

"제가 방글라데시에서 본 인간의 삶은 상상할 수 없을 정도로 열악했습니다. 사람들은 살아가는 것 자체에 급급했습니다. 물론 가난하다고 다 불행한 것은 아닙니다. 방글라데시 국민들 스스로 생각하는 행복지수는 선진국 대도시보다 높습니다. 만나는 사람들의 얼굴에서 행복한 웃음을 볼 수 있습니다. 하지만 경제 사정이 나쁜 농촌 지역은 먹는 물이나 연료 등 생존에 필요한 것이 많이 부족한 상태였습니다. 저는 낮에는 일본의 기업에서 일을 하고 야간에 방글라데시에서 대학원을 다니면서 이들의 생활을 이해해 나갔습니다. 그리고 이들의 경제 수준을 높일 수 있는 일이 무엇인지를 찾고자 했습니다. 그런 고민 끝에 얻은 결론은 방글라데시에서 사회적 기업을 세우는 것이었습니다. 그것이 제가 청년 시절에 세운 도전과 꿈입니다."

다시 한 학생이 손을 들어 질문을 했다.

"야마구치 사장님이 생각한 사회적 기업은 어떤 것이었습니까?"

"제가 생각한 기업은 방글라데시만의 독창성을 활용한 제품을 선진국에 팔아 수익이 발생하면 수익이 일한 사람들에게 많이 돌아가게 해 주는 기업입니다. 많은 선진국 기업들이 개도국에 진출해서 기업 활동을 합니다. 그들이 개도국에서 기업 활동을 하는 이유는 단 한 가지 이유, 싼 노동력 때문입니다. 이익이 생기면 많은 부분을 기업이 가져갑니다. 제 생각은 달랐습니다. 제품을 생산, 판매해서 얻은 이익의 많은 부분을 일한 사람들에게 돌려주는 기업을 만들고 싶었습니다. 직원 모두가 함께 일하고 함께 나누는 공동체와 같은 기업이지요. 저는 가난한 나라에 대한 원조의 대부분이 비리 정치인의 배를 불리는 데 사용되는 현실을 알게 되었습니다. 아무리 원조를 해 주어도 현지에서 변화되는 것은 없었습니다. 방글라데시 사람들에게 필요한 것은 원조가 아니라 스스로 일하고자 하는 자립정신입니다. 제가 생각한 바를 실천하고자 다 함께 일하는 기업을 설립하게 되었습니다. 방글라데시 특산 소재로 만든 제품을 일본에 수출하면 성공할 가능성이 있다고 보았습니다.

강연 중간에 다른 질문이 있었다.

"값싼 노동력 이외에 가난한 나라인 방글라데시가 줄 수 있는 다른 강점이 있었나요?"

"특별한 것이 있지는 않았습니다만 이곳에서 차별성이 있는 무엇을 만들어낼 수 있다고 보았습니다. 방글라데시에서 눈에 들어오는 소재가 있었습니다. 그것은 방글라데시의 천연소재인 주트(Jute, 황마(C. capsularis)나 황마에서 채취된 섬유. 세계 생산량의 90%가 인도와 방글라데시에서 난다. 용도는 마대, 로프 및 전선 피복용 섬유 등이다)입니다. 주트는 방글라데시에서 쉽게 구할 수 있는 천연섬유입니다. 어느 날 친구와 함께 커피를 마시려고 카페에 갔다가 우연히 커피 원두를 넣는 마대 자루를 보게 되었습니다. 그 마대 자루의 소재가 주트였습니다. 천의 질감이 독특하고 질겨 보였습니다. 주트 천을 구입해서 제가 직접 가방을 만들어서 들고 다녔습니다. 제 가방을 보신 분들 중에 몇

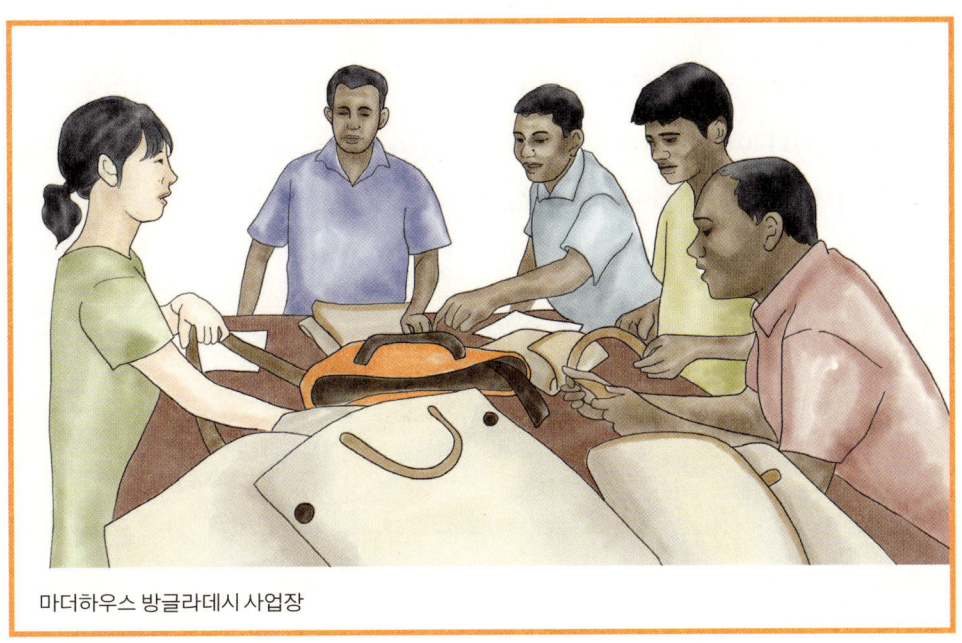

마더하우스 방글라데시 사업장

분이 주트 소재를 이용한 가방 사업을 해 보면 어떻겠냐고 제안을 했습니다. 주트만의 독특한 질감이 강점이 될 수 있었습니다. 그렇게 해서 창업한 회사가 지금의 '마더하우스(Motherhouse)'입니다. 제가 존경하는 마더 테레사 수녀의 '마더(Mother)'와 가방을 팔아서 생기는 수익으로 개도국 아이들에게 집을 지어주자는 의미로 '하우스(House)'를 붙여 '마더하우스'라는 브랜드를 만들었습니다. 저는 세계 어디에도 내놓아도 뒤지지 않는 자체 브랜드를 만들고 싶었습니다. 마더하우스는 메인드-인-방글라데시(Made-in-Bangladeshi)의 핸드백 브랜드입니다.

강의실 중간에 앉아 있던 한 학생이 질문을 했다.

"방글라데시에서 회사를 만드는 데 어려움은 없었습니까?"

야마구치사장이 질문을 한 학생을 바라보며 대답했다.

"이상을 현실로 만들기가 쉽지 않았습니다. 제가 가방을 만들어 본 경험이 없었고, 무엇보다도 샘플을 만들 공장을 찾을 수 없었습니다. 현지 공장들을 찾아가 샘플

제작을 부탁했지만 여러 번 문전박대를 당했습니다. 누가 젊은 외국의 어린 여성에게 선뜻 샘플을 만들어 주겠습니까? 몇 차례 사기도 당했습니다. 하지만 저는 포기하지 않았습니다. 여러 어려움을 극복하고 제 생각을 이해하는 공장을 찾았고, 드디어 2006년에 160개의 가방을 만들어 일본으로 보낼 수 있었습니다.

다른 질문이 이어졌다.

"가방을 방글라데시에 만들어 일본에서 팝니까?"

"네, 그렇습니다."

"'메이드-인-방글라데시' 제품을 일본에서 파는 데 문제는 없었는지요?"

"그렇습니다. 방글라데시는 가난한 나라입니다. 방글라데시에서 가방을 살 수 있는 사람이 많지 않습니다. 판다고 해도 이윤이 적습니다. 저는 처음부터 일본에서 가방을 팔 계획을 갖고 있었습니다. 처음에는 아는 사람들을 통해 몇 개씩 팔았습니다. 저희 제품을 사용하신 분들 중에 몇 분이 주트 섬유가 주는 질감이 색다르다고 평가해 주셨습니다. 제품의 차별화를 위해 단추 같은 것을 방글라데시의 코코넛 열매껍질로 만들었습니다. 제품에 대한 인지도가 높아지면서 매출이 많이 늘어났고, 동경 번화가인 신주쿠에 작은 가방 가게를 열게 되었습니다. 생산된 제품은 오프라인(Off-line)과 인터넷에서 동시에 판매했습니다. 지금은 1분에 한 번꼴로 온라인 쇼핑몰에 주문이 들어오고 있고, 다음 달 도착분까지 예약으로 모두 팔릴 만큼 인기가 있습니다."

"인터넷과 오프라인 판매를 함께했군요. 마더하우스 제품이 백화점에서도 판매가 된다는 이야기를 들었습니다."

"맞습니다. 지금은 백화점까지 저희 제품이 들어갑니다. 저는 동경 긴자(銀座, Gin-

일본 동경 긴자의 야경

za, 일본 도쿄[東京] 주오구[中央區] 남서부에 있는 고급 상가 지역)에 있는 백화점 입점에 도전했습니다. 그 이야기를 들려 드리겠습니다. 일본 동경의 중심지인 긴자에는 일본 최고의 백화점들이 즐비합니다. 그곳에 진출할 수 있다면 제가 시작한 꿈을 어느 정도 완성할 수 있다고 생각했습니다. 가방 샘플을 가지고 가서 백화점 매니저에게 '마더하우스' 제품을 백화점에 입점할 수 있게 해 달라고 요청했습니다. 제 이야기를 듣고 매니저는 말도 안 되는 이야기를 한다고 펄쩍 뛰었습니다. 매니저가 이렇게 말했습니다.

"이곳에 입점한 점포들은 모두 세계 유명 브랜드들입니다. 메이드-인-파리 (Made-in-Paris)도 잘 팔리지 않는데 어떻게 긴자 정 중앙에서 '메이드-인-방글라데시' 제품을 팔 생각을 하십니까? 그것은 우리 백화점을 무시하는 제안입니다."

저는 매니저를 계속 설득했습니다. '마더하우스' 제품 디자인의 차별성, 그리고 현재 인터넷 오프라인에서의 인기를 말해 주었습니다. 매니저는 저의 요청이 너무 무리하다고 말했습니다. 저는 마지막으로 일정 기간 동안 매장을 운영해 보고 결과가 좋지 않다면 매장을 닫겠다고 제안했습니다. 성공할 수 있다는 의지를 담아 매니저에게 강하게 호소했습니다. 그렇게 해서 한시적인 입점 계약을 하게 되었습니다. '마더하우스'가 일본 동경 중심부인 긴자에 매장을 갖게 되었습니다."

이번에는 야마구치 사장을 초청한 담당 교수가 질문을 했다.

"야마구치 사장님의 기업 설립과정과 회사 운영 방식을 보면 다른 기업과 다른 흥미로운 부분들을 발견할 수 있습니다. 현지의 재료를 사용하고, 현지인에게 수익의 많은 부분이 돌아가게 하고, 메이드-인-방글라데시로 명품 브랜드와 승부를 하고, 가난한 나라에서 생산된 제품을 일본 동경 중심부에서 비싼 가격으로 판매한다는 점이 특별합니다. 회사운영 방식에서 사회적 기업가 정신이 묻어납니다. 혹시 적정기술이란 말을 들어 보셨는지요?"

"들어 보기는 했는데 자세히 알지 못합니다."

"야마구치 사장님의 사업 운영 방식이 적정기술의 개념과 매우 유사합니다. 가난한 나라 사람들을 어머니처럼 도와서 돈을 벌게 하고. 집을 마련하게 해 준다는 '마더하우스'의 이름에서 적정기술의 철학이 느껴집니다."

"아, 그렇습니까? 제 사업 방식의 특징은 이렇습니다. '루이뷔통(Louis Vuitton, 프랑스의 파리에 본사가 있는 가방, 의류, 신발 등의 브랜드)'이라는 명품 브랜드 핸드백의 단가가 얼마나 될까요? 정말 소비자가 사는 가격이 그 가방의 제품가격일까요? 그렇지 않습니다. 단가는 얼마 되지 않습니다. 브랜드의 가치 때문에 비싸게 파는 것이지요. 그렇다면 가난한 나라라고 무조건 싼 임금에 의존하는 사업방식을 추구할 필요는 없습니다. 브랜드 가치를 높일 수 있다면 가난한 나라에서 생산된 제품이라고 부자나라에서 비싼 값으로 팔리지 말라는 법은 없습니다. 다시 한 번 말씀드리자면, 제가 가난한 나라에서 지내면서 알게 된 것은 가난한 나라를 돕고자 와 있는 지원기관들이나 그 나라 정부 인사들은 빈곤 문제를 해결하고자 하는 의지가 없다는 것입니다. 외부의 지원금이 제대로 사용되지 못하고 부패한 정부 인사들이 나누어 가지는 경우가 많습니다. 저는 그런 모습에 분개했습니다. 그리고 제가 직접 가난한 나라의 사람들을 돕고자 이 사업을 시작했습니다. 그동안 어려움도 많았지만 이제 사업이 어느 정도 궤도에 올라 있어서 기쁩니다. 하지만 이 정도로 제 꿈이 다 이루었다고는 생각하지는 않습니다. 제가 처음에 가졌던 '청년의 꿈'이 완성되는 날까지 더욱 매진할 생각입니다."

담당 교수가 오늘의 강연에 정리를 부탁했다.

"야마구치 사장님, 오늘의 강연은 저희 대학의 청년들에게 큰 도전이 된 것 같습니다. 청년의 꿈을 마무리하면서 마지막으로 한 말씀 부탁드립니다."

"저는 세상을 알고 싶어서 세계 여러 나라에 여행을 다녔습니다. 그리고 모든 사람들이 똑같은 모습으로 살고 있지 않다는 것을 알게 되었습니다. 가난한 자와 부자의 모습을 보면서 제 인생을 어떻게 만들어 가야 할지를 생각했습니다. 저는 제 미래를 스스로 결정하고 싶었습니다. 그리고 제 미래가 어려운 현실에 놓인 사람들에게 작은 희망이 될 수 있으면 좋겠다고 생각했습니다. 저는 청년 여러분에게 이렇게 말하고 싶습니다. 자신이 진정으로 하고자 하는 것에 도전하면서 살라고. 자신이 선택한 길에 어려움이 있더라도 포기하지 말고 걸어가라고. 생각이 생각으로만 머물러 있다면 아무것도 이룰 수 없습니다. 지금 그 생각을 실행하고 열심히 뛰면 반드시 그에 맞는 결과를 얻을 수 있을 것입니다. '청년의 꿈'을 이룰 때까지 열심히 뛰십시오. 감사합니다."

강연을 들은 학생들은 '사회적 기업가 정신'을 주제로 특별강연을 해 준 야마구치 사장에게 박수로 감사함을 표시했다.

◆ 이 글은 2011년 일본 동경 와세다 대학(Waseda University, 早稻田大学 일본 도쿄에 있는 일본 최고의 사립 종합대학교)에서 행한 야마구치 사장의 초청 강연 내용이다. 필자가 안식년으로 동경에서 머무는 동안-그 기간 중에 필자는 동경 시바우라(Shibaura)공대의 교환교수로 있으면서 적정기술 도서를 집필하고 있었다-에 야마구치 사장의 강연내용을 접할 기회가 있었다. 야마구치 사장의 사업 방식에는 가난한

자들을 배려하고 그들과 함께 일을 해서 얻은 이익을 서로 나눈다는 사회적 기업가 정신을 담고 있다. 가난은 그 원인이 가난한 자들의 나태함에 있는 것이 아니라 불균형한 부의 배분과 같은 구조적인 문제에 의해 발생한다. 따라서 빈곤문제의 책임은 사회구성원 모두에게 있다. 그녀의 사회적 기업가 정신은 인류 미래의 지속 가능성을 우려하는 적정기술의 철학과 일맥상통하다. '청년의 꿈', 꿈은 이루어지는 것이 아니라 이루기 위해 노력해야 할 목표이다. 긴자의 백화점에 '마더하우스'가 입점했다고 해서 야마구치 사장의 사회적 기업가 정신이 완성된 것은 아니다. 그녀가 존경하는 마더 테레사처럼 가난한 이웃을 돌보려는 기업가 정신을 지속적으로 실천한다면 그녀의 '사회적 기업가 정신'은 세상 속으로 더욱 확산될 것이다.

적정기술에 대한 불편함

우간다(Republic of Uganda, 동부 아프리카에 위치) 청년 지도자를 위한 교육이 강원도 원주의 가나안농군학교에서 있었다. 교육 프로그램의 첫 번째로 적정기술 강의가 시작되었다. 개도국 지원 사업으로 한국에 초청되어 온 청년지도자들은 우간다의 여러 지역에서 선발된 사람들로 대부분 영어에 능숙한 사회의 지도층 자녀들이었다. 강사는 적정기술이 우간다와 같은 나라가 당면한 여러 문제를 해결해 줄 수 있다고 역설했다.

"적정기술은 생존의 기술과 생계의 기술로 나눌 수 있습니다. 아프리카 농촌 지역에서 가장 시급한 문제는 식수와 조리용 연료입니다. 얼마나 많은 사람들이 깨끗한 물을 먹지 못해 각종 질병으로 고생하다가 죽습니까? 특별히 많은 어린아이들이 더러운 물에서 사는 미생물과 기생충에 노출되어 있습니다. 또한 여자아이들은 먹을 물을 찾으러 먼 곳으로 갔다가 험한 일을 당하기도 합니다. 조리용 연료는 또 어떻습니까? 나무껍질이나 뿌리를 잘라서 조리용 연료로 사용합니다. 한창 공부해야 할 아이들이 땔감을 구하는 일로 하루를 허비합니다. 게다가 나무를 땔 때 나오는 유독한 연기로 인해 아이들은 호흡기 질환으로 고생하고 있습니다. 이런 문제를 해결하려면 그 지역의 상황에 적합한 적정기술을 개발해야 합니다."

강사는 휴대용 정수기구인 라이프 스트로우(Life straw, 휴대용 물 정수기)의 사진을 보여 주며 우간다와 같은 빈곤 지역에서의 적정기술의 필요성을 설명했다. 강사는 이번에는 생계용 적정기술에 대해 설명했다.

우간다 교육생

"생존의 문제들이 어느 정도 해결되면 그다음은 생계형 적정기술이 필요합니다. 기술을 활용해서 작은 마을 형 사회적 기업을 만들고 회사를 운영해서 얻은 이익으로 마을의 경제를 만들어 갈 수 있습니다. 주택개량 사업을 하고, 마을 학교를 만들어 아이들에게 글을 가르치고, 우물을 파서 식수원을 확보할 수 있습니다. 우간다 청년들이 농업과 식량 기술을 배워서 스스로 일어서야 합니다. 그런 일을 돕고자 우리 교육원에서는 개도국을 지원하기 위한 적정기술 프로그램을 만들어서 운영하고 있습니다. 작년에는 한국의 과학기술자들과 협력해서 아프리카 지역에 적합한 수익 사업인 건조 망고 기술과 대체 연료인 옥수수 탄을 개발해서 차드 등에 기술을 보급했습니다."

강연이 끝나고 교육생들의 질문을 받는 시간이 되었다. 몇 학생이 손을 들어 질문 의사를 밝혔다.

"강연 잘 들었습니다. 저희도 적정기술에 대해 알고 있습니다. 많은 서구 사람들이 아프리카를 지원하면서 지난 수십 년 동안 이런저런 기술을 가지고 와서 아프리카에 뿌렸습니다. 그런데 대부분은 저희의 문화에 적합하지 않은 것들이었습니다. 비싸서 살 수 없고, 고장이 나도 부품을 구할 수 없는 것들이었습니다. 시간이 지나자 적정기술 보급품의 대부분은 쓰레기가 되었습니다. 저희의 상황을 고려하지 않고 본인들의 입장에서 개발해서 보급한 기술은 지속적으로 사용되지 않습니다. 그리고 선진국 사람들이 이런 일을 할 때 우월적인 입장에서 저희를 대합니다. 이런 태도는 저희에게 불편함을 줍니다. 아프리카를 현재와 같은 상태로 만든 데에는 서구의 책임이 큽니다. 그렇다면 저희에게 좀 더 책임 있는 자세를 가지고 저희를 대해야 합니다."

다른 교육생도 상기된 표정으로 자신의 생각을 말했다.

"저도 이번 적정기술 강연에 대해 불편한 마음이 있습니다. 저희들은 조국 우간다의 미래를 만들어 갈 사람들입니다. 우간다가 지금 가난하기는 하지만 적정기술 같은 저급기술로 국가건설을 이룰 수 있을 것으로 보지 않습니다. 저희에게는 산업이 필요합니다. 학교와 병원, 행정 인프라와 기간산업을 발전시켜 나라를 발전시켜야 합니다. 우간다도 한국처럼 산업을 성장시켜 경제발전을 이루고 싶습니다. 그래서 한국의 발전 모델을 배우고자 이곳에서 공부하고 있는 것입니다. 생존과 생계 문제를 해결해 준다는 적정기술을 배우라는 말씀에 자존심이 상합니다. 저희가 원하는 것은 빈곤한 농촌문제의 해결이 아니라 산업에 의한 국가 경제의 발전입니다."

다른 교육생들도 비슷한 의견을 제시했다. 교육생의 질문을 받는 강사의 얼굴이 밝지 않았다. 강사는 더 이상 적정기술의 필요성을 강조하는 것은 옳지 않다고 판단하여 교육생들의 이야기를 듣는 수준에서 질문 시간을 마무리했다. 강연 후에 강사와 교육생 프로그램 운영자들이 모여 회의를 진행했다. 강연자가 교육생들의 질문에 대한 자신의 견해를 말했다.

"우선 제 강연이 우간다 교육생의 민족 자존심을 건드린 부분이 있군요. 서구에 대한 피해 의식과 가난하지만 그것을 다 드러내 놓고 싶지 않은 마음을 간과한 것 같습니다. 다음 강연부터는 이 점을 보강해서 강의 자료를 작성하겠습니다. 하지만 교육생들의 생각처럼 외부로부터의 산업 지원만으로 우간다의 국가 경제를 발전시킬 수 없습니다. 그 부분에 대해서는 나중에 다시 자세히 설명 드리겠습니다."

강의 종료 후에 교육 프로그램 기획자가 첨언을 했다.

"저도 교육생들의 생각은 이해합니다. 이곳에 온 교육생들은 대부분 우간다 각 지역 부족의 지도자의 자녀나 그들의 친척들입니다. 이들은 정치적인 힘을 가진 사람들에 의해 우간다 각 지역사회에서 선발된 인력입니다. 국가 지도자들이나 정부 기관의 직원들은 지역사회를 개발하는 일보다는 국가산업을 육성하는 데 관심이 많습니다. 그런 취지에서 교육생들이 자신들의 의견을 피력한 것 같습니다. 하지만 국가산업의 육성은 외부로부터 산업을 지원받는다고 해결되는 것은 아닙니다. 우간다에는 산업을 운영할만한 기술 인력이 없습니다. 그리고 정신교육이나 기술교육 없는 물질지원은 아무런 의미가 없습니다. 마을 자립을 위한 작은 사업들부터 육성하는 것이 바른길입니다."

적정기술 강연자가 빈곤 극복에 대한 자신의 철학을 이야기했다.

"사실 빈곤 문제는 물질의 문제라기보다는 정신의 문제입니다. 물질을 가져다주면 줄수록 자립하려는 의지는 약해집니다. 공짜로 얻을 수 있는데 무엇 때문에 돈을 주고 사려고 하겠습니까? 먼저 일하고자 하는 마음이 일어나게 해 주어야 합니다. 제가 십여 년 전에 일본의 동경을 방문한 적이 있습니다. 그때 시간이 있어서 동경 중심부의 우에노 공원(上野 公園)에 잠시 갔었습니다. 공원을 돌아보던 중에 공원에서 배회하는 노숙자들을 보았습니다. 노숙자들은 사과박스로 만든 집에서 잠을 자고, 아침에 일어나 공원 화장실에서 세면을 했습니다. 이 사람들을 홈리스(Homeless)라고 불렀습니다. 우리나라에는 아이엠에프(IMF, 國際通貨基金, International Monetary Fund, 세계무역 안정을 목적으로 설립한 국제금융기구) 경제 위기 이후에 서울 역사나 지하철에 홈리스들이 생겨났습니다. 당시에 저는 복지예산이 많은 선진국 일본의 중심부에 홈리스들이 많다는 점이 이해가 되지 않았습니다. 나중에 이해하게 되었지만 홈리스의 문제는 가난의 문제가 아니라 정신의 문제였습니다. 홈리스들은 사회로부터 관계가 끊어진 사람들입니다. 직장이 없고, 가족은 해체되었고, 일을 해야 할 목적을 상실했습니다. 집이 없다고 해서 홈리스라고 하지만 사실은 '호프리스(Hopeless)'가 더 적절한 표현입니다. 홈리스들을 사회 구성원으로 복귀시키려면, 이들에게 일해야 하는 목적의식을 심어 주어야 합니다. 가난한 나라의 빈곤 문제도 같은 맥락에서 이해되어야 합니다.

아프리카의 많은 사람들이 종족 간의 갈등으로 인한 전쟁과 기아, 에이즈 같은 질병 등에 고통을 받고 있습니다. 밭을 갈고 농장을 경영해서 일을 해서 살아보고자 노력해도 어느 날 반군들이 들이닥쳐서 농작물을 빼앗아 간다고 합니다. 주민들은 질병에 노출되어 서서히 죽어갑니다. 일을 하나 안 하나 상황은 마찬가지인데 굳이 일을 할 필요가 있겠습니까? 이런 상황에서 희망을 발견하기란 그렇게 쉽지 않습니다. 어려운 환경 속에서도 희망을 가지고 살아야 할 이유를 찾아 주는 것이 급선무입니다. 물고기를 주기보다 물고기 낚는 방법을 알려 주어야 한다는 말이 있지 않습니까? 물고기를 주는 것은 한 번으로 끝이 납니다. 하지만 물고기를 낚는 방법을 알게 되면 지속적인 삶을 만들어 갈 수 있습니다. 교육이 없이 물질만 주었을 때의 효과는 한시적입니다. 이제까지 유엔(UN)과 서방세계가 아프리카에 수조 달러를 원조해 주었지만 큰 변화가 없다고 평가되고 있습니다. 변화는 사람으로부터 시작됩니다. 우간다 교육생들이 산업 지원을 이야기하지만 외부로부터의 지원 이전에 자립의 정신을 가지고 바닥부터 차근차근 문제를 해결해 가는 것이 좋습니다. 국가의 발전을 원한다면 자존심을 내세우지 말고 적정기술의 철학을 차근차근 배워야 합니다. 제 생각은 이 정도로 정리하고, 다음부터는 오늘 강의에서 교육생들이 제시한 의견을 반영해서 교육을 진행하도록 하겠습니다."

적정기술에 대한 불편함은 우간다 교육생들만 느끼는 것은 아니다. 필자가 참석한 개도국의 국제개발을 논의하는 자리에서도 그 불편함을 토로하는 경우가 있었다. 유엔의 지원을 받는 학생모임의 발표 세미나 행사에서의 불편함을 이야기한 예시를 소개한다. 세미나의 주제는 '제3세계 개도국을 돕는 과학기술'이었다. 국제개발에 관심이 많은 대학생들과 한국에 와서 공부하고 있는 개도국 학생들이 참여해서 강연을 듣고 토론하는 시간을 가졌다. 국제개발에 대한 강연을 마치고 대학생 동아리 학생이 자신의 체험담을 이야기하는 순서가 되었다. 학생은 태국의 가난한 농촌 마을에 다녀온 이야기를 했다.

"제3세계(第三世界, Third World, 1960년 이후에 사용되어 온 단어. 제1세계는 경제적으로 발전된 미국과 서유럽 등의 자본주의 국가, 제2세계는 사회주의 국가, 양쪽 진영 모두에 포함되지 않는 개발도상국 국가들을 제3세계로 규정) 지원 활동에 대해 말씀드리고자 합니다. 저는 개도국의 빈곤 문제를 생각하는 학교 동아리의 회장으로 있습니다. 저는 지난 방학에 동아리 학우들과 함께 태국 농촌 마을의 문제를 해결해 주고 왔습니다. 태국의 고산지역에는 소수민족들이 열악한 환경에서 생활하고 있습니다. 소수민족이 생활하는 가옥에는 특별한 난방시설이 없습니다. 그들의 난방 문제를 해결해 주고자 한국의 온돌의 개념을 활용한 적정기술을 개발했습니다. 저희는 고산지역 마을에 난방기를 설치해 주고 왔습니다. 난방기의 설치로 마을 주민은 겨울을 따뜻하게 지낼 수 있게 되었습니다. 저희 동아리는 매년 그 지역을 방문해서 난방시설이 잘 돌아가고 있는지 확인해 주고 운영방식을 알려 주고자 합니다. 여러 지역을 다닌 것은 아니지만 제가 다녀본 가난한 나라들의 경제 상황은 심각합니다. 특히 농촌 지역은 과학기술의 혜택으로부터 소외되어 있습니다. 조금만 신경을 쓰면 과학기술로 해결될 수 있는 것들이 많습니다."

발표 후에 토론 시간이 되었다. 개도국 지원 프로젝트에 참가하고 싶다는 의견을 제시한 학생이 많았다. 의견을 나누던 중에 한 외국인 학생이 단상 앞으로 나왔다. 학생은 약간 흥분한 어조로 자신의 의견을 말했다.

"저는 아프가니스탄(Afghanistan, 중앙아시아 최빈국)에서 온 유학생입니다. 오늘의 주제인 '제3세계 개도국을 돕는 과학기술'에 대한 제 의견을 말하고자 합니다. 우선 이 세미나의 주제에 대해 불편한 마음이 있습니다. 여러분도 잘 아시다시피 저의 조국 아프카니스탄은 세계에서 가장 가난한 나라에 속합니다. 아프카니스탄은 오랜 기간 강대국들의 전쟁터가 되어 왔고, 그로 인해 많은 민간인들이 죽었습니다. 한국도 1950년대 전쟁으로 인해 많은 사람들이 죽거나 다친 것으로 압니다. 저는 한국의 경제발전을 공부하고 있습니다. 1900년대 초 일본의 강점기와 한국전쟁으로 인해

함께 하는 세상

한국의 경제는 피폐하였다고 들었습니다. 한국은 1950년에 세계 최빈국이었습니다. 그런 한국이 기적적으로 이제 경제 선진국이 되었습니다. 세계가 놀라워하고 있습니다. 그리고 OECD(경제협력개발기구, Organization for Economic Cooperation and Development, 회원국 간 상호 정책조정 및 협력을 통해 세계 경제의 공동 발전 및 성장과 인류의 복지 증진을 도모하는 정부 간 정책연구 협력기구)에 가입해서 가난한 나라를 돕겠다고 합니다. 오늘의 발표를 들으면서 저는 한국 학생들에게 묻고 싶습니다. '한국이 언제부터 경제 선진국이었습니까?'라고. 50-60년 전에는 한국이 아프가니스탄보다 더 어려운 처지에 놓여 있었습니다. 오늘 발표한 학생의 이야기를 들으면서 한국 학생들이 가난한 나라의 문제를 '주는 자'의 입장에서 토론하고 있다는 생각이 들었습니다. 가난의 문제는 '주는 자'와 '받는 자'의 입장에서 풀어가야 할 문제는 아닙니다. 빈곤의 문제는 잘 사는 나라와 못 사는 나라의 문제가 아니라 지구촌이 앉고 있는 '세계의 문제(Problem of world)'로 인식해야 합니다. 사실 빈곤의 문제는 잘 사는 나라에게 많은 책임이 있습니다. 선진국들이 평화롭게 살고 있는 아프리카와 아시아 국가들을 식민지 수탈로 황폐화 시켰고, 종족분쟁이 일어나게 했습니다. 지금의 아프리카의 국경선은 서방세계가 임의로 만들어 놓은 것입니다. 각 지역에서 생활하는 종족의 생활 영역을 고려하지 않고 임의로 만들어 놓았기에 지금과 같은 끝임없는 종족분쟁이 일어나고 있는 것입니다. 그래서 저는 아시아와 아프리카의 빈곤 문제에 책임이 있는 부자 나라들이 빈곤의 문제를 '주는 자'와 '받는 자'의 문제로 이야기하는 것에 불편함을 느낍니다. 그리고 가난한 나라를 '제3세계'나 '개도국'으로 지칭하는 문제에 대해서도 불편한 마음이 있습니다. 가난한 나라가 '제3세계'면 '제1세계'와 '제2세계'는 어떤 나라들을 의미합니까? 정치나 경제의 수준으로 나라를 구분하는 것은 옳지 않습니다. 저는 이 문제를 세계가 당면하고 있는 문제로 인식해야 한다고 생각합니다."

[필자의 의견] 빈곤의 문제를 가난한 나라만의 문제가 아닌 지구촌의 문제로 인식해야 한다는 아프가니스탄 유학생의 생각에 동의한다. 부의 크기로 나라들을 구분하는 것 역시 적절치 않다. 개도국 국민들에게는 역사적으로 서방국들로부터 받은 상처가 있다. 자신의 나라를 도와주겠다고 찾아온 서방 세계에 나라를 빼앗기고 경제를 수탈당한 가슴 깊은 불신이 있기에 그들에게 서방세계의 도움이 그다지 반갑지 않은 면이 있다. 그런 이유로 개도국의 문제를 논의할 때는 가난한 나라에서 온 학생들의 자존심을 배려해야 한다. 그들에게도 자신의 국가와 민족에 대한 자부심이 있기 때문이다.

한국은 2000년대에 들어서서 가난한 나라를 돕기 시작했다. 한국은 가난한 나라를 돕는 방식에서 서구가 걸었던 길을 답습하지 말아야 한다. 서구의 방식은 '주는 자'의 입장에서 '받는 자'를 돌보는 방식이었다. 그 방식에는 오만함이 있을 수 있다. 한국은 최빈국에서 선진국으로 발전한 나라이다. 대부분의 개도국들은 한국이 발전한 모습으로부터 자신들에 적합한 경제발전 모델을 찾고자 한다. 한국의 젊은이들은 우리가 가난했었을 때의 역사를 되새기며, 지구촌의 한 형제로서 가난한 나라 사람들을 어떻게 도와 나가야 할 지를 생각하는 것이 바람직하다.

아프리카 현장을 듣다

포항의 한 대학에서 아시아-아프리카 개도국 지원을 위한 적정기술 행사가 있었다. 5년 전에 시작한 대학생 교육 행사로, 적정기술을 이용해서 개도국의 빈곤 문제 해결책을 제시해 보는 아카데미(Academy)이다. 필자는 그 행사의 지도위원으로 참석하기로 했으나 첫날에 다른 업무가 있어서 둘째 날에 가기로 했다. 업무를 보던 중에 포항에 먼저 가 있는 오 선생으로부터 전화가 왔다.

"김 선생님, 내일 오실 때 차드에서 며칠 전에 귀국하신 박 지부장님을 좀 모시고 오십시오. 이곳에서 진행 중인 개도국 관련 아카데미를 보고 싶다고 합니다."

"그래요? 제가 박 지부장님 얼굴을 모르는데 어떻게 만나지요?"

"지금 인천에 계시는데 내일 아침에 대전 역사에서 기다리시면 전화를 하신다고 했습니다. 모시고 오시면서 현장의 이야기 들어 보시면 좋겠네요."

"네, 그렇게 하도록 하지요."

아프리카 차드와 우간다에서 국제개발 현장 NGO로 일하다 잠시 귀국한 박 지부장과 통화를 해서 대전 역사에서 만나기로 약속했다. 박 지부장은 인천에서 출발해서 광명에서 KTX를 타고 대전까지 내려오겠다고 했다. 포항까지는 내 차로 가기로 했다. 대전에서 포항까지 차로 3시간 정도 걸리니까 3시간 정도 아프리카 현장에 대한 이야기를 나눌 시간이 생긴 셈이다. 어떤 중요한 사람들을 만나서 사적으로 한, 두 시간 이야기를 나누기란 쉽지 않다. 강사나 손님의 마중을 가고, 모임 후에 역까지 바래다 드리면 차 안에서 대화를 나누며 소중한 경험들 공유할 수 있다. 대전 역사 안의 커피숍 앞에서 필자를 기다리고 있는 박 지부장을 만났다. 처음 만남이지만 검게 탄 모습을 통해 박 지부장을 쉽게 알아볼 수 있었다.

"박 지부장님 안녕하셨습니까? 처음 뵙겠습니다."

"네, 김 선생님, 만나게 되어서 반갑습니다."

"네, 지부장님, 이번에는 어떤 일로 들어오셨는지요?"

"네, 건강이 좋지 않아서 잠시 귀국해서 치료를 할까 합니다."

"아, 그렇군요. 아프리카에서 생활을 하시려면 건강에 유의하셔야 하는데 너무 무리하신 것은 아닌지요?"

"무리한 면도 없지 않습니다. 좀 과로를 했고, 풍토병에 걸려서 고생을 하고 있습니다. 다 아시겠지만 아프리카에서 있으면 말라리아(Malaria, 말라리아 원충(原蟲)에 감염되어 발생하는 급성 열성 전염병, 모기에 의해 전파됨)와 뎅기열(Dengue fever, 모기에 의해 전파되는 바이러스성 열 질환)과 같은 모기에 의한 질병에 쉽게 노출됩니다. 저도 몇 년에 한 번씩은 말라리아에 걸려 고생합니다."

"말라리아 외에 다른 병들은 어떤 것이 있나요?"

"더러운 물 때문에 생기는 이질이나 장티푸스, 콜레라 같은 수인성(水因性) 병이 있습니다."

"풍토병이라고 하시니까 생각이 나는데 저희들도 얼마 전에 캄보디아에 갔다가 몇 분이 탈수 현상을 일으켜서 고생을 했습니다. 한국으로 귀국한 후에도 탈수현상이 멈추지 않아서 병원에 입원하신 분이 있었는데 한국 병원에서 주는 항생제 주사를 맞아도 탈수 현상이 그치지 않았습니다. 캄보디아 현지에 전화를 걸어 그곳에서 어떤 약을 사용하는지를 물어서 현지 처방전으로 약을 처방한 후에 탈수증상이 멈추었습니다. 병의 치료에도 적정치료가 있다는 생각을 했습니다."

"그렇습니다. 풍토병은 현지의 병원에서 치료를 해야 낫습니다. 똑같은 탈수증상이라고 해도 병의 원인이 같지 않고, 각 원인균마다 항생제가 다르기 때문입니다. 좋은 경험을 하셨습니다."

"박 지부장님 아프리카에서 활용되는 적정기술에 대해서 말씀을 해 주시면 좋겠습니다. 적정기술에 대한 오해가 많습니다. 적정기술을 구매력을 가지지 못한 90%를 위한 기술이라고 하는데 정말 적정기술 제품이 아프리카에서 잘 활용되고 있는지요? 또 적정기술로 현지에서 비즈니스를 할 수 있는 것인지요?"

"할 수 있다, 없다 단정할 수는 없지만 현장에 적합한 기술이라면 환영을 받겠지요. 예를 들어 발 펌프 같은 기구를 사용하는 농장이 있습니다. 펌프질을 하는데 힘이 많이 들지만 물을 멀리까지 보낼 수 있어서 여러 농장에서 사용하고 있습니다. 채소 생산이 늘어서 돈을 벌었다고 '돈 버는 펌프(Money-make-pump)'라고 하지요. 그런데 더 가난한 농장에서는 이 기구마저도 살만한 처지가 되지 않아서 통에 물을 담아서 농장 먼 곳에 가져가서 뿌립니다."

"그렇군요. 그러면 적정기술 제품으로 널리 소개되어 있는 큐드럼(Q drum)어떻습니까?"

"먼 곳으로 물을 운반하는 플라스틱 드럼을 말씀하시는 것이지요? 수원지가 멀리 떨어져 있는 경우에 물을 나를 때 도움이 된다고 알고 있습니다. 물이 없어서 수km

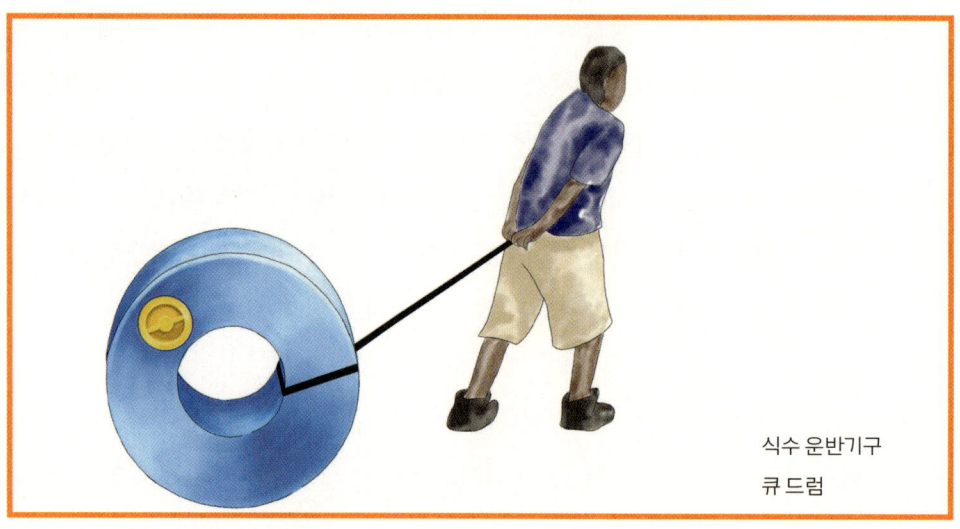

식수 운반기구
큐드럼

를 걸어가야 한다면 물 운반에 얼마나 많은 에너지와 시간이 많이 소요되겠습니까? 큐드럼이 편리하기는 하지만 저희들은 그런 기구를 사용하지는 않습니다. 매번 물을 길어 운반하기보다는 가까운 곳에서 식수원을 확보하는 것이 좋습니다. 제가 활동하는 곳에서는 우물을 파서 식수자원을 확보합니다. 다른 NGO 단체에서 전해 들은 바로는 큐드럼의 가격이 65$나 된다고 합니다. 하루 1$로 살아가는 현지인들이 구입하기에는 가격이 여전히 비쌉니다. NGO 단체에서 무상으로 보급하는 것으로 알고 있습니다."

"역시 구매력이 문제가 되는군요. 그러면 햇빛을 이용한 태양열 조리기(Solar cooker)같은 것은 어떤가요?"

"사용하는 사람이 있지만 교육을 받아 운전지식을 습득해야 합니다. 일반인들은 별 관심을 갖고 있지 않습니다. 이곳에서는 나무를 연료로 사용해서 음식을 조리합니다. 문화적, 관습적인 요소가 강해서 땔감 대신 태양열 조리기를 사용해서 요리하는 것이 쉽지 않습니다. 조리까지 시간이 많이 드는 것도 단점이지요."

"한국에서는 라이프 스트로우(Life straw)가 적정기술 제품으로 잘 알려져 있습니다. 물 오염 문제를 해결해 주는 라이프 스트로우의 활용도는 어떤가요?"

태양열 조리기 교육

"원래 라이프 스토로우는 비상시에 물을 정화하는 기구로 개발된 된 것이지요. 개도국을 위한 적정기술 제품이라기보다는 등산이나 캠핑(Camping)을 갈 때 비상용으로 준비해 가는 휴대용 기구입니다. 물론 아프리카의 오염된 연못 물을 먹을 때 사용할 수는 있지만 늘 그렇게 물을 먹을 수는 없지요. 도시 지역에 사는 사람들이 비상용으로 하나 정도 가지고 있습니다."

"제가 생각하기에 적정기술은 사용 목적에 따라 두 가지로 나뉜다고 봅니다. 빈곤지역의 의식주에 관한 문제를 해결해 주는 기술과 마을 소득을 위한 기술이 있다고 봅니다. 지부장님의 생각은 어떠십니까?"

"정확한 지적입니다. 물을 정화해 주는 정수기 같은 것이 전자에 속하고, 농가 소득을 올려 주는 기술이 후자에 속합니다. 후자는 주로 농업과 식량에 대한 기술입니다. 제가 재미있는 경험을 하나 이야기해 드리겠습니다. 제가 우간다 주민들에게 양계장 사업을 하자고 해서 몇 가구가 양계장 사업을 시작했습니다. 이곳에서 양계사업은 수익사업으로 매우 중요합니다. 닭을 키워서 소득이 나면 아이들을 학교에 보낼 수 있습니다. 이곳은 무슬림(Muslim, 이슬람교도를 지칭하는 말) 지역이라서 돼지고기는 먹지 않습니다. 반면에 닭은 종교적으로 중립적입니다. 종교에 관계없이 모든 사람들이 닭고기 요리를 즐깁니다. 마을을 위해 우리나라와 비슷한 형태의 양계장을 만들었습니다. 땅바닥에 친환경 톱밥을 깔아서 닭을 키웠습니다. 병아리들이 잘 자라서 어느 정도 컸는데 어느 날 문제가 발생했습니다. 하룻밤 사이에 닭이 모두 없어졌습니다. 도둑이 들어서 닭을 몽땅 가져 간 것이지요. 열심히 키운 닭을 모두 도둑 맞았으니 주민들의 기분이 얼마나 상했겠습니까? 양계사업을 포기하려 했는데 제가 격려를 해서 다시 시작했습니다. 그런데 이번에 만든 양계장은 전에 것과 전혀 달랐습니다. 도둑을 방지하기 위해 벽돌을 쌓아서 견고한 양계장을 만들고 양계장 위쪽으로 공기구멍을 내고 철창살을 만들었습니다. 마치 죄수들의 감옥과 같은 형태입니다. 제아무리 도둑이 와도 닭을 훔쳐 갈 수 없는 구조입니다. 제가 새로 만든 닭장을 이곳 실정 지역에 적합한 '적정 닭장(Appropriate chicken farm)'이라고 했습니다. 이렇듯 기술은 그 지역의 특성에 맞게 적용해야 합니다."

"도둑이 많은 나라에 적합한 닭장이군요."

"저는 선진국에서 개발되어서 이곳으로 들어오는 기술 중에서 현지인에게 적합하고 동시에 지역민의 소득사업에 도움이 되는 기술들을 눈여겨보고 있습니다. 지난번에 한국인 과학자들을 통해 차드에 들어 온 옥수수 숯 탄 제조기는 아프리카에 적합한 기술입니다. 버려지는 옥수숫대로 대체 연료인 탄을 만들 수 있었습니다. 숯 탄 제조기는 이곳에서 대체 탄을 만드는 일에 요긴하게 사용될 수 있습니다. 차드 이외에도 우간다, 말라위(Malawi), 르완다(Rwanda)까지 샘플이 들어간 것으로 알고 있습니다. 문제는 "프레스기가 고장이 났을 때 부품을 어떻게 조달하느냐"입니다. 한국에서 부품을 가지고 올 것인가? 또는 현지에서 직접 만들 것인가? 제 생각으로는 이곳에 직업 교육센터를 만들어서 고장을 수리할 수 있도록 교육을 할 수 있었으면 합니다. 책임감이 있는 청년들을 한국에 초청해서 기술을 교육하고, 우간다 현장에 공작소를 만들어서 습득한 기술로 현지인들이 작업할 수 있도록 할 계획입니다. 기술 매뉴얼과 기술학교에서 쓸 교재를 만들어 교육하면 현장에서의 지역개발과 미래 인력자원 양성 프로그램이 완성됩니다."

"바람직한 지역사회개발 모델이라 생각됩니다. 지난번 과학자들이 제작해 준 건

지역사회 개발 교육

조 망고 식품가공기술은 사용하고 있습니까?"

"한국에서 개발되어 아프리카에 보급된 건조 망고기술은 이곳에서 인기입니다. 알려 주신 방식으로 맛이 좋은 망고를 만들고 있습니다. 이곳에는 전기가 없기 때문에 망고의 건조가 어렵습니다. 비가 자주 오고 날씨가 일정하지 않아 건조에 문제가 되었습니다. 품질이 일정하지 않은 것이지요. 이런 저런 노력 끝에 설탕물을 적게 하고 망고를 그늘에서 말려 보았습니다. 그랬더니 품질이 개선되었습니다. 저희가 직접 포장을 해서 건망고를 시장에 내다팔았습니다. 많은 사람들이 저희 제품에 대해 관심을 보였습니다. 한 외국인 회사가 수출을 하고 싶다고 제안을 했습니다. 식품 사업을 할 수 있는 여건이 생긴 셈이지요. 건조 망고 사업은 하나의 사회적 기업이 될 것입니다. 현지인들과 함께 하는 기업을 만드는 일을 논의하고 있습니다."

"마지막으로 아프리카나 다른 개도국에서 국제개발을 할 때의 유의사항이 있으면 알려 주시지요."

"몇 가지 중요한 원칙이 있습니다. 우선 서두르지 말아야 합니다. 천천히 현지인들과 어울리고 그들의 생각을 이해하려는 노력이 필요합니다. 현지인 주민 중의 한 사람이 자기 아이가 말라리아에 걸렸다고 저를 찾아와서 말라리아약을 달라고 했

우간다 교육센터

습니다. 그들은 제가 말라리아약을 가지고 있는 것을 알고 있습니다. 제가 그분에게 '말라리아에 왜 걸리냐'고 물었습니다. 모기 때문에 걸린다고 말하더군요. 제가 '모기는 어디에서 사느냐'고 다시 물었습니다. 수풀이나 웅덩이에서 산다고 대답했습니다. 그래서 제가 그러면 수풀이나 웅덩이를 제거하면 되지 않느냐고 했습니다. 그분은 고개를 끄덕였습니다. 그분이 마을 주민들과 함께 길가의 웅덩이와 수풀을 없애는 작업을 했습니다. 작업 후에 제가 말라리아약을 주었습니다. 그들 스스로 생각하고 실천하게 하는 것이 문제 해결의 최선책입니다."

"옳은 생각입니다. 또 다른 유의 사항은 어떤 것입니까?"

"공짜로 물건을 주어서는 안 됩니다. 공짜에 익숙해지면 물건을 사려고 하지 않습니다. 공짜 물건을 많이 받으면 받을수록 자생력은 약화된다고 보시면 됩니다. 어떤 일이든 스스로 참여해서 일하고 그 대가로 물건이나 돈을 받아야 합니다. 어떻게 살아야 하는지, 왜 일을 해야 하는지에 대한 분명한 이유를 알게 해 주어야 합니다. 저는 그런 것을 '세상을 알게 하는 세계관 교육'이라고 합니다. 교육과 훈련을 통해 동기가 유발되게 해 주는 교육입니다. 스스로 묻게 합니다. 어떻게 살 것인가? 그렇게 사는 것이 옳은 것인가? 스스로 생각하고 자립할 수 있는 마음을 가지게 되었다면 그 때 그들 스스로 주인이 되는 것입니다. 거기까지가 국제개발 NGO인 제가 해야 할 일입니다. 그다음은 주민 스스로 만들어 가야 합니다."

"국제개발 활동의 모범이 되는 말입니다. 저도 자립 의지가 중요하다는 생각에 동의합니다. 그런 철학과 방향성을 가지고 실행한 효과적인 사례가 있다면 이야기해 주시지요."

"현재 일을 하고 있는 차드 지역에 처음 들어왔을 때 제가 하고 싶은 일들이 있었습니다. 제 구상을 마을 주민들에게 말하고 싶었지만 그렇게 하지 않고 그들이 원하는 것이 무엇인지 이야기할 때까지 기다렸습니다. 제 마을이 아니라 그들의 마을이니까 저는 그냥 도움을 주는 사람일 뿐이라는 생각에서였습니다. 제 구상은 농업을 통한 식량 증산이었습니다. 이곳 차드 마을에 수 헥타르(ha) 규모의 옥수수 농장을 지을 수 있습니다. 옥수수 농사로 식량문제가 해결되고 나면 양어장 사업을 하고 싶었습니다. 하지만 마을 사람들의 생각은 달랐습니다. 그들은 자녀들을 교육할 학교를 원했습니다. 농촌 지역에 있는 사람들은 도시 사람들을 부러워합니다. 고등교육 이상의 교육을 받으면 도시에서 교사, 공무원 등의 번듯한 직장을 잡을 수 있습니다. 시골 사람들이지만 교육의 효과를 잘 알고 있습니다. 이곳 아이들은 낮에는 주로 밭에 나가서 농사일을 돕거나 땔감을 구하는 일로 시간을 보냅니다. 저는 마을 사람들의 의견에 따르기로 했습니다. 마을 사람들이 협력해서 갈댓잎으로 두 동의 학교를 만들었습니다. 마을 사람 중에 글을 아는 사람이 차드 교육부에 편지를 써서 아이들을 가르칠 선생님의 파견을 요청했습니다. 한편으론 교육을 받았지만 직업이 없는 마을 지식층을 교사로 채용했습니다. 아이들 교육이 어느 정도 안정되자 이번에는 학부모(어머니)들이 글을 가르쳐 달라고 했습니다. 자신들이 글을 몰라 아이들의 가정통신문을 읽을 수 없어서 불편하다고 했습니다. 교실을 넓혀서 약간의 수강료를 받고 글자 교육을 시켰습니다. 아이들과 학부모를 가르치는 한편, 마을 수익 사업을 시작했습니다. 주택 개량을 위한 흙벽돌 사업입니다. 마을 사람들의 주택이란 것이 마치 우리나라 원두막과 같아서 주거환경이 열악합니다. 좀 더 단단한 주택이 필요했습니다. 흙벽돌을 찍으면서 수익이 생겼습니다. 마을 사람들은 서서히 자립이 무엇인가를 알아갔습니다. 교육과 더불어 마을 사람들이 원한 것은 식수원 확보를 위한 우물과 병을 고치기 위한 클리닉(Clinic)이었습니다. 마을 사람들이 원한 클리닉이 만들어지고 지방 정부에서 간호사가 파견이 되었습니다. 지금은 영국인 의사가 정기적으로 회진을 합니다. 이런 성과를 이루는 데 3년이 걸렸습니다."

"열정으로 이룩한 성공사례이군요. 저는 국제개발에 있어서 우리나라만의 독특하고 효율적인 모델을 만들 수 있다고 봅니다. 정부나 국가기관에서 개도국 인력을 훈련시키는 일들을 하고 있지만 사람들을 돌보는 마음이 약하다는 생각이 들 때가 있습니다. 물론 정부가 하는 일에는 한계성이 있는 것을 잘 알고 있습니다. 선진국이 해 온 국제개발 모델을 답습하기보다는 가난했던 한국이 어떻게 지금과 같은 경제 선진국이 되었는지를 잘 연구하면 한국형 국제개발, 지역사회 개발모델을 만들 수 있을 것으로 봅니다. 이런 모델을 만드는 일에 현장에서 활동하시는 지부장님 같은 분이 많은 조언을 해 주었으면 합니다."

가난한 나라를 돕는 일에 대한 진지한 이야기를 나누는 동안 시간이 흘러 필자의 차는 적정기술 아카데미가 열리고 있는 대학의 진입로를 들어서고 있었다.

* 위 내용은 필자와 굿네이버스 차드 지부장인 박근선 선생, 우간다 가나안 센터 일을 하고 있는 김장생 연세대 교수와의 대담을 중심으로 편집한 내용이다.

부록

← 바야르의 난로 지세이버

부록 적정기술 제품

적정기술은 가난한 나라의 생존과 관련된 필수적인 문제들의 해결과 지역경제발전을 위한 제품개발에 활용될 수 있다. 빈곤퇴치를 위해 제품을 개발해서 해당 지역에 무상으로 지원할 수 있지만 그보다는 사회적 기업이 현지에서 저렴한 생산비로 제품을 생산해서 적당한 가격에 판매하는 것이 바람직하다. 부록에서는 기업을 통해 현재까지 개발/판매되고 있는 적정기술 제품에 대해 소개하기로 한다. 문제해결과 빈곤 탈출을 목적으로 개발된 다양한 적정기술 제품이 있지만 그 중의 대표적인 것들을 모아서 기술과 제품의 용도와 사양 중심으로 기술하였다.

*식수 운반기구(Q drum)

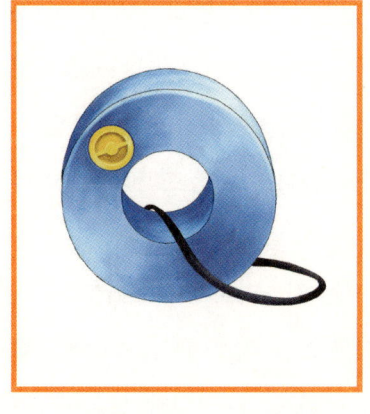

깨끗한 물은 곧 생명이다. 아프리카의 어떤 지역은 깨끗한 수원지와 멀리 떨어져 있다. 마을에서는 오랜 시간을 걸어서 수원지에 가서 물을 길어 온다. 물 자체의 무게 때문에 한 번에 많은 양의 물을 운반하기 어렵다. 이런 애로점을 해결하고자 물 운반 장치인 '큐(Q) 드럼'이란 기구를 만들었다. 기본 설계는 물통을 들지 않고 굴리면서 운반하도록 하는 것이다. 도넛 형태 내에 줄을 걸어 Q 드럼의 둥근 형상이 기구의 이동 시 마찰력을 줄여준다. 줄을 어깨에 메고 걸어가면서 드럼을 운반한다. 줄을 넣은 모양이 Q 자와 같아서 'Q 드럼'이라 이름 붙였다. 재질은 마모에 강한 플라스틱이고 형태는 운반 시에 마찰을 줄이기 위한 원형 바퀴 타입이다. 한 번에 약 70ℓ의 물을 넣어 운반할 수 있다.

고안자는 핸드릭스 형제(P. J. and J. P. S. Hendrikse)다. 1993년에 개발되었으며 주로 케냐, 나미비아, 에티오피아, 르완다, 탄자니아, 나이지리아, 가나 등에 보급되어 사용되고 있다. '큐드럼'을 사용해서 깨끗한 물을 손쉽게 운반할 수 있기 때문에 콜레라와 같은 수인성 질환을 방지할 수 있다.

*농업용수 이송 장치(Super MoneyMaker Pump)

아프리카, 필리핀 등에서 채소재배 농장에서 사용되는 물 이송 장치로 지하수를 퍼 올려 채소밭에 물을 공급한다. 지하에서 퍼 올린 물을 넓은 지역으로 보내려면 전기를 사용하는 펌프가 필요하다. 하지만 전력이 없는 곳에서는 펌프를 가동할 수 없다. 이 장치는 기계 펌프 대신에 발로 페달을 밟아서 지하의 물을 끌어 올려 먼 거리에 있는 채소밭에 물을 공급하는 장치이다. 7m 깊이의 지하수를 지상으로 끌어 올려 14m 정도 거리까지 공급할 수 있다. 펌프를 작동하기 위한 전기나 연료가 필요하지 않다.

'Super Money Maker Pump'라고 이름을 붙였는데, 이 장치를 사용하여 돈을 많이 벌 수 있기 때문이다. 이 장치로 2ac(에이커)의 땅에 물을 공급할 수 있다. 현재까지 전 세계에 5만여 개의 펌프가 공급되었고, 킥스타트(KickStart)의 보고에 따르면, 3천 5백 세대가 개인이 운영하는 작은 농장에 이 펌프로 물을 공급하여 농장의 수익을 창출하고 있다고 한다. 생산량 확대로 농장수익이 년 110달러에서 1,100달러로 증가했고, 이들은 드디어 가난에서 벗어 날수 있었다고 한다.

고안자는 로버트 하이드(Robert Hyde) 등이고, 생산자는 킥스타트(KickStart International Kenya, Tanzania)다. 1998년에 개발되었으며 재질은 스틸, 피브이시(PVC)와 고무다. 사용처는 케냐, 탄자니아, 말리, 수단, 우간다, 르완다, 남아프리카 공화국, 모잠비크와 필리핀 등이다.

*블록 프레스(MoneyMaker Block Press)

모래와 시멘트를 적당히 섞어서 틀에 넣고 압력을 가해 찍은 다음, 틀을 해체해서 블록을 만드는 장치다. 찍은 후 일정 시간이 지나면 성형체가 굳어져서 단단한 블록이 된다. 지금은 흔히 볼 수 없지만 1970년대에 우리나라에서도 이와 유사한 장치를 사용해서 건축 현장에 필요한 블록을 찍었다. 이 장치로 돈을 벌어 가난에서 탈출할 수 있다 해서 이름을 "돈 버는 블록 프레스"(MoneyMaker Block Press)라고 지었다.

2,200개 정도가 가정 주택, 학교와 상업용 건물을 저렴한 가격에 공급하는 동아프리카의 건축업체에 팔렸다. 시멘트와 흙을 혼합해서 고압으로 눌러서 10일 정도 놓아두면 강하고 견고한 블록을 만들 수 있다. 프레스의 압력에 따라 블록의 크기와 강도를 조절할 수 있고, 원료인 흙 재질이 달라지더라도 항상 최대 강도와 표준 치수를 갖는 다양한 부피의 블록을 제조할 수 있다. 5-8명이 일하면서 이 프레스로 하루에 400-800개의 블록을 만들 수 있다.

고안자는 마틴 피셔(Martin Fisher), 생산자는 킥스타트 (KickStart International Kenya)다. 1986에 생산되었으며 재질은 100% 스틸이다. 사용처는 케냐, 르완다, 우간다, 탄자니아, 말라위, 잠비아, 소말리아, 콩고 등이다.

*빅보다 자전거(Big Boda load-carrying bicycle)

아프리카에서 자전거는 사람이나 물건을 실어 나르는 교통수단이다. 적정기술이 적용된 이 자전거의 아이디어는 간단하다. 일반 자전거를 물건을 많이 싣도록, 또는 많은 수의 사람이 함께 탈 수 있도록 자전거를 개조하는 것이다. 주로 짐이나 사람을 많이 실을 수 있도록 뒤 자석의 면적이나 길이를 조절한다. 우리나라에도 예전에 쌀가게나 연탄 가게에서 주문을 받으면 자전거로 운송을 해 주었던 기억이 있다.

고안자는 월드바이크(WorldBike)다. 케냐에서 2002-2005년에 제작되었으며 케냐와 우간다에서 사용하고 있다.

이 자전거로 수백 파운드의 짐을 실어 나르거나 뒷자석에 두 사람을 더 태울 수 있으며, 기본적으로 사람의 힘으로 움직이는 어떤 다른 장치보다 저비용으로 운송이 가능하다. 개발도상국의 시장에서 물건을 소비자에게 배달할 목적으로 개발되었다. 월드바이크사가 원래 설계한 자전거에는 저가의 중국제 자전거에 경쟁할 수 있는 롱테일(Longtail)이라 불리는 값싼 프레임 확장장치와 같은 것이었는데, 2005년에 서부 케냐의 보다 보다 자전거(Boda Boda bicycle) 택시 운전사에게 적합하도록, 소규모 작업장에서도 쉽게 제작이 가능하도록 다시 설계되었다.

*사탕수수 숯(Sugar Cane Coal)

중남미의 하이티의 산림 90% 이상이 벌목으로 사라졌다. 나무를 잘라서 연료로 사용했기 때문이다. 많은 어린아이들이 음식 조리 시 발생하는 연기를 마시고 호흡기 질환을 앓고 있다. 사탕수수 탄은 목탄의 일종으로, 아이티 같은 나라의 연료 대체품으로 엠아이티디랩(MIT D-lab.)에서 개발되었다

사탕수수를 많이 재배하는 인도나 중남미에 가면 관광객에게 사탕수수 주스를 판다. 사탕수수 주스(Sugar cane juice)는 사탕수수즙으로 만든다. 즙 생산 장치에 사탕수수 대를 넣고 돌리면 달콤한 주스 즙이 만들어진다. 주스를 생산하고 남은 사탕수수 분쇄잔류물이 숯의 원료가 된다. 이 잔류물을 가마에서 태워 숯처럼 불완전 연소시킨 다음, 숯과 진흙을 바인더와 적당한 비율로 섞어서 굳히면 사탕수수 숯이 된다. 이 사탕수수 탄은 목탄처럼 연소도가 좋다. 사탕수수뿐 아니라 옥수숫대 같은 것도 탄의 원료로 사용될 수 있다. 현재 엠아이티디랩에서 다양한 농작물을 사용해서 숯을 제조하는 연구를 진행하고 있다. 고안자/공급자는 엠아이티디랩(MIT D-lab, Haiti)이고, 2004-05년에 개발되었으며, 사용처는 아이티, 가나, 브라

질과 인도 등이다.

*의족(Jaipur foot and below-knee prosthesis)

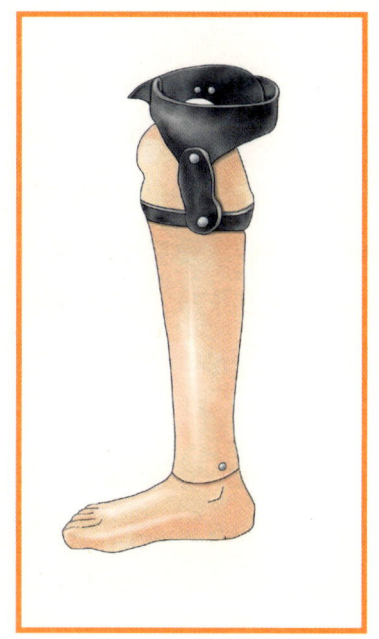

인류의 역사는 전쟁의 역사라고 할 만큼 수많은 전쟁을 치러왔고, 전쟁으로 인해 많은 사람들이 목숨을 잃거나 불구의 몸이 되었다. 종족과 종족 간, 민족과 민족 간, 종교 간의 갈등은 예측 가능한 비극적인 전쟁을 만든다. 아직도 세계 도처의 전쟁이 끝난 지역에서 전쟁 중에 설치해 놓은 무기들에 많은 사람들이 희생당한다. 전쟁이 지나간 모든 지역에 제거되지 않은 많은 지뢰가 존재한다. 한반도 휴전선에 설치해 온 수많은 지뢰와 캄보디아 폴 포트 정권에 의해 만들어진 지뢰밭이 대표적인 예이다.

지뢰를 밟아 발목을 잃은 사람들을 위해 인도의 람 찬드란 샤르마(Ram Chandra Sharma)란 기술자와 정형외과 의사인 세티(P. K. Sethi)가 공동으로 개량 의족을 고안했다. 1968년에 개발하였으며, 사용처는 아프가니스탄, 방글라데시, 도미니카 공화국, 온두라스, 인도네시아, 말라위와 나이지리아 등이다.

자이푸르(Jaipur) 의족의 특징은 가격이 저렴하고, 내구성이 좋고, 방수기능이 있다는 점이다. 신발과 함께, 또는 독립적으로 사용할 수 있다. "Jaipur foot"란 이름은 이 제품이 설계된 도시의 이름을 딴 것이다. 의족은 여러 방향으로 잘 휠 정도로 유연성이 매우 좋고, 자연스런 걸음을 가능케 해 준다. 이 의족은 고전적인 방식으로 제작되었으며, 이제까지 다리 절단 수술을 받은 사람이나 지뢰를 밟아 다리를 잃은 90만 명의 사람들에게 도움을 주었다.

*퍼마넷(PermaNet) 모기장

모기가 일으키는 병은 뇌염, 뎅기열, 말라리아 등이 있다. 특히 열대지역에서는 뎅기열과

말라리아로 많은 사람들이 목숨을 잃는다. 모기로 인한 병에 걸리지 않으려면 모기와의 접촉을 피하면 된다. 모기장이 그런 역할을 한다. 모기장은 오래전부터 많은 사람들에 의해 만들어져 왔다.

아프리카에서는 어느 질병보다 말라리아에 의한 아동 사망률이 높다. 매년 수백만 명의 사람이 말라리아에 의해 사망한다. 말라리아 존재유무가 아프리카 여러 나라의 경제성장을 좌우한다. 역사적으로 말라리아로 고통받은 나라의 경제성장률이 말라리아가 없는 나라의 성장률보다 낮았다. 말라리아 때문에 사람들의 노동력이 상실되기 때문이다. 페마넷은 말라리아에 노출된 아프리카 사람들을 위해 제작되었으며, 내구성이 좋고 살충효과가 있다. 이 모기장은 모기를 죽이거나 침투하지 못하게 한다. 수명은 5년 정도로 기존 모기장의 5배이며, 20번 정도 세탁을 하여도 효율을 그대로 유지한다.

고안자는 베스터르가드 프란드선(Vestergaard Frandsen)이고, 스위스와 베트남에서 생산되고 있다 2000년에 개발되었고, 재질은 100% 폴리에스테르 기반의 합성섬유이다. 사용처는 볼리비아, 에콰도르, 니카라과, 베네주엘라, 아이티, 과테말라, 수리남 등이다.

*인터넷 네트워크(Internet Village Motoman Network)

인공위성 수신기

캄보디아는 폴 포트 공산정권 시 수많은 지식인들이 체포, 구금, 처형되었기 때문에 교사나 의사 같은 전문 지식인이 거의 없다. 의료시설과 치료인력도 매우 부족하다. 인터넷 마을 모토맨(IVM, Internet Village Motoman) 프로젝트는 미국이 캄보디아를 지원하는 프로젝트로, 전기가 공급되지 않는 캄보디아 시골 마을을 인터넷 장비를 장착한 오토바이가 방문해서 학생들의 인터넷 교육과 통신 의료를 수행한다. 이 프로젝트의 아이디어는 대단히 혁신적이지만 그 방법은 아주 간단하다. 마을의 운송수단인 오토바이 몇 대와 인공위성 송수신 장비만 있으면 실행 가능한 프로젝트이다. 오토바이

(붉은색 혼다)에 컴퓨터 인터넷을 할 수 있는 모바일 장비, 인공위성 수신 안테나(256 Kb/s Satellite uplink)를 싣고 마을을 방문한다. 마을의 전원은 태양광이다. 태양광 전원과 컴퓨터를 연결하고 인공위성 수신이 가능하도록 안테나 등의 장치를 설치해 준다. 학생들은 컴퓨터를 통해 인터넷을 사용할 수 있고. 이메일 송수신도 가능하다. 대부분의 캄보디아의 시골 마을에는 통신 인프라, 전화나 포탈이 없다. 마을에 연락해 줄 수 있는 유일한 수단이 오토바이이다. 오토바이 방문 인터넷 네트워크를 통해 마을주민들은 교육, 의료 서비스와, 경제적 기반을 구축할 기회를 가질 수 있다. 오토바이 통신 서비스가 없으면 이런 기회들을 가질 수 없다.

-컴퓨터 교육: 이 프로젝트에는 캄보디아 라타나키르(Ratanakiri) 지역에 위치한 태양광이 설치된 15개 마을 학교, 통신 의료 클리닉, 시정부가 참여한다. 인공위성과 통신이 가능한 모바일 장치를 장착한 5대의 Honda 오토바이로 프로젝트가 시작되었다. 각 학교는 실시간이 아니지만 검색엔진으로 인터넷 브라우저나 이메일을 사용할 수 있다. 캄보디아 구호를 위해 200개의 시골 마을에 네크워크가 설치되어 있다. 필요 장비는 모바일 수신기, 안테나, 태양광 패널, IPSTAR, 보드와 인공위성 송수신기, 헬멧과 오토바이이다.

-통신 의료(Telemedicine clinics): 캄보디아인의 보건을 돕기 위해 미국 하바드 메디칼 학교, 메사츄세츠 병원, 캄보디아 Operation Village Heath(OVH), 시아누크 희망병원이 참여한다. OVH가 캄보디아의 멀리 떨어져 있는 지역에 통신 의료클리닉을 운영한다. 컴퓨터통신으로 캄보디아의 환자들을 미국 보스턴의 의사들과 연결시켜 준다. 캄보디아 프놈펜에서 간호사가 6시간 정도 트럭을 타고 마을을 직접 방문해서 환자들과 접촉(인터뷰, 조사, 사진 촬영)한 후, 태양광으로 작동하는 컴퓨터로 미국 보스턴의 외과 의사에게 자료를 전송한다. 자료를 검토한 보스턴의 외과 의사들은 한 시간 내에 의학적인 의견과 처방전을 캄보디아로 전송해 준다.

*항아리 냉장고(Pot-in-Pot cooler/refrigerator)

항아리 두 개와 모래흙, 그리고 물만 있으면 채소나 과일을 장기간 보관할 수 있는 저온조

를 만들 수 있다. 항아리 안에 항아리가 들어간다고 해서 이름을 'Pot-in-Pot cooler'라고 하였다. 큰 항아리 안에 작은 항아리를 놓고 두 항아리 사이의 빈 공간을 모래로 채운다. 작은 항아리에는 보관하고자 하는 과일이나 채소를 넣고, 마지막으로 모래에 물을 부으면 저온 조가 완성된다. 물이 증발할 때 열을 빼앗아가는 원리를 이용한 제품이다. 한여름에 몸에 물을 뿌리고 시간이 지나면 시원해지는데 이는 물이 증발하면서 몸의 열을 빼앗아가기 때문이다. 처음에 부은 물이 모두 증발되면 다시 부어 준다. 물이 항아리에 있는 작은 구멍을 통해 기화되면서 항아리의 온도를 낮추어 준다. 아프리카 나이지리아의 시골농장에는 전기, 교통, 물이 부족하다. 가장 중요한 문제 중의 하나가 곡물들을 저장할 수 없다는 것이다. Pot-in-Pot 없이 토마토를 저장할 경우 2-3일 정도 저장이 가능하지만 이 장치를 사용하면 21일 정도 저장이 가능하다. 신선한 과일들을 장기간 보관해서 시장이 판매하면 많은 수익을 올릴 수 있다.

고안자는 모함드 바흐 아바(Mohammed Bah Abba) 생산자는 로칼 포터 나이지리아(Local potters Nigeria)다. 1995년에 개발되었다. 수천 년 전 이집트에서 이와 유사한 용기를 채소나 과일의 냉장용으로 사용했다는 기록이 있다. 사용하는 나라는 카메룬, 차드, 니제르, 에티오피아 등이다

*케냐 세라믹 지코 (Kenya Ceramic Jiko)

사람의 생존에 기본이 되는 것은 물과 음식이다. 날로 먹으면 해로운 것들은 불에 구워 먹거나 곡식을 빻아서 가루로 만들어 빵이나 떡을 만든다. 음식의 조리에는 연료를 태울 그릇인 화로가 필요하다. 아프리카 케냐에서 사용되고 있는 화로의 이름은 '케냐 세라믹 지코'(Kenya Ceramic Jiko)다. 값싸고 단열이 좋은 세라믹을 사용하여 화로의 틀을 만들었다. 공기의 출입

이 용이하도록 화로 바닥에 공기 유입부가 있다.

케냐 세라믹 지코는 들고 다니면서 사용할 수 있는 휴대용 화로이다. 구조가 간단해 사용과 유지보수가 쉽다. 사용자의 건강을 고려해서 연료를 태울 때 나오는 유독가스와 분진이 적게 나오게 설계되었다. 화로를 이용할 시 연료 소비를 30-50% 줄일 수 있어 경제적이다. 케냐 도시의 50%, 농촌 지역의 16%가 이 화로를 사용하고 있으며, 사용범위가 인접 국가로 확대되고 있다. 1982-83년에 개발되었으며 케냐, 우간다, 르완다, 에티오피아, 말라위, 니제르, 세네갈, 수단, 부룬디, 탄자니아, 콩고 등에서 사용되고 있다.

*태양광 전력

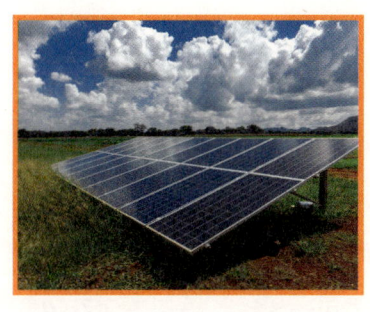

오늘날 인류가 직면하고 있는 두 가지 가장 큰 문제는 기후 변화와 빈곤이다. 태양광 발전은 전 세계의 가난한 사람들에게 깨끗한 재생에너지를 제공함으로써 두 가지 문제를 해결할 수 있는 과학기술이다. 태양광은 최근에 부각하기 시작한 적정기술이다. 적정기술이라고 하면 저급의 저렴한 기술을 생각하지만 태양광은 저렴한 기술이 아니다. 일반 전력선(Grid)을 통해 공급받는 전력의 KW당 가격이 100원이라면 태양광의 가격은 일반전력의 5-6배로 매우 비싸다. 하지만 전력선이 설치되지 않은 지역에서 태양광은 아주 효과적인 전력공급원이 된다. 초기 투자비가 많이 들기는 하지만 수명이 최대 15-20년으로 긴 장점이 있다. 또한 태양광 전력에는 무한에너지원인 태양광을 에너지로 사용하므로 설치 후 연료비가 들지 않는다. 또한 태양광은 공해를 배출하지 않는 무한, 청정에너지이다.

아직까지 아프리카 농촌 지역의 2% 정도만이 전기선으로 전력을 공급받고 있다. 태양광 회사인 솔라에이드(SolarAid)는 동-서아프리카가 서로 교차하는 지역에서 병원, 학교, 지역 센터 등에 태양광을 설치하고 있다. 대부분 지역의 태양 일사량 수준은 상당히 높다. 멀리 떨어져 있어서 전기의 혜택을 받지 못한 지역에서는 태양광 전력이 대안이다. 태양광 전력은 경제활동 시간을 증가시킨다. 빈곤에서 벗어나는 최선의 길은 교육을 받아 나은 직장에 취업하고 열심히 일을 해서 수익을 올리는 것이다.

*필름 프로젝터와 휴대용 도서실(Kinkajou Microfilm Projector and Portable Library)

전 세계 성인의 5명 중 한 명은 글을 읽을 줄 모른다. 서아프리카 농촌의 문맹률은 75%나 된다. 글을 알게 되면 빈곤에서 벗어 날 확률이 높고, 삶의 질을 향상시킬 수 있다. 아이 엄마가 약병에 적혀 있는 유효기간을 읽을 수 있고, 농부들이 화학비료 같은 것의 설명서를 읽을 수 있고, 여성들이 정치에 적극적으로 참여할 수 있다. 월드 에듀케이션(World Education)의 바바라 가너(Barbara Garner)의 지적에 의하면, 문맹의 원인은 교육에 대한 흥미가 없기 때문이 아니라 서적이나 조명 같은 자원이 부족하기 때문이라고 한다.

전기가 없는 농촌 지역의 야간학교에 다니는 학생에게 필요한 교육 도구를 저렴한 가격으로 제작하는 것을 목적으로 킨카조우(Kinkajou) 환등기 사업을 진행하였다. 미션은 75%나 되는 서아프리카의 문맹률을 낮추는 것이다. 등유를 조명으로 야간학교를 운영하는 지역에서 책은 가격이 비싸며 보급이 쉽지 않다. 책 없이 교육하는 방법을 좀 더 효과가 있을 것이라는 의견이 있었다. 말리(Mali)에 있는 월드 에듀케이션 학생들은 대부분 낮에는 일하러 나가고 밤에 공부를 한다. 시골에 사는 사람들에게는 전기가 없고, 따라서 조명이 없다. 킨카조우 환등기를 설치하기 전에는 등유 손전등 하나를 돌려가면서 공부를 했기 때문에 2시간 수업을 해도 한 학생이 배우는 시간은 고작 15분이었다.

킨카조우 환등기는 조명으로 엘이디(LED)를 사용함으로써 환등기의 사용효율과 마이크로필름의 저장용량을 높였다. 이 장치는 유지관리가 쉽고 전선에 연결하지 않고도 전력을 충전할 수 있도록 태양광 패널을 포함하고 있다. 가장 먼저 혜택을 받은 사람은 개인적으로 혜택을 받지 못했던 가난한 농촌 여성들이었다. 교육의 효과로, 여성들이 문자를 알게 되어 보건과 유아 양육환경이 개선되었고, 이를 통해 지역사회의 생활 수준이 향상되었다. 킨카조우 환등기는 말리의 45개 시골 마을에 공급해서 3천 명의 성인들이 글을 읽는 학습용으로 사용되고 있다.

고안자는 Design that Matters, Inc.로 엠아이티(MIT, USA), 워세스터 폴리테크닉 (Worcester Polytechnic) 밥슨 대학(Babson College)과 케임브리지 대학(Cambridge University, UK)의 협력으로 개발하였다. 뉴잉글랜드(New England) 지역과 미국의 여러 제조 회사에서 계약 생산한다. 2004년에 개발하였으며 사용지역은 말리, 방글라데시, 인도 등이다.

*보청기용 충전용 솔라셀(Solar Aid)

전 세계 인구의 10% 정도는 청각장애를 갖고 있고, 이들의 80%가 개발도상국에서 살고 있다. 보청기가 필요한 사람들에게 가장 큰 문제는 보청기의 가격이다. 그중에서도 건전지를 자주 바꾸는 데 드는 비용이 크다. 보청기 배터리 충전기는 보츠와나에서 개발되었는데, 태양광 패널을 이용하기 때문에 재충전이 가능하다. 보청기의 도움으로 청각장애가 있는 사람들이 교육을 받고 경제활동에 참여할 수 있다. 남아메리카, 중앙아메리카, 아프리카, 아시아에서 7,000개가 사용되고 있다. 건전지 가격은 전 세계 어느 곳에서나 일반적으로 비싸기 때문에 이 장치는 개발도상국뿐 아니라 유럽과 미국에서도 사용될 수 있다,

고안자/생산자는 고디사 테크놀로지(Godisa Technologies Botswana)이고, 2003년에 개발되었다. 사용지역은 앙골라, 볼리비아, 보츠와나, 브라질, 캄보디아, 카메룬, 캐나다, 콜롬비아와 짐바브웨 등이다.

*태양광 가로등(StarSight)

적정기술은 토착기술과 첨단기술 중간 수준의 기술이지만 시대변화에 따른 기술의 발전으로 전에는 적정기술의 범주에 들어 있지 않았던 기술도 지금은 효과적인 적정기술로 활용되는 사례가 많다. 태양광 발전이 좋은 예이다. 태양광 발전은 초기 시설비가 많이 드는 단점

이 있지만 한번 설치하면 외부 에너지 공급 없이도 오랫동안 사용할 수 있다. 특히 지역적으로 고립된 곳에서는 그 효과가 크다. 태양광 발전을 이용한 통신이나 가로등 시스템은 선진국이나 개발도상국 모두에 적용할 수 있다. 스타사이트(StarSight) 시스템은 기존 전력선이나 통신망을 사용하지 않고 태양광 전력을 가로등이나 무선통신망의 전원을 적용한 장치다. 이 시스템을 이용하면 보다 안정된 환경을 구축할 수 있다. 예를 들어, 전력선의 장애와 같은 재해 발생 시에 비상 통신이나 조명으로 스타사이트 시스템을 사용할 수 있다.

고안자/공급자는 코람파트너십(Kolam Partnership Ltd. Malaysia and Indonesia)이고, 2007년 개발되었다. 태양광 패널 가로등의 크기는 지역에 따라 다르지만 미국형은 높이가 16.5인치, 베트남 형은 최소한 19.7인치이다. 사용지역은 코트디부아르, 콩고, 카메룬 등이다

*자외선 살균(Solar water disinfection, SODIS)

가난한 나라의 삶을 생각할 때 가장 먼저 떠오르는 것이 음용수, 즉 먹을 물이다. 2006년에 UNDP(유엔 개발 프로그램)에서 발간한 인간개발 보고서(Human Development Report)에 따르면, 개발도상국에 사는 사람들의 50% 정도가 안전하지 않은 식수를 마시고 질병으로 고통받은 경험이 있다고 한다. 매년 180만 명의 어린이가 수인성 질환으로 사망하는데, 이는 1990년대에 전쟁으로 사망한 사람의 6배에 이르는 숫자이다. 일례로 2008년에 짐바브웨에서 창궐한 콜레라로 인하여 4천 명이 목숨을 잃었다. 수인성 질병을 막으려면 깨끗한 물을 얻는 것과 지하수가 오염되지 않도록 하는 일이 중요하다. 이러한 이유로 2000년에 UN에서 제정한 새천년개발목표(MDGs)에서도 2015년

까지 안전한 식수원으로부터 고립된 사람들의 수를 반으로 줄이는 것을 목표 중의 하나로 정하고 있다. 이처럼 안전한 식수는 최소한의 인간다운 삶을 영유하는 데 있어서 필수적이다.

Solar water disinfection(SODIS)은 자외선의 살균 효과를 이용한 가장 간단한 형태의 정수기술이다. 투명한 음료수병에 물을 넣고 지붕 위의 햇볕에 6시간 이상 놓아두면 자외선 살균이 완료된다. 두 가지 과정으로 오염된 물이 살균 처리된다. 하나는 파장이 320–400 nm (나노미터)인 UV(Ultraviolet 자외선)–A 스펙트럼에 의한 복사이고, 다른 하나는 물의 온도상승이다. 온도가 50도 이상일 경우 살균 효과는 3배 이상이 된다. 구름이 많은 날에는 살균 시간을 증가시킨다. 물속에 부유물이 많아서 물이 뿌연 경우에는 자외선 살균을 하기 전에 천을 사용해서 부유물을 먼저 제거해야 된다. 사용되는 천은 필터의 역할을 하며 천 내부의 구멍 크기에 따라 걸러지는 부유물의 크기가 결정된다. 이 방법으로 물을 정화하면 콜레라와 설사 등의 수인성 질병을 예방할 수 있다.

*미생물 모래 정수기(Biosand filter)

Biosand Filter

미생물과 더불어 물속에는 중금속, 불소, 칼슘 등 인체에 유해한 성분들이 녹아 있을 수 있다. 이 원소들은 소량으로도 인체에 치명적인 손상을 일으킨다. 물속의 유해한 성분이나 미생물을 제거하려면 필터를 사용해서 정수해 주어야 한다. 산업용 필터 시스템이 없는 지역에서는 모래나 자갈을 이용해서 정수 시스템을 만들 수 있다. 바이오샌드 필터(Biosand filter, BSF)는 200년 전부터 사용되어 온 고전적인 필터이다. 크기는 높이 3ft(피트), 너비 1ft(피트) 정도로 가정에서 사용하기에 적합하다. 필터 저장기의 몸체는 콘크리트나 플라스틱으로 만들고 내부에 모래를 넣는다.

물을 넣을 수 있는 구조물(통)을 만들고 구조물 앞쪽에 물이 나올 수 있는 파이프를 설치한 다음, 통의 바닥에서부터 자갈, 굵은 모래, 고운 모래를 차례로 넣는다. 하루에 두 번씩 강

물을 통 상부의 모래 위에 부으면 약 2주 뒤에 미생물 막이 형성되며 이 막이 물속에 있는 세균들을 제거하는 역할을 하게 된다.

　고안자는 캘거리 대학(University of Calgary, Canada)의 데이비드 멘즈(David Manz) 박사로 1990년대에 개발하였다. 멘즈 박사는 여러 기관에서 BSF의 설계, 제작, 설치, 자동 및 유지보수에 대해 시험을 하였다. 또한 그는 개발도상국에 필터의 인도적인 배급에 필요한 직업적인 서비스를 위해 2001년 CAWST(Centre for Affordable Water and Sanitation Technology)를 공동으로 설립하였다. 2009년 6월 현재 CAWST는 전 세계 70여 개 나라에 200,000개 이상의 필터를 보급하였다. CAWST에서 연구실과 현장에서 필터 시험을 수행한 결과, 오염된 물로부터 박테리아 98.5% 이상, 원생동물 99.9% 이상, 혼탁도 95%와 철분을 90-95% 이상 제거할 수 있었다.

*세라믹 정수기(Ceramic water filter)

과테말라의 화학자인 페르난도 마자레이고스(Fernando Mazareigos) 박사가 처음 고안한 세라믹 물 필터(Ceramic water filter)는 세라믹과 같은 무기 소재(Inorganic material)의 여과기능(미세한 기공을 통해서 큰 입자(세균이나 이물질)들이 걸러지고 작은 입자와 물만 빠져나옴)과 은 콜로이드의 살균기능을 결합한 제품이다. 세라믹 정수기의 원리는 비교적 간단하고 제조 비용도 저렴하다. 진흙과 같은 세라믹 분말을 사용해서 화분 모양의 그릇 형태로 만들어서 적당히 구어 내면 된다. 세라믹 그릇 내부에는 우리나라의 장독 항아리의 구조와 유사하게 미세한 연속 기공이 포함된다.

　이 세라믹 그릇에 물을 부으면 물은 필터 내부의 구멍을 통해 아래로 내려가고 부유물들은 구멍에 걸려서 제거된다. 부유물 침전이 많아지면 물리적으로 제거하고 재사용하면 된다. 간단한 세라믹 필터의 사용으로 수인성 질병을 획기적으로 예방함으로써 시골의 가난한 사람들이 학교나 직장에 빠지는 일수와 의료비 지출을 줄여주었다고 한다. 사회학자이며 도기공인 Potters for Peace의 Ron Rivera가 대량생산을 할 수 있도록 세라믹 정수기를 재

설계하였다. 현재 14개국에 있는 16개 소규모 공장에서 이 제품을 생산하고 있다. 2007년 현재 500,000명 이상의 사람들이 이 여과기를 사용하고 있는 것으로 추정되고 있다.

*생명 빨대(LifeStraw)

라이프스트로우(LifeStraw, 생명 빨대)는 휴대용 개인용 정수기로 스위스에 본부를 두고 있는 베스터 가드 프랜드샌(Vestergaard Frandsen)사에서 여행자 가 오지에서 고립되었을 상황에서 생물학적으로 오 염된 물을 정화하기 위한 장치로 개발되었으며, 이후 개발도상국 사람들에게 보급되었다. 지표수를 정수 해서 먹도록 해 주는 장치로 여러 가지 모델이 있다. 개인용 필터는 700ℓ를 정수할 수 있으며 사용기한은

1년이다. 라이프스트로우 가족용 필터는 최대 18,000ℓ를 정수할 수 있고, 수명은 2년 이상 이다. 플라스틱 통 안에는 정수기능이 있는 다중필터가 들어 있다. 100마이크론(1마이크론 은 백 만분의 1m) 크기의 구멍의 프리 필터(mesh)를 통과한 물은 2차로 15마이크론 크기의 폴리에스터 필터를 통과한다. 이후에 요오드로 코팅된 알갱이 층을 통과하는데 이 과정에 서 수중 박테리아의 99.9999% 바이러스 99.99%, 기생충의 99.9%가 살균처리로 제거된 다. 이후에 빈 공간을 통과하고, 마지막으로 활성탄 층을 통과하면 최종 정수가 완료된다.

고안자는 토르벤 베스터가드 프랜드샌 (Torben Vestergaard Frandsen)이며, 중국과 스위 스에서 2005년에 개발/생산되었다. 현재 가나, 나이지리아, 파키스탄과 우간다에서 사용 중이다. 개인용 필터 가격은 2달러이다.

*자외선 살균 정수기(AquaStar)

아쿠아스타(The AquaStarTM) 자외선(UV) 휴대용 정수기는 미국 메리디언 디자인(Me-ridian Design)사에서 개발하여 처음으로 시장에 내놓은 제품이다. 이 제품은 햇빛을 이용 해서 살균을 하는 SODIS(Solar water disinfection)의 선진국 형 제품이라고 볼 수 있다. 무

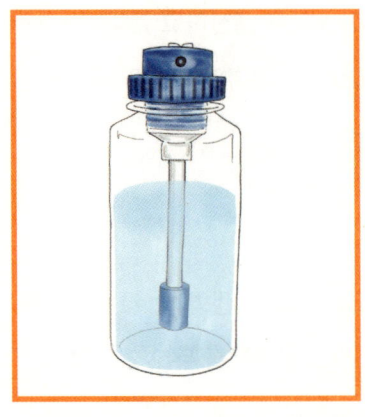

게는 106g으로 매우 가볍다. 선원들이나 캠핑이나 자전거 여행 등 집밖으로 장기간 여행을 가는 사람들이 비상시에 휴대용으로 사용하도록 제작되었다. 건전지로 작동되는 자외선램프에서 $254nm$ 파장의 자외선이 나와서 즉시 살균이 이루어진다. 일 분에 1ℓ의 물을 살균할 수 있다. 설사, 콜레라, 이질 등 각종 수인성 질병을 예방한다. 개당 가격은 약 69달러이다. 제3세계에서는 매년 2백만 명의 사람이 수인성 질병으로 사망한다. 이 가격으로 제3세계에 제품을 공급하기는 어렵기 때문에 좀 더 저렴한 가격의 제품을 개발 중에 있다.

에필로그 - 바야르의 난로

현대 인류문명 발전의 중심에 과학기술이 있다. 과학기술은 200-300년의 짧은 기간에 인간의 삶의 방식을 완전히 바꾸어 놓았다. 과학기술의 혜택으로 인류는 윤택한 생활을 누리게 되었다. 식량생산과 질병으로 해방되어 100세 이상의 수명을 보장받았다. 증기, 전기, 원자력 등의 에너지원을 개발하면서 산업과 경제의 규모가 커졌고, 많은 사람들이 과학기술의 도움으로 풍요로운 삶을 즐기게 되었다. 하지만 산업의 과도한 발달로 인해 지구자원은 고갈되었고, 환경과 생태계는 심각하게 파괴되었다. 지구 온난화로 북극의 빙산과 고지대의 빙하가 녹고 지구 곳곳은 예상치 못한 태풍과 가뭄으로 몸살을 앓고 있다. 어족자원의 남획으로 바다 생물의 90%가 멸종 위기에 처해 있다. 인간의 무절제한 지구자원의 사용으로 인한 생태계 파괴가 계속 진행된다면 우리는 물고기 대신 해파리로 가득 찬 바다를 보게 될 것이다.

후쿠시마 원전 사태로 인한 방사성 오염, 지구촌을 뒤덮는 미세먼지, 새로운 질병, 대도시 정전사태와 그리스와 스페인의 재정위기와 같은 거대 산업, 경제체제로 인해 발생하는 문제에 대해 인류는 아무런 대책을 내놓지 못하고 있다. 세계의 경제와 사회, 산업체제가 과도하게 연결되어 있어 한 곳에서 사고가 발생하면 그 영향은 전체로 확산된다. 큰 것만이 좋은 것은 아니다. 더 늦기 전에 경제의 크기를 줄여야 한다는 우려의 목소리가 있다. 인류는 기계의 사용을 줄이고, 노동의 가치가 존중되는 세상으로 복귀해서 오염된 지구환경과 파괴된 생태계를 복원하기 위해 노력해야 한다.

바야르의 난로 지세이버

    지속 가능한 인류의 미래를 만들기 위한 노력의 중심에 인간의 체온이 느껴지는 36.5도의 과학기술인 적정기술(Appropriate Technology, AT)이 있다. 적정기술은 작은 규모의 경제와 인간이 모여 함께 일하는 세상을 추구한다. 생태계 파괴를 경계하고, 사용한 자원이 다시 자연으로 복귀하도록 기다려 준다. 적정기술은 과학기술의 편리함 속에 숨어 있는 위험을 지적하고 인류의 지속 가능한 미래를 보장한다.

    몽골 소년의 바야르의 보금자리인 게르(Ger) 천막의 중앙에 작은 철 난로가 놓여 있다. 그 난로 위에 적정기술로 만든 축열기(열을 담가두는 기구)인 지세이버(G-savor)가 놓여 있다. 지세이버는 천막 안에 온기를 오랫동안 지속시켜 주고 연료가 탈 때 나오는 연기를 제거시켜 준다. 이 작은 적정기술 제품이 바야르의 삶뿐만 아니라 인류가 직면한 위기(환경 및 생태계 파괴)를 극복하게 해 줄 구원의 손길일 수 있다. 영하 30도의 몽골의 겨울을 따뜻하게 지켜 주는 난로가 있어 바야르는 행복하다. 대한민국 적정기술 1호 제품인 지세이버에는 적정기술의 철학이 담겨있다. 그것은 이웃에 대한 배려, 넉넉함, 기다림, 서로 나누는 공생의 마음이다.

적정기술, 현대문명에 길을 묻다(개정판)

개정판 1쇄 펴낸날 | 2021년 8월 12일

지은이 | 김찬중
펴낸이 | 유은실
펴낸곳 | 허원미디어

주소 | 서울시 종로구 필운대로7길 19(옥인동)
대표전화 | (02) 766-9273
팩시밀리 | (02) 766-9272
홈페이지 | http://cafe.naver.com/herwonbooks
출판등록 | 2005년 12월 2일 제300-2005-204호

© 김찬중 2021

ISBN 978-89-92162-91-3 43530

값 25,000원

* 잘못 만들어진 책은 구입하신 서점에서 교환해 드립니다.
* 이 책 내용의 일부 또는 전부를 재사용하려면 반드시 도서출판 허원미디어의 동의를 얻어야 하며
  무단복제와 전재를 금합니다.